网络空间安全原理与实践

实验指南

徐龙泉　著

人 民 邮 电 出 版 社
北 京

图书在版编目（CIP）数据

网络空间安全原理与实践 ： 实验指南 / 徐龙泉著
. -- 北京 ： 人民邮电出版社, 2022.1
ISBN 978-7-115-56988-2

Ⅰ. ①网… Ⅱ. ①徐… Ⅲ. ①计算机网络－网络安全
－指南 Ⅳ. ①TP393.08-62

中国版本图书馆CIP数据核字(2021)第145971号

内 容 提 要

本书是《网络空间安全原理与实践》一书的配套实验指南，主要从保护设备访问、分配管理角色、监控和管理设备、自动安全功能、保护控制平面、本地 AAA、基于服务器的 AAA、站点间 VPN、访问控制列表、基于区域的策略防火墙、硬件防火墙图形化管理、硬件防火墙实施 IPSec VPN、硬件防火墙实施 SSL 等这些方面设计了适合在实验室进行的实验。

本书不仅适合计算机网络、网络安全专业在读学生作为实验教材使用，也适合网络安全技术爱好者，以及各类完成了 CCNA 课程或者思科网院课程，希望进一步了解安全相关技术及原理的技术人员作为技术读物进行补充学习。

◆ 著　　　　徐龙泉
责任编辑　傅道坤
责任印制　王　郁　焦志炜

◆ 人民邮电出版社出版发行　　北京市丰台区成寿寺路 11 号
邮编　100164　　电子邮件　315@ptpress.com.cn
网址　https://www.ptpress.com.cn
天津千鹤文化传播有限公司印刷

◆ 开本：800×1000　1/16
印张：15.25　　　　2022 年 1 月第 1 版
字数：329 千字　　　2022 年 1 月天津第 1 次印刷

定价：69.90 元

读者服务热线：(010) 81055410　印装质量热线：(010) 81055316
反盗版热线：(010) 81055315
广告经营许可证：京东市监广登字 20170147 号

作者简介

徐龙泉，毕业于华南理工大学，具有 12 年从业经验，珠海市高层次人才、高级工程师、思科网络技术学院讲师（ITR），累计培训了 800 多位来自全国高校的教师，近三年专注于网络安全相关领域的师资培训及企业定制化培训。近三年出版教材 3 部，发表论文 5 篇，获发明专利 2 项。

技术审稿人简介

田果，CCIE #19920，毕业于北京工业大学，具有 12 年从业经验，工作内容涵盖项目管理、工程实施、课程设计、学员培训、教材出版。曾参与大量与业内领头企业及院校的合作项目，2020 年领导了思科网络技术学院系列图书及配套资源（CCNAv7）的本土化工作。原创教材 6 册，译作 20 余册。

前言

2018 年年底，我们调研了国内外知名互联网设备供应商，开始协商建立一套可以供高校培养信息安全、空间安全领域实践型人才的课程体系，内容涵盖信息安全和网络安全的基本概念、各类扫描和攻击手段的原理与实施，以及对应的防御手段。我们设计的课程体系在 2019 年 6 月 14 日通过了企业专家和高校专家的评审，之后在 2019 年 9 月 11 日向校企双方专家进行了课程演示，获得了比较一致的好评。同期，我们开始策划针对这套课程推出对应的教材及实验指南。

本书是《网络空间安全原理与实践》一书的配套实验指南，由 5 章构成，可服务于网络、信息、空间安全专业师生一个学期的教学和学习任务。本书 5 章的内容如下所述。

- **第 1 章，“保护网络设备”**：本章从第 2 层安全威胁及防御、保护设备访问、分配管理角色、监控和管理设备、自动安全功能及保护控制平面 6 个方面，设计了配置安全中继和接入端口、配置 IP DHCP 监听、配置安全管理访问、配置登录增强功能、配置 SSH、配置基于角色的 CLI 和权限级别、配置 SNMPv3 安全、配置网络时间协议（NTP）、配置系统日志记录、使用 AutoSecure 锁定路由器以及 OSPF SHA 路由协议认证这些实验。
- **第 2 章，“认证、授权和审计”**：本章从本地 AAA 和基于服务器的 AAA 设计了配置本地 AAA 认证和配置基于服务器的 AAA 认证两个实验。
- **第 3 章，“实施虚拟专用网络技术”**：本章的重点是实施三层 IPSec VPN，设计了使用思科 IOS 配置站点间 VPN 实验。
- **第 4 章，“实施自适应安全设备”**：本章从基于区域的策略防火墙、硬件防火墙简介、硬件防火墙图形化管理、硬件防火墙实施 IPSec VPN 及硬件防火墙实施 SSL VPN 这 5 个方面，设计了配置基于区域的策略防火墙、CLI 配置 ASA 基本设置、CLI 配置 ASA 防火墙、配置非 ASA 设备和准备用于 ASDM 访问的 ASA、使用 ASDM 启动向导配置基本 ASA 设置和防火墙、从 ASDM 配置菜单配置 ASA 设置、配置 DMZ/静态 NAT 和 ACL、配置 ISR 与 ASA 之间的站点间 IPSec VPN、ASDM 配置 AnyConnect 远程访问 SSL VPN 及 ASDM 配置无客户端 SSL VPN 这些实验。
- **第 5 章，“管理安全网络”**：本章主要讲述安全测试及制定全面的安全策略，为全面系统地应用前面所学知识设计了一个大的综合实验。

编写一本适合实验室使用的教材确实不是一件容易的事情，衷心感谢田果老师在百忙之中审校全书，同时感谢来自各方的帮助与支持。由于作者水平有限，书中难免有不妥和错误之处，恳请同行专家指正。

资源与支持

本书由异步社区出品，社区（https://www.epubit.com/）为您提供相关资源和后续服务。

提交勘误

作者和编辑尽最大努力来确保书中内容的准确性，但难免会存在疏漏。欢迎您将发现的问题反馈给我们，帮助我们提升图书的质量。

当您发现错误时，请登录异步社区，按书名搜索，进入本书页面，点击“提交勘误”，输入勘误信息，单击“提交”按钮即可。本书的作者和编辑会对您提交的勘误进行审核，确认并接受后，您将获赠异步社区的100积分。积分可用于在异步社区兑换优惠券、样书或奖品。

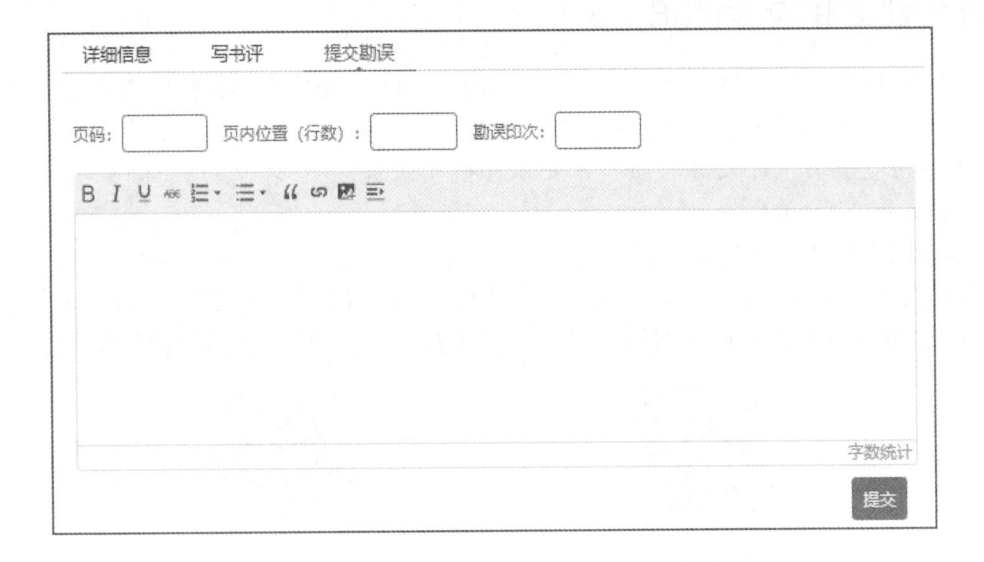

扫码关注本书

扫描下方二维码，您将会在异步社区微信服务号中看到本书信息及相关的服务提示。

与我们联系

如果您对本书有任何疑问或建议，请您发邮件给我们，并请在邮件标题中注明本书书名，以便我们更高效地做出反馈。

如果您有兴趣出版图书、录制教学视频，或者参与图书翻译、技术审校等工作，可以发邮件给我们；有意出版图书的作者也可以向本书的责任编辑投稿（邮箱为 fudaokun@ptpress.com.cn）。

如果您所在的学校、培训机构或企业，想批量购买本书或异步社区出版的其他图书，也可以发邮件给我们。

如果您在网上发现有针对异步社区出品图书的各种形式的盗版行为，包括对图书全部或部分内容的非授权传播，请您将怀疑有侵权行为的链接发邮件给我们。您的这一举动是对作者权益的保护，也是我们持续为您提供有价值的内容的动力之源。

关于异步社区和异步图书

"异步社区"是人民邮电出版社旗下 IT 专业图书社区，致力于出版精品 IT 技术图书和相关学习产品，为作译者提供优质出版服务。异步社区创办于 2015 年 8 月，提供大量精品 IT 技术图书和电子书，以及高品质技术文章和视频课程。更多详情请访问异步社区官网 https://www.epubit.com。

"异步图书"是由异步社区编辑团队策划出版的精品 IT 专业图书的品牌，依托于人民邮电出版社近 30 年的计算机图书出版积累和专业编辑团队，相关图书在封面上印有异步图书的 LOGO。异步图书的出版领域包括软件开发、大数据、AI、测试、前端、网络技术等。

异步社区

微信服务号

目录

第 1 章

保护网络设备

路由器和交换机同为网络基础设施的组成部分，攻击者对它们展开攻击的逻辑和目的也是类似的，无非是尝试窃取它们的管理账号和权限、针对路由器之间的控制协议发起攻击等。当然，鉴于路由器和交换机的核心功能存在一定的差异，所以它们的控制协议不尽相同，提供保护的措施也有所不同。

本章会对大量思科系统中用来保护路由器和交换机管理平面与控制平面的特性进行配置演示。

1.1 第 2 层安全威胁及防御概述

第 2 层安全通常会和局域网（LAN）安全这两个术语相互替换使用，因为第 2 层网络基础设施主要由互连的以太网交换机组成，同时大多数最终用户设备（例如计算机、打印机、IP 电话和其他主机）都需要通过接入层交换机连接到网络。根据几年前的统计结果，超过 80%的攻击来自局域网内部。这也就是说，大部分网络攻击都是利用局域网中某些协议或者特性的弱点，来针对局域网中的交换机、客户端发起攻击。这些攻击及对应的安全解决方案是第 2 层安全威胁及防御的主题。好消息是，大多数在局域网中发起的安全攻击都可以通过交换机上的一些特性轻松缓解，因为交换机的思科 IOS 软件提供了很多用于保护局域网安全的特性。

保护中继端口有助于阻止 VLAN 跳跃攻击。防止基本 VLAN 跳跃攻击的最好方法是在所有端口上明确禁用中继，明确指定需要中继的端口除外。在需要中继的端口上，禁用 DTP（自动中继）协商并手动启用中继。如果接口上不需要中继，则将此端口配置为接入端口。这会在接口上禁用中继。

DHCP 监听是一种确定哪些交换机端口可响应 DHCP 请求的思科交换机系统特性。这项特性仅允许授权的 DHCP 服务器响应 DHCP 请求，并将网络信息分发到客户端。

实验 1：配置安全中继和接入端口

1. 实验目的

通过本实验可以掌握：

- 配置中继端口模式；
- 更改中继端口的本征 VLAN；
- 检验中继配置；
- 启用广播风暴控制；
- 配置接入端口；
- 启用 PortFast 和 BPDU 防护；
- 验证 BPDU 防护；
- 启用根防护；
- 启用环路防护；
- 配置并检验端口安全功能；
- 禁用未使用的端口；
- 将端口从默认 VLAN 1 移至备用 VLAN；
- 在端口上配置 PVLAN Edge 功能。

2. 实验拓扑

本实验所用的拓扑如图 1-1 所示。

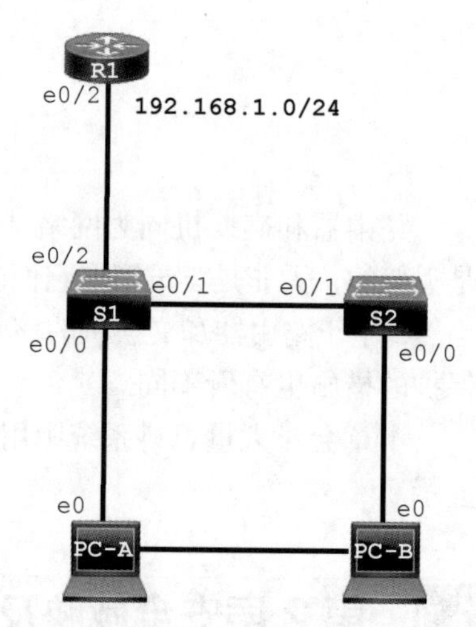

图 1-1 实验拓扑

IP 地址分配表

设备	接口	IP 地址	子网掩码	默认网关	交换机端口
R1	e0/2	192.168.1.1	255.255.255.0	不适用	S1 e0/2
S1	VLAN 1	192.168.1.2	255.255.255.0	不适用	不适用
S2	VLAN 1	192.168.1.3	255.255.255.0	不适用	不适用
PC-A	e0	192.168.1.10	255.255.255.0	192.168.1.1	S1 e0/0
PC-B	e0	192.168.1.11	255.255.255.0	192.168.1.1	S2 e0/0

3. 实验步骤

任务 1：保护中继端口

第 1 步：将 S1 配置为根交换机。

在本实验中，S2 目前是根网桥。你需要通过更改网桥 ID 优先级级别将 S1 配置为根网桥。

a. 从 S1 上的控制台进入全局配置模式。

```
S1>enable
Password: cisco12345
S1#conf t
```

```
Enter configuration commands, one per line.  End with CNTL/Z.
S1(config)#
```

b. S1 和 S2 的默认优先级为 32769（32768 + 1，具有系统 ID 扩展）。将 S1 的优先级设置为 **0**，使其成为根交换机。

```
S1(config)# spanning-tree vlan 1 priority 0
S1(config)# exit
```

注意： 你还可以使用 **spanning-tree vlan 1 root primary** 命令，使 S1 成为 VLAN 1 的根交换机。

c. 使用 **show spanning-tree** 命令，以验证 S1 是否为根网桥，查看正在使用的端口及其状态。

```
S1#show spanning-tree
VLAN0001
  Spanning tree enabled protocol ieee
  Root ID    Priority    1
             Address     aabb.cc00.2000
             This bridge is the root
             Hello Time   2 sec  Max Age 20 sec  Forward Delay 15 sec
  Bridge ID  Priority    1      (priority 0 sys-id-ext 1)
             Address     aabb.cc00.2000
             Hello Time   2 sec  Max Age 20 sec  Forward Delay 15 sec
             Aging Time  300 sec

Interface           Role Sts Cost      Prio.Nbr Type
------------------- ---- --- --------- -------- --------------------------------
Et0/0               Desg FWD 100       128.1    P2p
Et0/1               Desg FWD 100       128.2    P2p
Et0/2               Desg FWD 100       128.3    P2p
```

第 2 步：在 S1 和 S2 上配置 TRUNK 端口。

a. 将 S1 上的端口 e0/1 配置为 TRUNK 端口。

```
S1(config)# interface e0/1
S1(config-if)# switchport mode trunk
```

注意： 如果使用 3560 交换机执行本实验，用户必须先输入 **switchport trunk encapsulation dot1q** 命令。

b. 将 S2 上的端口 e0/1 配置为 TRUNK 端口。

```
S2(config)# interface e0/1
S2(config-if) # switchport mode trunk
```

c. 使用 **show interfaces trunk** 命令验证 S1 端口 e0/1 是否处于中继模式。

```
S1#show interface trunk
 Port        Mode             Encapsulation  Status        Native vlan
 Et0/1       on               802.1q         trunking      1
 Port        Vlans allowed on trunk
 Et0/1       1-4094
 Port        Vlans allowed and active in management domain
```

```
Et0/1       1
Port        Vlans in spanning tree forwarding state and not pruned
Et0/1       1
```

第3步：更改S1和S2上TRUNK端口的本征VLAN。

a. 将中继端口的本征VLAN更改为未使用的VLAN有助于阻止VLAN跳跃攻击。

从上一步的 **show interfaces trunk** 命令输出中可以得出，S1 e0/1 中继接口的当前本征VLAN是什么？

b. 将S1 e0/1中继接口上的本征VLAN设置为未使用的VLAN 99。

```
S1(config)# interface e0/1
S1(config-if)# switchport trunk native vlan 99
S1(config-if)# end
```

c. 短时间后应显示以下消息。

*Feb 23 12:14:15.599: %CDP-4-NATIVE_VLAN_MISMATCH: Native VLAN mismatch discovered on Ethernet0/1 (99), with S2 Ethernet0/1 (1).此消息指的是什么？

d. 将S2 e0/1中继接口上的本征VLAN设置为VLAN 99。

```
S2(config)# interface e0/1
S2(config-if)# switchport trunk native vlan 99
S2(config-if)# end
```

第4步：阻止S1和S2上DTP的使用。

将中级端口设置为非协商状态也有助于通过关闭DTP帧的生成来缓解VLAN跳跃攻击。

```
S1(config)# interface e0/1
S1(config-if)# switchport nonegotiate

S2(config)# interface e0/1
S2(config-if)# switchport nonegotiate
```

第5步：验证端口e0/1上的中继配置。

```
S1#show interfaces e0/1 trunk
Port        Mode             Encapsulation  Status        Native vlan
Et0/1       on               802.1q         trunking      99
Port        Vlans allowed on trunk
Et0/1       1-4094
Port        Vlans allowed and active in management domain
Et0/1       1
Port        Vlans in spanning tree forwarding state and not pruned
Et0/1       1
S1#show interfaces e0/1 switchport
 Name: Et0/1
 Switchport: Enabled
 Administrative Mode: trunk
 Operational Mode: trunk
```

```
Administrative Trunking Encapsulation: dot1q
Operational Trunking Encapsulation: dot1q
Negotiation of Trunking: Off
Access Mode VLAN: 1 (default)
Trunking Native Mode VLAN: 99 (Inactive)
Administrative Native VLAN tagging: enabled
Voice VLAN: none
Administrative private-vlan host-association: none
Administrative private-vlan mapping: none
Administrative private-vlan trunk native VLAN: none
Administrative private-vlan trunk Native VLAN tagging: enabled
Administrative private-vlan trunk encapsulation: dot1q
Administrative private-vlan trunk normal VLANs: none
Administrative private-vlan trunk associations: none
Administrative private-vlan trunk mappings: none
Operational private-vlan: none
Trunking VLANs Enabled: ALL
Pruning VLANs Enabled: 2-1001
Capture Mode Disabled
Capture VLANs Allowed: ALL
Protected: false
Appliance trust: none
```

第 6 步：使用 show run 命令验证配置。

使用 **show run** 命令显示运行配置，从其中包含文本字符串“0/1”的第一行开始。

```
S1# show run | begin 0/1
interface Ethernet0/1
 switchport trunk native vlan 99
 switchport mode trunk
 switchport nonegotiate
<output omitted>
```

任务 2：保护接入端口

网络攻击者希望通过操纵 STP 根网桥参数，来将他们的系统或他们添加到网络中的非法交换机伪造为拓扑中的根网桥。如果配置有 PortFast 的端口收到 BPDU，STP 可以使用一种称为“BPDU 防护”的功能将该端口置于阻塞状态。

第 1 步：禁用 S1 接入端口上的中继。

a. 在 S1 上，将连接 R1 的端口 e0/2 配置为仅限访问模式。

```
S1(config)# interface e0/2
S1(config-if)# switchport mode access
```

b. 在 S1 上，将连接 PC-A 的端口 e0/0 配置为仅限访问模式。

```
S1(config)# interface e0/0
```

```
S1(config-if)# switchport mode access
```

第 2 步：禁用 S2 接入端口上的中继。

在 S2 上，将连接 PC-B 的端口 e0/0 配置为仅限访问模式。

```
S2(config)# interface e0/0
S2(config-if)# switchport mode access
```

任务 3：抵御 STP 攻击

该拓扑只有两台交换机，没有冗余路径，但 STP 仍处于活动状态。在此步骤中，你需要启用交换机安全功能，这有助于降低攻击者通过 STP 相关方法操纵交换机的可能性。

第 1 步：在 S1 和 S2 接入端口上启用 PortFast。

在连接单个工作站或服务器的接入端口上配置 PortFast，这使上述端口能够更快切换为活动状态。

a. 在 S1 e0/2 接入端口上启用 PortFast。

```
S1(config)# interface e0/2
S1(config-if)# spanning-tree portfast
%Warning: portfast should only be enabled on ports connected to a single
 host. Connecting hubs, concentrators, switches, bridges, etc... to this
 interface  when portfast is enabled, can cause temporary bridging loops.
 Use with CAUTION

%Portfast has been configured on Ethernet0/2 but will only
 have effect when the interface is in a non-trunking mode
```

b. 在 S1 e0/0 接入端口上启用 PortFast。

```
S1(config)# interface e0/0
S1(config-if)# spanning-tree portfast
```

c. 在 S2 e0/0 接入端口上启用 PortFast。

```
S2(config)# interface e0/0
S2(config-if)# spanning-tree portfast
```

第 2 步：在 S1 和 S2 接入端口上启用 BPDU 防护。

BPDU 防护功能有助于防止接入端口上出现非法交换机和欺骗操作。

a. 在交换机端口 e0/0 上启用 BPDU 防护。

```
S1(config)# interface e0/0
S1(config-if)# spanning-tree bpduguard enable

S2(config)# interface e0/0
S2(config-if)# spanning-tree bpduguard enable
```

> 注意：在全局配置模式下，还可以使用 **spanning-tree portfast default** 和 **spanning-tree portfast bpduguard** 命令全局启用 PortFast 和 BPDU 防护。

> **注意**：可以在启用 PortFast 的所有接入端口上启用 BPDU 防护。这些端口永远不应接收 BPDU。最好将 BPDU 防护部署在面向用户的端口上，以防攻击者进行非法交换机网络扩展。如果端口启用了 BPDU 防护并且收到 BPDU，则此端口将被禁用，必须手动重新启用。可以在端口上配置 **err-disable timeout**，以便在指定的时间段后自动恢复。

b. 在 S1 上使用 **show spanning-tree interface e0/0 detail** 命令验证是否已配置 BPDU 防护。

```
S1#show spanning-tree interface e0/0 detail
   Port 1 (Ethernet0/0) of VLAN0001 is designated forwarding
   Port path cost 100, Port priority 128, Port Identifier 128.1.
   Designated root has priority 1, address aabb.cc00.2000
   Designated bridge has priority 1, address aabb.cc00.2000
   Designated port id is 128.1, designated path cost 0
   Timers: message age 0, forward delay 0, hold 0
   Number of transitions to forwarding state: 1
   The port is in the portfast edge mode
   Link type is point-to-point by default
   Bpdu guard is enabled
   BPDU: sent 2224, received 0
```

第 3 步：启用根防护。

根防护是另一种有助于防止非法交换机和欺骗操作的选项。可以在交换机上并非根端口的所有端口上启用根防护。通常仅在连接到永远不应接收上级 BPDU 的边缘交换机的端口上启用根防护。每台交换机只有一个根端口，这是连接根交换机的最佳路径。

a. 以下命令用于在 S2 接口 e0/1 上配置根防护。通常，如果另一台交换机连接到此端口，则会执行此操作。最好将根防护部署在连接不应该作为根网桥的交换机的端口上。在实验拓扑中，S1 e0/1 将是根防护的最合理候选接口。

```
S2(config)# interface e0/1
S2(config-if)# spanning-tree guard root
```

b. 发出 **show run | begin 0/1** 命令，以验证是否已配置根防护。

```
S2# show run | begin 0/1
interface Ethernet0/1
spanning-tree guard root
```

> **注意**：S2 e0/1 端口当前不是开启状态，因此它不参与 STP。否则，你可以使用 **show spanning-tree interface e0/1 detail** 命令。

> **注意**：命令 **show run | begin** 中的表达式区分大小写。

c. 如果启用 BPDU 防护的端口收到上级 BPDU，则端口将进入根不一致状态。使用 **show spanning-tree inconsistentports** 命令确定当前是否有任何本不应该接收上级 BPDU 的端口正在接收上级 BPDU。

```
S2# show spanning-tree inconsistentports
Name    Interface   Inconsistency
```

```
-------------------- --------------------- ------------------
Number of inconsistent ports (segments) in the system: 0
```

注意：只要设备不尝试成为根设备，根保护就允许所连接的交换机参与 STP。如果根防护阻止端口，后续会自动执行恢复。如果上级 BPDU 停止，端口将恢复转发状态。

第4步：启用环路防护。

STP 环路防护功能可针对第 2 层转发环路（STP 环路）提供额外保护。当冗余拓扑中的 STP 阻塞端口错误转换成转发状态时将会产生 STP 环路。发生这种情况通常是因为物理冗余拓扑中的一个端口（不一定是 STP 阻塞端口）不再接收 STP BPDU。使所有端口处于转发状态将导致形成转发环路。如果启用环路防护的端口停止从网段上的指定端口侦听 BPDU，则会进入环路不一致状态，而不是转换为转发状态。环路不一致基本上是阻塞状态，不会转发任何流量。当端口再次检测到 BPDU 时，它会通过返回阻塞状态自动恢复。

a. 环路防护应该应用于非指定端口。因此，可以在非根交换机上配置全局命令。

```
S2(config)# spanning-tree loopguard default
```

b. 验证环路防护配置。

```
S2# show spanning-tree summary
Switch is in pvst mode
Extended system ID          is enabled
Portfast Default            is disabled
PortFast BPDU Guard Default is disabled
Portfast BPDU Filter Default is disabled
Loopguard Default           is enabled
EtherChannel misconfig guard is enabled
UplinkFast                  is disabled
BackboneFast                is disabled
Configured Pathcost method used is short

Name                 Blocking Listening Learning Forwarding STP Active
---------------------- -------- --------- -------- ---------- ----------
VLAN0001                    0         0        0          3          3
---------------------- -------- --------- -------- ---------- ----------
```

任务4：配置端口安全并禁用未使用的端口

交换机可能遭到 CAM 表（也称为 MAC 地址表）溢出攻击、MAC 欺骗攻击，以及与交换机端口的未授权连接。在本任务中，需要配置端口安全以限制可在交换机端口上获取的 MAC 地址数量，并在超出该数量后禁用端口。

第1步：记录 R1 e0/2 MAC 地址。

在 R1 CLI 中，使用 **show interface** 命令并记录接口的 MAC 地址。

```
R1# show interfaces e0/2
Ethernet0/2 is up, line protocol is up
  Hardware is AmdP2, address is aabb.cc00.1020 (bia aabb.cc00.1020)
  Internet address is 192.168.1.1/24
  MTU 1500 bytes, BW 10000 Kbit/sec, DLY 1000 usec,  reliability 255/255, txload 1/255,
  rxload 1/255
  Encapsulation ARPA, loopback not set
  Keepalive set (10 sec)
<Output Omitted>
```

R1 e0/2 接口的 MAC 地址是什么？

第 2 步：配置基本端口安全。

应在所有正在使用的接入端口上执行此操作程序。此处以 S1 端口 e0/2 为例。

a. 在 S1 CLI 中，进入连接到路由器的端口的接口配置模式。

```
S1(config)# interface e0/2
```

b. 关闭交换机端口。

```
S1(config-if)# shutdown
```

c. 在接口上启用端口安全。

```
S1(config-if)# switchport port-security
```

> **注意：**交换机端口必须配置为接入端口，以启用端口安全。

> **注意：**只需输入 **switchport port-security** 命令即可将最大 MAC 地址数设置为 **1**，将违规操作对策设置为关闭。**switchport port-security maximum** 和 **switchport port-security violation** 命令可用于更改默认行为。

d. 为第 1 步中记录的 R1 e0/2 接口 MAC 地址配置静态条目。

```
S1(config-if)# switchport port-security mac-address xxxx.xxxx.xxxx
```

> **注意：**xxxx.xxxx.xxxx是路由器 e0/2 接口的实际 MAC 地址。

> **注意：**还可以使用 **switchport port-security mac-address sticky** 命令将在端口上动态获知的所有安全 MAC 地址（最高为设置的最大值）添加到交换机运行配置中。

e. 启用交换机端口。

```
S1(config-if)# no shutdown
```

第 3 步：验证 S1 e0/2 上的端口安全。

a. 在 S1 上，发出 **show port-security** 命令，以验证是否已在 S1 e0/2 上配置端口安全。

```
S1# show port-security interface e0/2
Port Security              : Enabled
Port Status                : Secure-up
Violation Mode             : Shutdown
```

```
Aging Time                 : 0 mins
Aging Type                 : Absolute
SecureStatic Address Aging : Disabled
Maximum MAC Addresses : 1
Total MAC Addresses : 1
Configured MAC Addresses : 1
Sticky MAC Addresses     : 0
Last Source Address:Vlan : aabb.cc00.1020:1
Security Violation Count : 0
```

安全违规计数为多少？

e0/2 端口是什么状态？

最后一个源地址和 VLAN 是什么？

b. 在 R1 CLI 中，对 PC-A 执行 ping 操作以验证连接。这还可以确保交换机获知 R1 e0/2 MAC 地址。

```
R1# ping 192.168.1.10
```

c. 此时，更改路由器接口上的 MAC 地址，引起安全违规。进入 e0/2 的接口配置模式。使用 **aaaa.bbbb.cccc** 作为地址，在接口上配置接口的 MAC 地址。

```
R1(config)# interface e0/2
R1(config-if)# mac-address aaaa.bbbb.cccc
R1(config-if)# end
```

注意：你还可以更改连接到 S1 e0/0 的 PC MAC 地址，并获得与此处类似的结果。

d. 在 R1 CLI 中，对 PC-A 执行 ping 操作。ping 操作是否成功？说明原因。

e. 在 S1 控制台上，观察端口 e0/2 检测到违规 MAC 地址时的消息。

```
*Feb 24 06:04:43.378: %PM-4-ERR_DISABLE: psecure-violation error detected on Et0/2,
putting Et0/2 in err-disable state
*Feb 24 06:04:43.378: %PORT_SECURITY-2-PSECURE_VIOLATION: Security violation occurred,
caused by MAC address aaaa.bbbb.cccc on port Ethernet0/2.
*Feb 24 06:04:44.382: %LINEPROTO-5-UPDOWN: Line protocol on Interface Ethernet0/2,
changed state to down
*Feb 24 06:04:45.378: %LINK-3-UPDOWN: Interface Ethernet0/2, changed state to down
```

f. 在交换机上，使用 **show port-security** 命令验证是否已发生端口安全违规。

```
S1# show port-security
Secure Port MaxSecureAddr CurrentAddr SecurityViolation Security Action
               (Count)       (Count)          (Count)
---------------------------------------------------------------------------
      Et0/2              1           1                  1          Shutdown
----------------------------------------------------------------------------
Total Addresses in System (excluding one mac per port)      : 0 Max
Addresses limit in System (excluding one mac per port) : 4096

S1# show port-security interface e0/2
Port Security              : Enabled
Port Status                : Secure-shutdown
Violation Mode             : Shutdown
```

```
Aging Time                : 0 mins
Aging Type                : Absolute
SecureStatic Address Aging : Disabled
Maximum MAC Addresses : 1
Total MAC Addresses : 1
Configured MAC Addresses : 1
Sticky MAC Addresses      : 0

         Last Source Address:Vlan    :
aaaa.bbbb.cccc:1 Security Violation Count  1

S1# show port-security address
           Secure Mac Address Table
-----------------------------------------------------------------------------
Vlan    Mac Address       Type                          Ports
Remaining Age
                                                              (mins)
----    -----------       ----                          -----
-------------
   1    aabb.cc00.1020    SecureConfigured              Et0/2        -
-----------------------------------------------------------------------------
Total Addresses in System (excluding one mac per port)     : 0
Max Addresses limit in System (excluding one mac per port) : 4096
```

g. 从路由器中删除硬编码的 MAC 地址，然后重新启用 e0/2 接口。

```
R1(config)# interface e0/2
R1(config-if)# no mac-address aaaa.bbbb.cccc
```

注意：此操作将恢复原始 e0/2 接口 MAC 地址。

在 R1 中，尝试再次对 192.168.1.10 处的 PC-A 执行 ping 操作。ping 操作是否成功？原因是什么？

第 4 步：清除 S1 e0/2 错误禁用状态。

a. 在 S1 控制台中，清除错误并使用示例中所示的命令重新启用端口。这会将端口状态从安全关闭更改为安全开启。

```
S1(config)# interface e0/2
S1(config-if)# shutdown
S1(config-if)# no shutdown
```

注意：这里假设使用违规 MAC 地址的设备、接口已删除并替换为原始设备、接口配置。

b. 在 R1 中，再次对 PC-A 执行 ping 操作。这次应该会成功。

```
R1# ping 192.168.1.10
```

第 5 步：删除 S1 e0/2 上的基本端口安全配置。

从 S1 控制台中，删除 e0/2 上的端口安全配置。此操作程序也可用于重新启用端口，但

必须重新配置 **port security** 命令。

```
S1(config)# interface e0/2
S1(config-if)# no switchport port-security
S1(config-if)# no switchport port-security mac-address fc99.4775.c3e1
```

还可以使用以下命令将端口重置为默认设置。

```
S1(config)# default interface e0/2
S1(config)# interface e0/2
```

> **注意**：此 **default interface** 命令还要求将端口重新配置为接入端口，以重新启用安全命令。

第 6 步：（可选）为 VoIP 配置端口安全。

此示例显示了语音端口的典型端口安全配置。允许使用三个 MAC 地址，且应动态获知这些地址。一个 MAC 地址用于 IP 电话，一个用于交换机，一个用于连接到 IP 电话的 PC。如违反此策略将关闭端口。学习的 MAC 地址的老化超时设置为两小时。

以下示例显示了 S2 端口 e0/0：

```
S2(config)# interface e0/0
S2(config-if)# switchport mode access
S2(config-if)# switchport port-security
S2(config-if)# switchport port-security maximum 3
S2(config-if)# switchport port-security violation shutdown
S2(config-if)# switchport port-security aging time 120
```

第 7 步：禁用 S1 和 S2 上未使用的端口。

作为进一步的安全措施，禁用未在交换机上使用的端口。

a. 在 S1 上使用端口 e0/1、e0/2 和 e0/0。剩余的端口将被关闭。

```
S1(config)# interface e0/3
S1(config-if-range)# shutdown
```

b. 在 S2 上使用端口 e0/1 和 e0/0。剩余的端口将被关闭。

```
S2(config)# interface range e0/2 - 3
S2(config-if-range)# shutdown
```

第 8 步：将活动端口移到默认 VLAN 1 以外的 VLAN 中。

作为进一步的安全措施，可以将所有活动的最终用户端口和路由器端口移到两台交换机上的默认 VLAN 1 以外的 VLAN 中。

a. 使用以下命令为每台交换机上的用户配置新的 VLAN。

```
S1(config)# vlan 20
S1(config-vlan)# name Users

S2(config)# vlan 20
S2(config-vlan)# name Users
```

b. 将当前的活动接入（非中继）端口添加到新的 VLAN 中。

```
S1(config)# interface e0/0
S1(config-if-range)# switchport access vlan 20

S2(config)# interface e0/0
S2(config-if)# switchport access vlan 20
```

注意：这将阻止最终用户主机与交换机的管理 VLAN IP 地址（当前为 VLAN 1）之间的通信。仍然可以使用控制台连接访问和配置交换机。

第 9 步：配置具有 PVLAN Edge 功能的端口。

有些应用程序要求同一交换机上的端口之间不在第 2 层转发流量，这样邻居之间就不会看到对方生成的流量。在这种环境下，使用专用 VLAN (PVLAN) Edge 功能（也称为受保护端口）可以确保交换机上的这些端口之间不会交换单播、广播或组播流量。PVLAN Edge 功能仅可为同一交换机上的端口实施且在本地有效。

例如，为阻止 S1（端口 e0/0）上的主机 PC-A 与另一个 S1 端口（如先前关闭的端口 e0/3）上的主机之间交换流量，可以使用 **switchport protected** 命令激活这两个端口上的 PVLAN Edge 功能。使用 **no switchport protected** 接口配置命令可禁用受保护端口。

a. 在接口配置模式下，使用以下命令配置 PVLAN Edge 功能。

```
S1(config)# interface e0/0
S1(config-if)# switchport protected
S1(config-if)# interface e0/3
S1(config-if)# switchport protected
S1(config-if)# no shut
S1(config-if)# end
```

b. 验证是否已在 e0/0 上启用 PVLAN Edge 功能（受保护端口）。

```
S1# show interfaces e0/0 switchport
Name: Et0/0
Switchport: Enabled
Administrative Mode: dynamic auto
Operational Mode: static access
Administrative Trunking Encapsulation: dot1q Negotiation of Trunking: On
Access Mode VLAN: 20 (Users)
Trunking Native Mode VLAN: 1 (default)
Administrative Native VLAN tagging: enabled
Voice VLAN: none
Administrative private-vlan host-association: none
Administrative private-vlan mapping: none
Administrative private-vlan trunk native VLAN: none
Administrative private-vlan trunk Native VLAN tagging: enabled
Administrative private-vlan trunk encapsulation: dot1q
Administrative private-vlan trunk normal VLANs: none
```

```
Administrative private-vlan trunk private VLANs: none Operational
private-vlan: none
Trunking VLANs Enabled: ALL
Pruning VLANs Enabled: 2-1001
Capture Mode  Disabled
Capture VLANs Allowed: ALL
Protected: true
Unknown unicast blocked: disabled
Unknown multicast blocked: disabled
Appliance trust: none
```

c. 使用以下命令禁用受保护端口 e0/0 和 e0/3。

```
S1(config)# interface  e0/0
S1(config-if- range)# no switchport protected
S1(config)# interface e0/3
S1(config-if-range)# no switchport protected
```

实验2：配置 IP DHCP 监听

1. 实验目的

通过本实验可以掌握：

- 在 R1 上配置 DHCP；
- 在 R1 上配置 VLAN 间通信；
- 将 S1 接口 e0/2 配置为中继接口；
- 验证 PC-A 和 B 上的 DHCP 操作；
- 启用 DHCP 监听；
- 验证 DHCP 监听。

2. 实验拓扑

本实验所用的拓扑如图 1-2 所示。

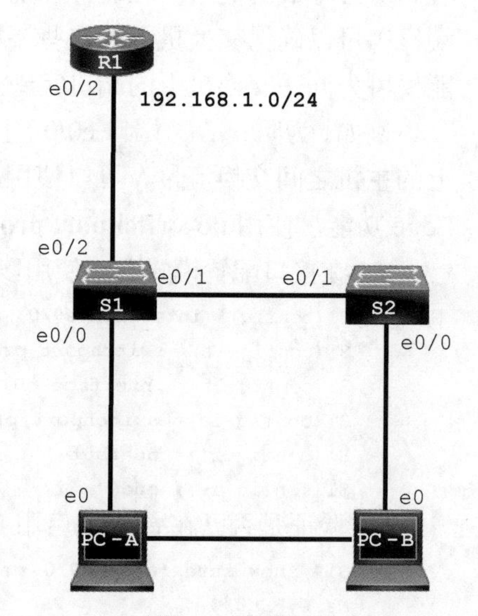

图 1-2　实验拓扑

IP 地址分配表

设备	接口	IP 地址	子网掩码	默认网关	交换机端口
R1	e0/2	192.168.1.1	255.255.255.0	不适用	S1 e0/2
S1	VLAN 1	192.168.1.2	255.255.255.0	不适用	不适用
S2	VLAN 1	192.168.1.3	255.255.255.0	不适用	不适用
PC-A	e0	192.168.1.10	255.255.255.0	192.168.1.1	S1 e0/0
PC-B	e0	192.168.1.11	255.255.255.0	192.168.1.1	S2 e0/0

3. 实验步骤

任务 1：设置 DHCP

第 1 步：在 R1 上为 VLAN 1 设置 DHCP。

```
R1(config)# ip dhcp pool CCNAS
R1(dhcp-config)# network 192.168.1.0 255.255.255.0
R1(dhcp-config)# default-router 192.168.1.1
R1(config)# ip dhcp excluded-address 192.168.1.1 192.168.1.4
```

第 2 步：在 R1 上为 VLAN 20 设置 DHCP。

```
R1(config)# ip dhcp pool 20Users
R1(dhcp-config)# network 192.168.20.0 255.255.255.0
R1(dhcp-config)# default-router 192.168.20.1
R1(config)# ip dhcp excluded-address 192.168.20.1
```

任务 2：配置 VLAN 间通信

第 1 步：在 R1 上配置子接口。

```
R1(config)# interface e0/2
R1(config-if)# shutdown
R1(config-if)# no ip address 192.168.1.1 255.255.255.0
R1(config-if)# no shutdown
R1(config-if)# int e0/2.1
R1(config-if)# encapsulation dot1q 1
R1(config-if)# ip address 192.168.1.1 255.255.255.0
R1(config-if)# int e0/2.20
R1(config-if)# encapsulation dot1q 20
R1(config-if)# ip address 192.168.20.1 255.255.255.0
R1(config-if)# int e0/2.99
R1(config-if)# encapsulation dot1q 99
R1(config-if)# ip address 192.168.99.1 255.255.255.0
```

第 2 步：将 S1 接口 e0/2 配置为中继接口。

```
S1(config)# int e0/2
S1(config-if)# switchport mode trunk
S1(config-if)# switchport trunk native vlan 99
```

第 3 步：配置 PC-A 和 PC-B，以使用 DHCP 获取 IP 地址。

更改 PC-A 和 PC-B 上的网络设置，以自动获取 IP 地址。

第 4 步：验证 DHCP 操作。

在 PC-A 和 PC-B 的命令提示符后使用 **ipconfig**，如图 1-3 所示。

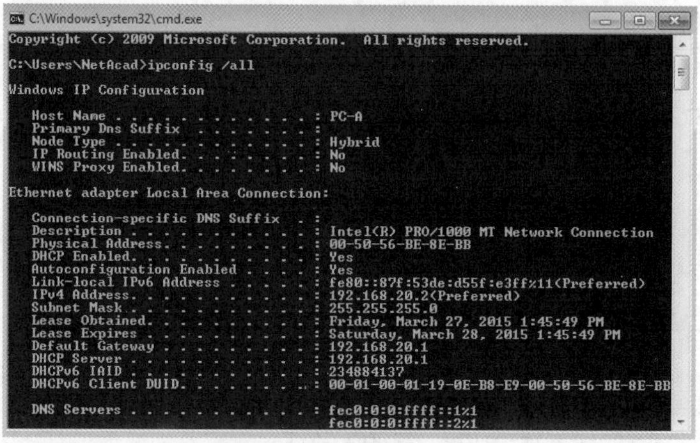

```
C:\Windows\system32\cmd.exe
Copyright (c) 2009 Microsoft Corporation.  All rights reserved.

C:\Users\NetAcad>ipconfig /all

Windows IP Configuration

   Host Name . . . . . . . . . . . . : PC-A
   Primary Dns Suffix  . . . . . . . :
   Node Type . . . . . . . . . . . . : Hybrid
   IP Routing Enabled. . . . . . . . : No
   WINS Proxy Enabled. . . . . . . . : No

Ethernet adapter Local Area Connection:

   Connection-specific DNS Suffix  . :
   Description . . . . . . . . . . . : Intel(R) PRO/1000 MT Network Connection
   Physical Address. . . . . . . . . : 00-50-56-BE-8E-BB
   DHCP Enabled. . . . . . . . . . . : Yes
   Autoconfiguration Enabled . . . . : Yes
   Link-local IPv6 Address . . . . . : fe80::87f:53de:d55f:e3ff%11(Preferred)
   IPv4 Address. . . . . . . . . . . : 192.168.20.2(Preferred)
   Subnet Mask . . . . . . . . . . . : 255.255.255.0
   Lease Obtained. . . . . . . . . . : Friday, March 27, 2015 1:45:49 PM
   Lease Expires . . . . . . . . . . : Saturday, March 28, 2015 1:45:49 PM
   Default Gateway . . . . . . . . . : 192.168.20.1
   DHCP Server . . . . . . . . . . . : 192.168.20.1
   DHCPv6 IAID . . . . . . . . . . . : 234884137
   DHCPv6 Client DUID. . . . . . . . : 00-01-00-01-19-0E-B8-E9-00-50-56-BE-8E-BB

   DNS Servers . . . . . . . . . . . : fec0:0:0:ffff::1%1
                                       fec0:0:0:ffff::2%1
```

图 1-3　使用 DHCP 获取 IP 地址

任务 3：配置 DHCP 监听

第 1 步：全局启用 DHCP 监听。

```
S1(config)# ip dhcp snooping
S1(config)# ip dhcp snooping information option
```

第 2 步：为 VLAN 1 和 20 启用 DHCP 监听。

```
S1(config)# ip dhcp snooping vlan 1,20
```

第 3 步：限制接口上的 DHCP 请求数。

```
S1(config)# interface e0/0
S1(config-if)# ip dhcp snooping limit rate 10
S1(config-if)# exit
```

第 4 步：识别可信接口。仅允许通过可信端口执行 DHCP 响应。

```
S1(config)# interface e0/2
S1(config-if)# description connects to DHCP server
S1(config-if)# ip dhcp snooping trust
```

第 5 步：验证 DHCP 监听配置。

```
S1# show ip dhcp snooping
DHCP snooping is configured on following VLANs:
1,20
```

```
DHCP snooping is operational on following VLANs: 1,20
DHCP snooping is configured on the following L3 Interfaces:
Insertion of option 82 is enabled
   circuit-id default format: vlan-mod-port
   remote-id: aabb.cc00.2000 (MAC)
Option 82 on untrusted port is not allowed
Verification of hwaddr field is enabled
Verification of giaddr field is enabled
DHCP snooping trust/rate is configured on the following Interfaces:
Interface                  Trusted    Allow option    Rate limit (pps)
-----------------------    -------    ------------    ----------------
Ethernet0/2                yes        yes             unlimited
Ethernet0/0                no         no              10
```

1.2 保护设备访问概述

很多网络安全领域的教材常常会从物理层的安全规范讲起，如网络设备机房的门禁卡如何发放、更新和回收，工作场所应该安装十字门避免尾随等。这些看似琐碎且与技术无关的最佳做法暗示了一个基本的理念：提供安全保护的设备本身应该首先得到保护。如果在设备上执行大量的安全设置，却置设备本身的安全于不顾，这样做无异于开门揖盗。

同样，即使网络基础设施的操作系统中提供了大量的安全特性，可以供网络管理员使用来防御各类攻击，但是如果网络设备的管理平面得不到安全防护，那么在管理平面上给设备配置再多安全特性，最终也不过是一场网络安全的镜花水月。

这一节的重点是如何在管理平面配置一些基本的安全防护功能。其中包括配置并加密密码，防止未经授权的人员进入设备的 EXEC 及其上各类设备配置模式；配置设备的登录密码，要求人们在本地通过控制台接口或者在远程通过 Telnet 协议登录和管理设备时提供管理员密码；配置警告横幅，向登录人员陈述非法修改设备需要承担的法律后果。

关于远程登录管理设备的做法，如果使用 Telnet 协议进行管理，那么管理员和设备之间的全部通信都是以明文的形式转发的。如果有人截取到了通信的数据，就可以看到管理员向设备提供的管理员密码。为了防止通信被人截取，导致管理员密码被人获取和盗用，目前人们管理设备基本会使用加密的 SSH 协议。这一节也会演示如何配置设备，来允许管理员向它发起 SSH 管理访问。

实验 1：配置安全管理访问

1. 实验目的

通过本实验可以掌握：

- 配置并加密密码；
- 配置登录警告横幅。

2. 实验拓扑

本实验所用的拓扑如图 1-4 所示。

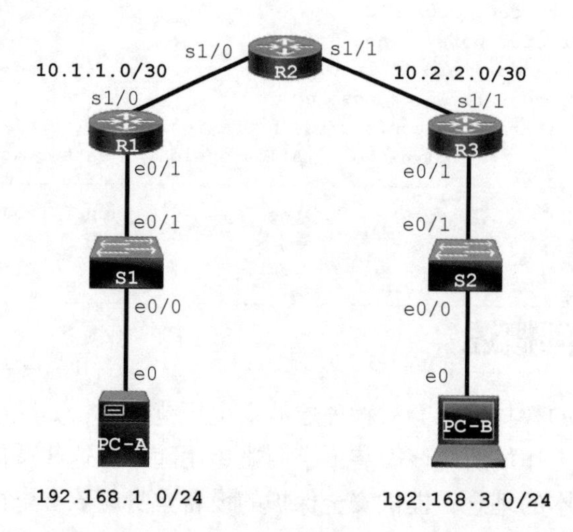

图 1-4 实验拓扑

IP 地址分配表

设备	接口	IP 地址	子网掩码	默认网关	交换机端口
R1	e0/1	192.168.1.1	255.255.255.0	不适用	S1 e0/1
	s1/0	10.1.1.1	255.255.255.252	不适用	不适用
R2	s1/0	10.1.1.2	255.255.255.252	不适用	不适用
	s1/1	10.2.2.2	255.255.255.252	不适用	不适用
R3	e0/1	192.168.3.1	255.255.255.0	不适用	S2 e0/1
	s1/1	10.2.2.1	255.255.255.252	不适用	不适用
PC-A	e0	192.168.1.3	255.255.255.0	192.168.1.1	S1 e0/0
PC-B	e0	192.168.3.3	255.255.255.0	192.168.3.1	S2 e0/0

3. 实验步骤

任务 1：在路由器 R1 和 R3 上配置并加密密码

第 1 步：为所有路由器密码配置最小密码长度。

使用 **security passwords** 命令将最小密码长度设置为 10 个字符。

```
R1(config)# security passwords min-length 10
```

第 2 步：配置启用加密密码。

在两台路由器上配置启用加密密码。使用 9 类（SCRYPT）散列算法。

```
R1(config)# enable algorithm-type scrypt secret cisco12345
```

配置启用加密密码在避免路由器遭受攻击方面能发挥怎样的作用？

第 3 步：配置基本控制台、辅助端口和虚拟访问线路。

> **注意：**此任务中的最小密码长度设置为 10 个字符，但为了方便执行实验，密码相对较为简单。建议在生产网络中使用更复杂的密码。

a. 配置控制台密码并启用路由器登录。为提高安全性，如果 5 分钟内无任何操作，**exec-timeout** 命令将注销此线路。**logging synchronous** 命令可以防止控制台消息中断命令输入。

> **注意：**为避免在本实验中重复登录，可以将 **exec-timeout** 命令设置为 0 0，以防止其过期。但是，这并不被认为是一种良好的安全实践。

```
R1(config)# line console 0
R1(config-line)# password ciscocon
R1(config-line)# exec-timeout 5 0
R1(config-line)# login
R1(config-line)# logging synchronous
```

当为控制台线路配置密码时，系统显示什么消息？

b. 为控制台配置新密码 **ciscoconpass**。

c. 为路由器 R1 的 AUX 端口配置密码。

```
R1(config)# line aux 0
R1(config-line)# password ciscoauxpass
R1(config-line)# exec-timeout 5 0
R1(config-line)# login
```

d. 通过 Telnet 从 R2 连接到 R1。

```
R2> telnet 10.1.1.1
```

是否可以登录？说明原因。

系统显示了什么消息？

e. 在路由器 R1 的 vty 线路上配置密码。

```
R1(config)# line vty 0 4
R1(config-line)# password ciscovtypass
R1(config-line)# exec-timeout 5 0
R1(config-line)# transport input telnet
R1(config-line)# login
```

> **注意：**vty 线路当前的默认值是 **transport input none**。再次通过 Telnet 从 R2 连接到 R1。这次是否可以登录？

f. 进入特权 EXEC 模式并发出 **show run** 命令。是否可以读取启用加密密码？说明原因。

   是否可以读取控制台、AUX 和 vty 密码？说明原因。

g. 对路由器 R3 重复步骤 3a 至步骤 3g 的配置部分。

第 4 步：加密明文密码。

a. 使用 **service password-encryption** 命令加密控制台、AUX 和 vty 密码。

```
R1(config)# service password-encryption
```

b. 发出 **show run** 命令。是否可以读取控制台、AUX 和 vty 密码？说明原因。

   默认启用加密密码的加密级别（数字）是什么？

   其他密码的加密级别（数字）是什么？

   哪种加密级别更难破解？为什么？

任务 2：在路由器 R1 和 R3 上配置登录警告横幅

配置要在登录前显示的警告消息。

a. 使用 **banner motd** 命令，通过当日消息（MOTD）横幅为未经授权的用户配置警告消息。用户连接到其中一台路由器时，在登录提示之前显示 MOTD 横幅。在本例中，使用美元符号（$）作为消息的开头和结尾。

```
R1(config)# banner motd $Unauthorized access strictly prohibited!$
R1(config)# exit
```

b. 发出 **show run** 命令。在输出中，$会转化成什么内容？

实验 2：配置登录增强功能

1. 实验目的

通过本实验可以掌握：

- 配置增强用户名、密码安全功能；
- 配置增强型虚拟登录安全功能。

2. 实验拓扑

本实验所用的拓扑如图 1-5 所示。

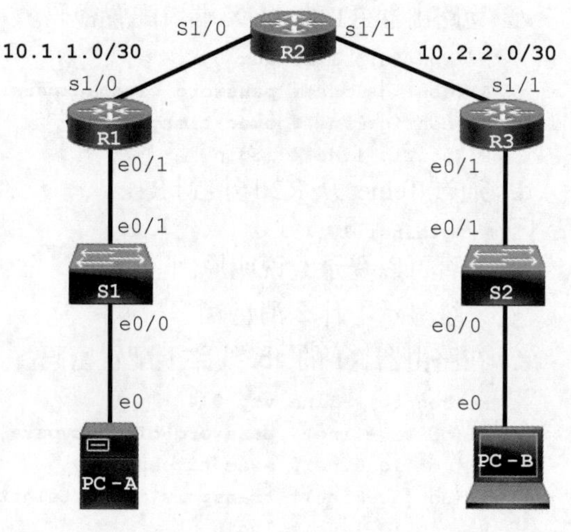

图 1-5　实验拓扑

IP 地址分配表

设备	接口	IP 地址	子网掩码	默认网关	交换机端口
R1	e0/1	192.168.1.1	255.255.255.0	不适用	S1 e0/1
	s1/0	10.1.1.1	255.255.255.252	不适用	不适用
R2	s1/0	10.1.1.2	255.255.255.252	不适用	不适用
	s1/1	10.2.2.2	255.255.255.252	不适用	不适用
R3	e0/1	192.168.3.1	255.255.255.0	不适用	S2 e0/1
	s1/1	10.2.2.1	255.255.255.252	不适用	不适用
PC-A	e0	192.168.1.3	255.255.255.0	192.168.1.1	S1 e0/0
PC-B	e0	192.168.3.3	255.255.255.0	192.168.3.1	S2 e0/0

3. 实验步骤

任务：在路由器 R1 和 R3 上配置增强用户名、密码安全功能

第 1 步：调查 username 命令的选项。

在全局配置模式下，输入以下命令。

```
R1(config)# username user01 algorithm-type?
```

可以使用哪些选项?

第 2 步：使用加密密码创建新用户账号。

a. 使用 SCRYPT 散列创建新用户账号，以加密密码。

```
R1(config)# username user01 algorithm-type scrypt secret user01pass
```

b. 退出全局配置模式，并保存配置。

c. 显示运行配置。密码使用的是哪种散列法?

第 3 步：通过登录到控制台测试新账号。

a. 将控制台线路设置为使用本地定义的登录账号。

```
R1(config)# line console 0
R1(config- line)# login local
R1(config-line)# end
R1# exit
```

b. 退回到初始路由器屏幕，此屏幕显示：R1 con0 当前为可用状态，按 RETURN 键开始。

c. 使用之前定义的用户名 **user01** 和密码 **user01pass** 登录。现在登录控制台与之前登录有何区别?

d. 登录后，发出 **show run** 命令。是否可以发出此命令？说明原因。

e. 使用 enable 命令进入特权 EXEC 模式。系统是否提示你输入密码？说明原因。

第4步：通过从 Telnet 会话登录来测试新账号。

a. 从 PC-A 与 R1 建立 Telnet 会话。默认情况下，Windows 7 中 Telnet 处于禁用状态。如有必要，在线搜索在 Windows 7 中启用 Telnet 的步骤。

```
PC-A> telnet 192.168.1.1
```

系统是否提示输入用户账号？说明原因。

b. 将 vty 线路设置为使用本地定义的登录账号。

```
R1(config)# line vty 0 4
R1(config-line)# login local
```

c. 再次通过 Telnet 从 PC-A 连接到 R1。

```
PC-A> telnet 192.168.1.1
```

系统是否提示输入用户账号？说明原因。

d. 使用 **user01** 和密码 **user01pass** 登录。

在与 R1 的 Telnet 会话期间，使用 enable 命令访问特权 EXEC 模式。你使用的是什么密码？

e. 为增加安全性，将 AUX 端口设置为使用本地定义的登录账号。

```
R1(config)# line aux 0
R1(config-line)# login local
```

f. 使用 **exit** 命令结束 Telnet 会话。

实验 3：配置 SSH

1. 实验目的

通过本实验可以掌握：

- 在 R1 上配置 SSH 服务器；
- 研究终端仿真客户端软件并配置 SSH 客户端；
- 在 R1 上配置 SCP 服务器。

2. 实验拓扑

本实验所用的拓扑如图 1-6 所示。

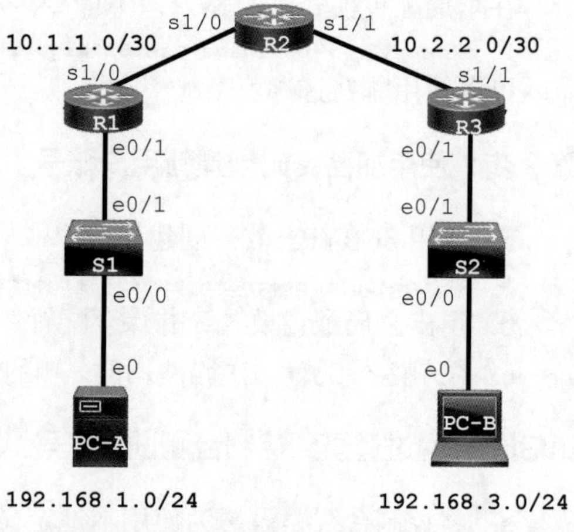

图 1-6 实验拓扑

IP 地址分配表

设备	接口	IP 地址	子网掩码	默认网关	交换机端口
R1	e0/1	192.168.1.1	255.255.255.0	不适用	S1 e0/1
	s1/0	10.1.1.1	255.255.255.252	不适用	不适用

续表

设备	接口	IP 地址	子网掩码	默认网关	交换机端口
R2	s1/0	10.1.1.2	255.255.255.252	不适用	不适用
	s1/1	10.2.2.2	255.255.255.252	不适用	不适用
R3	e0/1	192.168.3.1	255.255.255.0	不适用	S2 e0/1
	s1/1	10.2.2.1	255.255.255.252	不适用	不适用
PC-A	e0	192.168.1.3	255.255.255.0	192.168.1.1	S1 e0/0
PC-B	e0	192.168.3.3	255.255.255.0	192.168.3.1	S2 e0/0

3. 实验步骤

任务 1：在路由器 R1 和 R3 上配置 SSH 服务器

在本任务中，使用 CLI 将路由器配置为使用 SSH（而不是 Telnet）进行安全管理。安全外壳（SSH）网络协议可以建立与路由器或其他网络设备的安全终端仿真连接。SSH 会对经过网络链路的所有信息进行加密，并验证远程计算机的身份。作为远程登录工具，越来越多的网络专家采用 SSH 来取代 Telnet。

> **注意：** 对于支持 SSH 的路由器，必须使用本地认证（AAA 服务或用户名）或密码认证进行配置。在本任务中，可以配置 SSH 用户名和本地认证。

第 1 步：配置域名。

进入全局配置模式并设置域名。

```
R1# conf t
R1(config)# ip domain-name ccnasecurity.com
```

第 2 步：配置特权用户，以从 SSH 客户端登录。

a. 使用 **username** 命令创建具有最高可能权限级别的用户 ID 和加密密码。

```
R1(config)# username admin privilege 15 algorithm-type scrypt secret cisco12345
```

> **注意：** 默认情况下，用户名不区分大小写。第 3 章将介绍如何区分用户名的大小写。

b. 退回到初始路由器登录屏幕。使用用户名 admin 和相关密码登录。输入密码后的路由器提示符是什么？

第 3 步：配置传入 vty 线路。

指定权限级别 **15**，以便具有最高权限级别（15）的用户在访问 vty 线路时将默认为特权

EXEC 模式。其他用户将默认为用户 EXEC 模式。使用本地用户账户进行强制登录和验证，并且仅接受 SSH 连接。

```
R1(config)# line vty 0 4
R1(config-line)# privilege level 15
R1(config-line)# login local
R1(config-line)# transport input ssh
R1(config-line)# exit
```

注意：已在上一步中配置 **login local** 命令。如果你是第一次执行此操作，则此处还应包含该命令，以提供所有命令。

注意：如果将关键字 **telnet** 添加到 **transport input** 命令，用户可以使用 Telnet 和 SSH 登录，但是，路由器的安全性会降低。如果仅指定了 SSH，则连接主机必须安装 SSH 客户端。

第4步：清除路由器上的现有密钥对。

```
R1(config)# crypto key zeroize rsa
```

注意：如果不存在密钥，你可能会收到以下消息：% 配置中未找到签名 RSA 密钥。

第5步：生成路由器的 RSA 加密密钥对。

路由器使用 RSA 密钥对，来对所传输的 SSH 数据进行认证和加密。

a. 使用 **1024** 位模数配置 RSA 密钥。默认值为 512，范围为 360～2048。

```
R1(config)# crypto key generate rsa general-keys modulus 1024 The
name for the keys will be: R1.ccnasecurity.com

% The key modulus size is 1024 bits
% Generating 1024 bit RSA keys, keys will be non-exportable...[OK]

R1(config)#
*Dec 16 21:24:16.175:%SSH-5-ENABLED:SSH 1.99 has been enabled
```

b. 发出 **ip ssh version 2** 命令，以强制使用 SSH 第 2 版。

```
R1(config)# ip ssh version 2
R1(config)# exit
```

第6步：验证 SSH 配置。

a. 使用 **show ip ssh** 命令查看当前设置。

```
R1# show ip ssh
```

b. 根据 **show ip ssh** 命令的输出填写以下信息。

启用的 SSH 版本是什么？

认证超时时间是多久？

认证重试次数是多少？

第 7 步：配置 SSH 超时和认证参数。

可以使用以下命令将默认的 SSH 超时和认证参数改为更严格的设置。

```
R1(config)# ip ssh time-out 90
R1(config)# ip ssh authentication-retries 2
```

第 8 步：将运行配置保存到启动配置。

```
R1# copy running-config startup-config
```

任务 2：研究终端仿真客户端软件并配置 SSH 客户端

第 1 步：研究终端仿真客户端软件。

通过网络搜索免费终端仿真客户端软件，如 TeraTerm 或 PuTTy。每种软件各有哪些功能？

第 2 步：在 PC-A 和 PC-B 上安装 SSH 客户端。

a. 如果尚未安装 SSH 客户端，请下载 TeraTerm 或 PuTTY。

b. 将应用保存到桌面。

> **注意：**此处所述的程序适用于 PuTTY 和 PC-A。

第 3 步：检验从 PC-A 到 R1 的 SSH 连接。

a. 双击 putty.exe 图标启动 PuTTY，如图 1-7 所示。

图 1-7 启动 PuTTY

b. 在 **Host Name (or IP address)**字段中输入 R1 F0/1 IP 地址 **192.168.1.1**。

c. 确认选中了 **SSH** 单选按钮，如图 1-8 所示。

d. 单击 **Open**。

e. 在 **PuTTY Security Alert** 窗口中，单击**是（Y）**，如图 1-9 所示。

f. 在图 1-10 所示的 PuTTY 窗口中输入用户名 **admin** 和密码 **cisco12345**。

g. 在 R1 特权 EXEC 提示符后输入 **show users** 命令。

```
R1# show users
```

此时哪些用户已连接到路由器 R1？

h. 关闭 PuTTY SSH 会话窗口。

i. 尝试从 PC-A 打开与路由器的 Telnet 会话。是否可以打开 Telnet 会话？说明原因。

j. 从 PC-A 打开与路由器的 PuTTY SSH 会话。在 PuTTY 窗口中输入用户名 **user01** 和密码 **user01pass**，尝试连接未拥有权限级别 15 的用户。

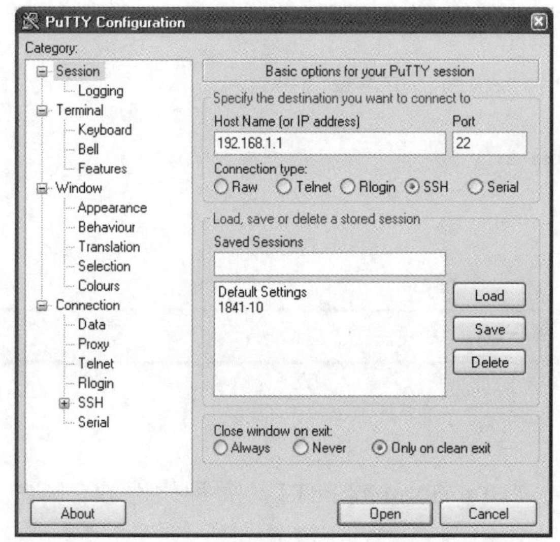

图 1-8　设置并打开 PuTTY

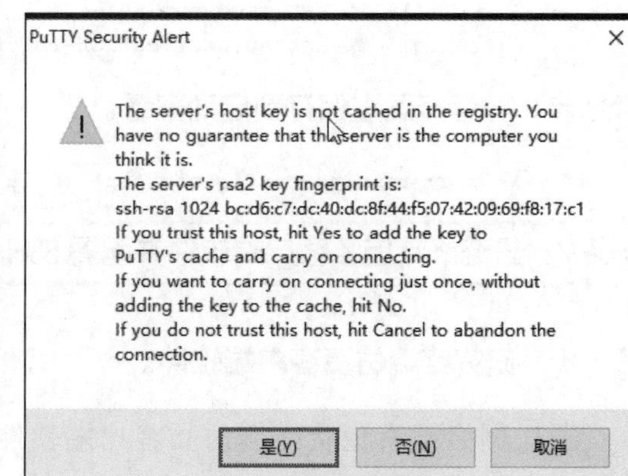

图 1-9　PuTTY 的警告消息

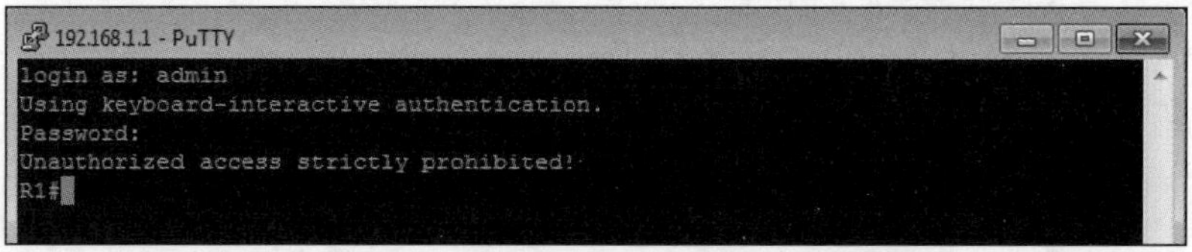

```
192.168.1.1 - PuTTY
login as: admin
Using keyboard-interactive authentication.
Password:
Unauthorized access strictly prohibited!
R1#
```

图 1-10　在 PuTTY 窗口中输入用户名和密码

如果可以登录，提示符是什么？

k. 使用 **enable** 命令进入特权 EXEC 模式并输入启用加密密码 **cisco12345**。

任务 3：在 R1 上配置 SCP 服务器

由于已在路由器上配置 SSH，现在将 R1 路由器配置为安全复制（SCP）服务器。

第 1 步：在 R1 上使用 AAA 认证和授权默认值。

在 R1 上设置 AAA 认证和授权默认值，以使用本地数据库进行登录。

> 注意：SCP 要求用户拥有 15 级权限的访问权限。

a. 在路由器上启用 AAA。

```
R1(config)# aaa new-model
```

b. 使用 **aaa authentication** 命令将本地数据库用作默认登录认证方法。

```
R1(config)# aaa authentication login default local
```

c. 使用 **aaa authorization** 命令将本地数据库用作默认命令授权。

```
R1(config)# aaa authorization exec default local
```

d. 启用 R1 上的 SCP 服务器。

```
R1(config)# ip scp server enable
```

注意：第 3 章将介绍 AAA。

第 2 步：将 R1 上的运行配置复制到闪存。

SCP 服务器允许将文件复制到路由器的闪存中或从路由器闪存中复制文件。在此步骤中，你将在 R1 上创建运行配置的副本以进行刷入操作，然后使用 SCP 将此文件复制到 R3。

a. 将 R1 上的运行配置保存到闪存上名为 R1-Config 的文件中。

```
R1# copy running-config R1-Config
```

b. 验证新的 R1-Config 文件是否位于闪存上。

```
R1# show flash
-#- --length-- -----date/time path
1     75551300 Feb 16 2015 15:19:22 +00:00 c1900-universalk9-mz.SPA.154-3.M2.bin
2         1643 Feb 17 2015 23:30:58 +00:00 R1-Config

181047296 bytes available (75563008 bytes used)
```

第 3 步：在 R3 上使用 SCP 命令，以从 R1 中提取配置文件。

a. 使用 SCP 将在第 2 步中创建的配置文件复制到 R3。

```
R3# copy scp: flash:
Address or name of remote host []?10.1.1.1
Source username [R3]?admin
Source filename []?R1-Config
Destination filename [R1-Config]?[Enter]
密码：cisco12345
!
2007 bytes copied in 9.056 secs (222 bytes/sec)
```

b. 验证文件是否已复制到 R3 的闪存中。

```
R3# show flash
-#- --length-- -----date/time-----path
1     75551300 Feb 16 2015   15:21:38 +00:00 c1900-universalk9-mz.SPA.154-3.M2.bin
2         1338 Feb 16 2015   23:46:10 +00:00 pre_autosec.cfg
3         2007 Feb 17 2015   23:42:00 +00:00 R1-Config
181043200 bytes available (75567104 bytes used)
```

c. 发出 **more** 命令查看 R1-Config 文件的内容。

```
R3# more R1-Config
!
version 15.4
service timestamps debug datetime msec
service timestamps log datetime msec no
```

```
service password-encryption
!
hostname R1
!



<Output omitted>
!
end
R3#
```

第4步：保存配置。

在特权执行模式提示符下，将运行配置保存到启动配置中。

```
R1# copy running-config startup-config
```

1.3 分配管理角色概述

上一节演示了一种粗放的设备登录和管理平面保护方式，那就是给所有对设备发起管理访问的用户赋予统一的登录密码和统一的管理权限。但是，在规模比较大的网络环境中，企业安全策略有时会希望给不同的管理员提供不同的管理权限。比如，助理运维工程师只能通过各类 show 命令进行状态和配置命令的查看工作；工程师除了可以查看状态之外还可以进行一些日常的配置变更工作；而技术专家则拥有全部的设备管理权限，可以对复杂的策略进行调整和更改。

恰如计算机的操作系统可以给同一台计算机的不同管理员赋予不同的管理权限一样，思科网络设备也支持这样的细粒度管理方式，甚至可以具体到把命令分配给不同的管理员账号。这一节的实验会演示如何给思科路由器配置多个管理员账号，并且让它们分别对应不同的命令使用权限。

实验：配置基于角色的 CLI 和权限级别

1. 实验目的

通过本实验可以掌握：

- 在路由器 R1 和 R3 上创建多个管理角色或视图；
- 为每个视图授予不同的权限；
- 验证并对比视图。

2. 实验拓扑

本实验所用的拓扑如图 1-11 所示。

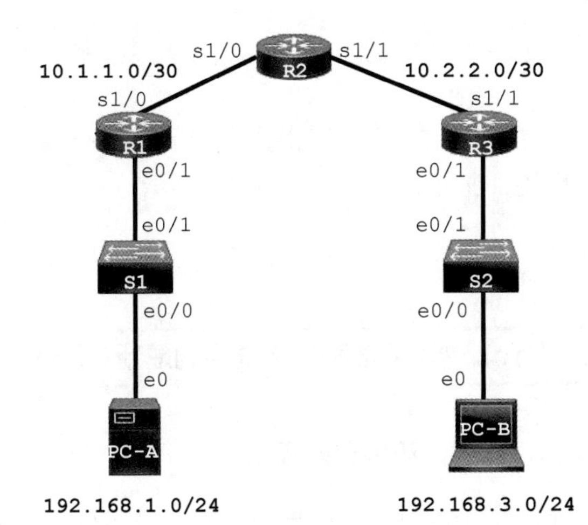

图 1-11 实验拓扑

IP 地址分配表

设备	接口	IP 地址	子网掩码	默认网关	交换机端口
R1	e0/1	192.168.1.1	255.255.255.0	不适用	S1 e0/1
	s1/0	10.1.1.1	255.255.255.252	不适用	不适用
R2	s1/0	10.1.1.2	255.255.255.252	不适用	不适用
	s1/1	10.2.2.2	255.255.255.252	不适用	不适用
R3	e0/1	192.168.3.1	255.255.255.0	不适用	S2 e0/1
	s1/1	10.2.2.1	255.255.255.252	不适用	不适用
PC-A	e0	192.168.1.3	255.255.255.0	192.168.1.1	S1 e0/0
PC-B	e0	192.168.3.3	255.255.255.0	192.168.3.1	S2 e0/0

3. 实验步骤

任务 1：启用 R1 和 R3 上的根视图

如果管理员要为系统配置另一个视图，则系统必须处于根视图中。当系统处于根视图中时，用户具有与拥有 15 级权限的用户相同的访问权限，但是根视图用户还可以配置新视图，并在视图中添加或删除命令。在 CLI 视图中，只能访问根视图用户添加到该视图的命令。

第 1 步：在路由器 R1 上启用 AAA。

要定义视图，请确保已使用**实验 3：配置 SSH 的任务 3** 中的 **aaa new-model** 命令启用 AAA。

第 2 步：启用根视图。

使用命令 **enable view** 启用根视图。使用**启用加密密码** **cisco12345**。如果路由器没有启用加密密码，立即创建一个启用加密密码。

```
R1# enable view
密码：cisco12345
R1#
```

任务 2：为 R1 和 R3 上的 Admin1、Admin2 和技术角色创建新视图

第 1 步：创建 admin1 视图、建立密码并分配权限。

a. admin1 用户是允许访问此路由器的根目录下的顶级用户。此用户拥有大部分权限。admin1 用户可以使用所有 show、config 和 debug 命令。使用以下命令在根视图中创建 admin1 视图。

```
R1(config)# parser view admin1
R1(config-view)#
```

> **注意：**要删除视图，请使用命令 **no parser view** *viewname*。

b. 将 admin1 视图与加密密码关联。

```
R1(config-view)# secret admin1pass
R1(config-view)#
```

c. 查看可在 admin1 视图中配置的命令。使用 **commands?** 命令查看可用命令。以下是可用命令的部分列表。

```
R1(config-view)# commands?
RITE-profile         Router IP traffic export profile command mode RMI
  Node Config        Resource Policy Node Config mode
  RMI Resource Group Resource Group Config mode RMI
  Resource Manager   Resource Manager Config mode
  RMI Resource Policy Resource Policy Config mode
  SASL-profile       SASL profile configuration mode
  aaa-attr-list      AAA attribute list config mode
  aaa-user           AAA user definition
  accept-dialin      VPDN group accept dialin configuration mode
  accept-dialout     VPDN group accept dialout configuration mode
  address-family     Address Family configuration mode
<output omitted>
```

d. 将所有 **config**、**show** 和 **debug** 命令添加到 admin1 视图，然后退出视图配置模式。

```
R1(config-view)# commands exec include all show
R1(config-view)# commands exec include all config terminal
R1(config-view)# commands exec include all debug
R1(config-view)# end
```

e. 验证 admin1 视图。

```
R1# enable view admin1
Password: admin1pass

R1# show parser view
Current view is 'admin1'
```

f. 检查 admin1 视图中的可用命令。

```
R1#?
Exec commands:

<0-0>/<0-4>  Enter card slot/sublot number
configure    Enter configuration mode
debug        Debugging functions (see also 'undebug')
do-exec      Mode-independent "do-exec" prefix support
enable       Turn on privileged commands
exit         Exit from the EXEC
show           Show running system
```

注意：可用的 EXEC 命令可能比所显示的命令多。这取决于设备和所使用的 IOS 映像。

g. 检查 admin1 视图中的可用 **show** 命令。

```
R1# show?
  aaa                  Show AAA values
  access-expression    List access expression
  access-lists         List access lists
  acircuit             Access circuit info
  adjacency            Adjacent nodes
  aliases              Display alias commands
  alignment            Show alignment information
  appfw                Application Firewall information
  archive              Archive functions
  arp                  ARP table
<output omitted>
```

第 2 步：创建 admin2 视图、建立密码并分配权限。

a. admin2 用户是培训的初级管理员，允许查看所有配置但不允许配置路由器或使用 **debug** 命令。

b. 使用 **enable view** 命令启用根视图，然后输入启用加密密码 **cisco12345**。

```
R1# enable view
密码：cisco12345
```

c. 使用以下命令创建 admin2 视图。

```
R1(config)# parser view admin2
R1(config-view)#
```

d. 将 admin2 视图与密码关联。

```
R1(config-view)# secret admin2pass
R1(config-view)#
```

e. 将所有 **show** 命令添加到视图，然后退出视图配置模式。

```
R1(config-view)# commands exec include all show
```

```
R1(config-view)# end
```

f. 验证 admin2 视图。

```
R1# enable view admin2
Password: admin2pass


R1# show parser view
Current view is 'admin2'
```

g. 检查 admin2 视图中的可用命令。

```
R1#?
Exec commands:
  <0-0>/<0-4>   Enter card slot/sublot number
  do-exec       Mode-independent "do-exec" prefix support
  enable        Turn on privileged commands
  exit          Exit from the EXEC
  show          Show running system information
```

注意：可用的 EXEC 命令可能比所显示的命令多。这取决于设备和所使用的 IOS 映像。

admin1 命令中存在但 admin2 命令列表中缺少的内容是什么？

第 3 步：创建技术视图、建立密码并分配权限。

a. 技术用户通常负责安装最终用户设备和电缆。仅允许技术用户使用所选的 **show** 命令。

b. 使用 **enable view** 命令启用根视图，然后输入启用加密密码 **cisco12345**。

```
R1# enable view
密码：cisco12345
```

c. 使用以下命令创建技术视图。

```
R1(config)# parser view tech
R1(config-view)#
```

d. 将技术视图与密码关联。

```
R1(config-view)# secret techpasswd
R1(config-view)#
```

e. 将以下 **show** 命令添加到视图，然后退出视图配置模式。

```
R1(config-view)# commands exec include show version
R1(config-view)# commands exec include show interfaces
R1(config-view)# commands exec include show ip interface brief
R1(config-view)# commands exec include show parser view
R1(config-view)# end
```

f. 验证技术视图。

```
R1# enable view tech
Password: techpasswd
R1# show parser view

Current view is 'tech'
```

g. 检查技术视图中的可用命令。

```
R1#?
```

```
Exec commands:
  <0-0>/<0-4>  Enter card slot/sublot number
  do-exec      Mode-independent "do-exec" prefix support
  enable       Turn on privileged commands
  exit         Exit from the EXEC
  show         Show running system information
```

注意： 可用的 EXEC 命令可能比所显示的命令多。这取决于设备和所使用的 IOS 映像。

h. 检查技术视图中的可用 **show** 命令。

```
R1# show?
  banner      Display banner information
  flash0:     display information about flash0: file system
  flash1:     display information about flash1: file system
  flash:      display information about flash: file system
  interfaces  Interface status and configuration
  ip          IP information
  parser      Display parser information
  usbflash0:  display information about usbflash0: file system
  version     System hardware and software status
```

注意： 可用的 EXEC 命令可能比所显示的命令多。这取决于设备和所使用的 IOS 映像。

i. 输入 **show ip interface brief** 命令。是否能够以技术用户身份执行此操作？说明原因。

j. 发出 **show ip route** 命令。是否能够以技术用户身份执行此操作？

k. 使用 **enable view** 命令返回根视图。

```
R1# enable view
密码：cisco12345
```

l. 发出 **show run** 命令，以查看你所创建的视图。对于技术视图，为什么列出 **show** 和 **show ip** 命令，以及 **show ip interface** 和 **show ip interface brief**？

第 4 步：保存路由器 R1 和 R3 上的配置。

在特权执行模式提示符下，将运行配置保存到启动配置中。

```
R1# copy running-config startup-config
```

1.4 监控与管理设备概述

在网络管理中，有很多协议可以帮助管理员完成管理工作，简单网络管理协议（SNMP）就是其中一项重要的协议。简单网络管理协议可以实现集中式的网络管理架构，让管理员不仅有能力实时了解整个网络存在的问题，而且有机会居中统一监控和管理网络中的各个设备资源。

另外，为了实现设备之间的时间同步，需要使用网络时间协议（NTP）让各个网络设备与时钟源同步。

这两种协议在网络中发挥着非常重要的作用，但也正因为如此，这些协议如果不加以保护，则会让攻击者有机可乘。倘若被攻击者利用，这些协议的重要性也就摇身一变，能够给网络安全带来巨大的威胁。因此，在实际网络管理工作当中，这些管理协议也应该辅以相应的安全措施，防止攻击者利用网络管理设备乘虚而入。这一节会演示如何在思科设备上，针对 SNMP 和 NTP 配置安全措施。

在这一节的最后，我们会演示系统日志的配置。因为系统日志在监控设备安装状态中，往往发挥着关键的作用。

实验 1：配置 SNMPv3 安全

1. 实验目的

通过本实验可以掌握：

使用 ACL 配置 SNMPv3 安全功能。

2. 实验拓扑

本实验所用的拓扑如图 1-12 所示。

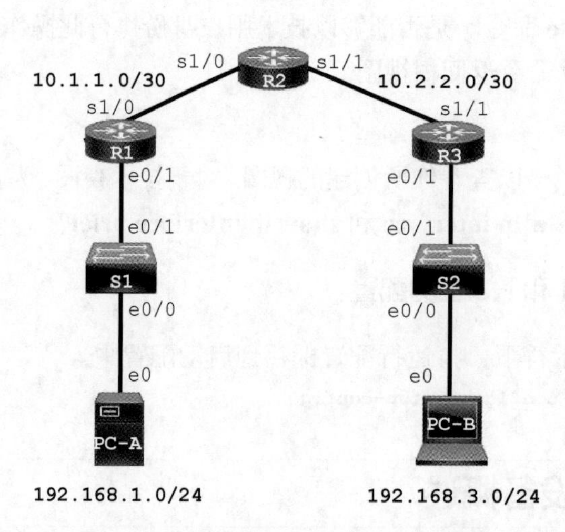

图 1-12　实验拓扑

IP 地址分配表

设备	接口	IP 地址	子网掩码	默认网关	交换机端口
R1	e0/1	192.168.1.1	255.255.255.0	不适用	S1 e0/1
	s1/0	10.1.1.1	255.255.255.252	不适用	不适用

续表

设备	接口	IP 地址	子网掩码	默认网关	交换机端口
R2	s1/0	10.1.1.2	255.255.255.252	不适用	不适用
	s1/1	10.2.2.2	255.255.255.252	不适用	不适用
R3	e0/1	192.168.3.1	255.255.255.0	不适用	S2 e0/1
	s1/1	10.2.2.1	255.255.255.252	不适用	不适用
PC-A	e0	192.168.1.3	255.255.255.0	192.168.1.1	S1 e0/0
PC-B	e0	192.168.3.3	255.255.255.0	192.168.3.1	S2 e0/0

3. 实验步骤

任务：使用 ACL 配置 SNMPv3 安全功能

简单网络管理协议（SNMP）可以帮助网络管理员监控网络性能，管理网络设备并解决网络问题。SNMPv3 通过在网络上对 SNMP 管理数据包进行认证和加密来实现安全访问。你将在 R1 上使用 ACL 配置 SNMPv3。

第 1 步：在 R1 上配置 ACL，以限制对 192.168.1.0 LAN 上的 SNMP 的访问。

a. 创建名为 **PERMIT-SNMP** 的标准访问列表。

```
R1(config)# ip access-list standard PERMIT-SNMP
```

b. 添加一条 permit 语句，以便仅允许 R1 LAN 上的数据包。

```
R1(config-std-nacl)# permit 192.168.1.0 0.0.0.255
R1(config-std-nacl)# exit
```

第 2 步：配置 SNMP 视图。

配置名为 **SNMP-RO** 的 SNMP 视图，以涵盖 ISO MIB 系列。

```
R1(config)# snmp-server view SNMP-RO iso included
```

第 3 步：配置 SNMP 组。

调用组名 SNMP-G1，将该组配置为使用 SNMPv3，并通过使用 priv 关键字要求进行认证和加密。将第 2 步中创建的视图关联到该组，并通过 read 参数为其提供只读访问权限。最后，指定在第 1 步中配置的 ACL PERMIT-SNMP，以限制对本地 LAN 的 SNMP 访问。

```
R1(config)# snmp-server group SNMP-G1 v3 priv read SNMP-RO access PERMIT-SNMP
```

第 4 步：配置 SNMP 用户。

配置 **SNMP-Admin** 用户，并将此用户关联到你在第 3 步中配置的 **SNMP-G1** 组。将认证方法设置为 **SHA**，将认证密码设置为 **Authpass**。使用 AES-128 进行加密，密码为 **Encrypass**。

```
R1(config)# snmp-server user SNMP-Admin SNMP-G1 v3 auth sha Authpass priv aes
128 Encrypass
R1(config)# end
```

第5步：验证SNMP配置。

a. 在特权EXEC模式下使用**show snmp group**命令查看SNMP组配置。验证是否已正确配置组。

> **注意**：如果需要对该组进行更改，请使用命令**no snmp group**从配置中删除该组，然后使用正确的参数重新添加。

```
R1# show snmp group
groupname: ILMI                               security model: v1
contextname: <no context specified>           storage-type: permanent
readview: *ilmi                               writeview: *ilmi
notifyview: <no notifyview specified>
row status: active

groupname: ILMI                               security model: v2c
contextname: <no context specified>           storage-type: permanent
readview: *ilmi                               writeview: *ilmi
notifyview: <no notifyview specified>
row status: active

groupname: SNMP-G1                            security model: v3 priv contextname:
<no context specified>                      storage-type:  nonvolatile readview:
SNMP-RO                                       writeview: <no writeview specified>
notifyview: <no notifyview specified>
row status: active  access-list: PERMIT-SNMP
```

b. 使用命令**show snmp user**查看SNMP用户信息。

> **注意**：出于安全原因，**snmp-server user**命令在配置中是隐藏的。但是，如果需要对SNMP用户进行更改，可以发出命令**no snmp-server user**从配置中删除该用户，然后使用新参数重新添加。

```
R1# show snmp user

User name: SNMP-Admin
Engine ID: 80000009030030F70DA30DA0
storage-type: nonvolatile   active
Authentication Protocol: SHA
Privacy Protocol: AES128
Group-name: SNMP-G1
```

实验2：配置网络时间协议（NTP）

1. 实验目的

通过本实验可以掌握：

使用 NTP，将路由器配置为其他设备的同步时钟源。

2. 实验拓扑

本实验所用的拓扑如图 1-13 所示。

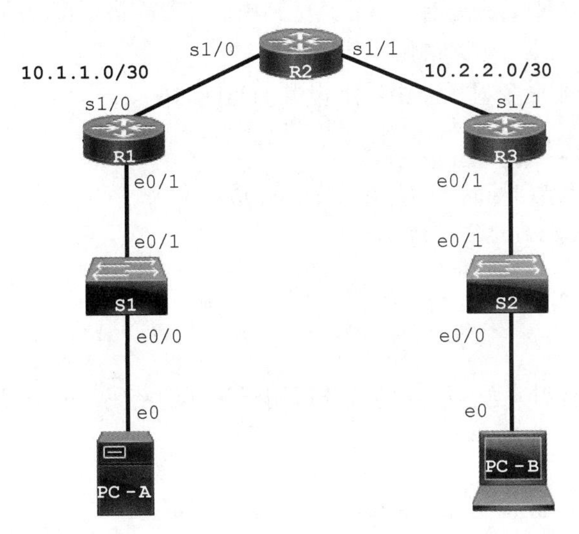

图 1-13 实验拓扑

IP 地址分配表

设备	接口	IP 地址	子网掩码	默认网关	交换机端口
R1	e0/1	192.168.1.1	255.255.255.0	不适用	S1 e0/1
	s1/0	10.1.1.1	255.255.255.252	不适用	不适用
R2	s1/0	10.1.1.2	255.255.255.252	不适用	不适用
	s1/1	10.2.2.2	255.255.255.252	不适用	不适用
R3	e0/1	192.168.3.1	255.255.255.0	不适用	S2 e0/1
	s1/1	10.2.2.1	255.255.255.252	不适用	不适用
PC-A	e0	192.168.1.3	255.255.255.0	192.168.1.1	S1 e0/0
PC-B	e0	192.168.3.3	255.255.255.0	192.168.3.1	S2 e0/0

3. 实验步骤

任务：使用 NTP 配置同步时钟源

R2 将成为路由器 R1 和 R3 的主 NTP 时钟源。

注意：R2也可以作为交换机S1和S2的主时钟源，但是没有必要为本实验配置这些交换机。

第1步：使用思科IOS命令设置NTP主设备。

R2是本实验中的主NTP服务器。所有其他路由器和交换机直接或间接地从R2获知时间。为此，你必须确保R2设置了正确的协调世界时。

a. 使用 **show clock** 命令显示路由器上设置的当前时间。

```
R2# show clock
*19:48:38.858 UTC Wed Feb 18 2015
```

b. 要在路由器上设置时间，请使用 **clock set** *time* 命令。

```
R2# clock set 20:12:00 Dec 17 2014
R2#
*Dec 17 20:12:18.000:%SYS-6-CLOCKUPDATE: System clock has been updated from 01:20:26
UTC Mon Dec 15 2014 to 20:12:00 UTC Wed Dec 17 2014, configured from console by admin
on console.
```

c. 通过定义认证密钥编号、散列类型及将用于认证的密码，来配置NTP认证。密码区分大小写。

```
R2# config t
R2(config)# ntp authentication-key 1 md5 NTPpassword
```

d. 配置将用于R2上的认证的受信任的密钥。

```
R2(config)# ntp trusted-key 1
```

e. 启用R2上的NTP认证功能。

```
R2(config)# ntp authenticate
```

f. 在全局配置模式下，使用 **ntp master** *stratum-number* 命令将R2配置为NTP主设备。*stratum-number*（层数）表示距原始源的距离。对于本实验，在R2上使用层数3。当设备从NTP源获知时间时，其层数将大于其源的层数。

```
R2(config)# ntp master 3
```

第2步：使用CLI将R1和R3配置为NTP客户端。

a. 通过定义认证密钥编号、散列类型及将用于认证的密码，来配置NTP认证。

```
R1# config t
R1(config)# ntp authentication-key 1 md5 NTPpassword
```

b. 配置将用于认证的受信任的密钥。此命令可防止意外将设备同步到不受信任的时钟源。

```
R1(config)# ntp trusted-key 1
```

c. 启用NTP认证功能。

```
R1(config)# ntp authenticate
```

d. R1和R3将成为R2的NTP客户端。使用命令 **ntp server** *hostname*。*hostname*（主机名）也可以是IP地址。命令 **ntp update-calendar** 会根据NTP时间定期更新日历。

```
R1(config)# ntp server 10.1.1.2

R1(config)# ntp update-calendar
```

e. 使用 **show ntp associations** 命令验证 R1 是否已与 R2 建立关联。你还可以通过添加 **detail** 参数来使用命令的更详细版本。可能需要一些时间才能形成 NTP 关联。

```
R1# show ntp associations
Address    ref clock    st  when  poll reach  delay  offset  disp
~10.1.1.2 127.127.1.1  3    14    64     3  0.000  -280073 3939.7
*sys.peer, # selected, +candidate, -outlyer, x falseticker, ~ configured
```

f. 发出 **debug ntp all** 命令，以在 R1 与 R2 同步时查看 R1 上的 NTP 活动。

```
R1# debug ntp all
NTP events debugging is on
NTP core messages debugging is on
NTP clock adjustments debugging is on NTP
reference clocks debugging is on
NTP packets debugging is on
Dec 17 20.12:18.554: NTP message sent to 10.1.1.2, from interface 'Serial1/0' (10.1.1.1).
Dec 17 20.12:18.574: NTP message received from 10.1.1.2 on interface 'Serial1/0' (10.1.1.1).
Dec 17 20:12:18.574: NTP Core(DEBUG): ntp_receive: message received
Dec 17 20:12:18.574: NTP Core(DEBUG): ntp_receive: peer is 0x645A3120, next action is 1.
Dec 17 20:12:18.574: NTP Core(DEBUG): receive: packet given to process_packet Dec
17 20:12:18.578: NTP Core(INFO): system event 'event_peer/strat_chg' (0x04) status
'sync_alarm, sync_ntp, 5 events, event_clock_reset' (0xC655)
Dec 17 20:12:18.578: NTP Core(INFO): synchronized to 10.1.1.2, stratum 3
Dec 17 20:12:18.578: NTP Core(INFO): system event 'event_sync_chg' (0x03) status 'leap_none,
sync_ntp, 6 events, event_peer/strat_chg' (0x664)
Dec 17 20:12:18.578: NTP Core(NOTICE): Clock is synchronized.
Dec 17 20:12:18.578: NTP Core(INFO): system event 'event_peer/strat_chg' (0x04)
status 'leap_none, sync_ntp, 7 events, event_sync_chg' (0x673)
Dec 17 20:12:23.554: NTP: Calendar updated.
```

g. 发出 **undebug all** 或 **no debug ntp all** 命令关闭调试。

```
R1# undebug all
```

h. 与 R2 建立关联后，验证 R1 上的时间。

```
R1# show clock
*20:12:24.859 UTC Wed Dec 17 2014
```

实验 3：配置系统日志记录

1. 实验目的

通过本实验可以掌握：

- 在 PC 上安装系统日志服务器并启用它；
- 在路由器上配置日志记录陷阱级别；
- 更改路由器并监控 PC 上的系统日志结果。

2. 实验拓扑

本实验所用的拓扑如图 1-14 所示。

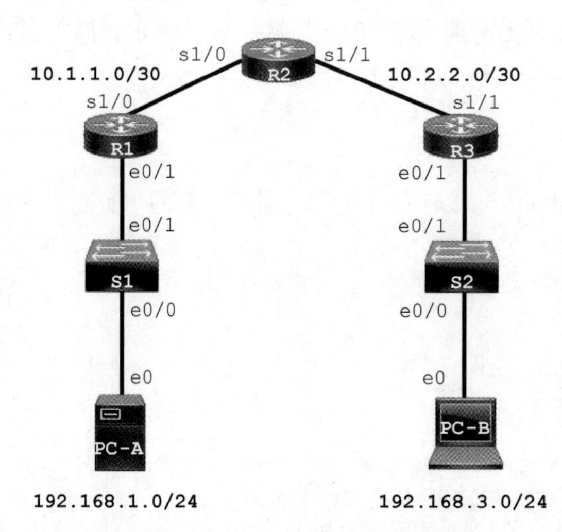

图 1-14 实验拓扑

IP 地址分配表

设备	接口	IP 地址	子网掩码	默认网关	交换机端口
R1	e0/1	192.168.1.1	255.255.255.0	不适用	S1 e0/1
	s1/0	10.1.1.1	255.255.255.252	不适用	不适用
R2	s1/0	10.1.1.2	255.255.255.252	不适用	不适用
	s1/1	10.2.2.2	255.255.255.252	不适用	不适用
R3	e0/1	192.168.3.1	255.255.255.0	不适用	S2 e0/1
	s1/1	10.2.2.1	255.255.255.252	不适用	不适用
PC-A	e0	192.168.1.3	255.255.255.0	192.168.1.1	S1 e0/0
PC-B	e0	192.168.3.3	255.255.255.0	192.168.3.1	S2 e0/0

3. 实验步骤

任务：在 R1 和 PC-A 上配置系统日志支持

第 1 步：安装系统日志服务器。

Tftpd32 包括 TFTP 服务器、TFTP 客户端、系统日志服务器和查看器。Kiwi 系统日志守护程序只是一个专用的系统日志服务器。你可以在本实验室中使用任意一个。两者都提供免费版本，并在 Microsoft Windows 上运行。

如果主机上当前未安装系统日志服务器，请下载最新版本的 Tftpd32 或 Kiwi，然后将其安装在桌面上。如果已安装系统日志服务器，请转至第 2 步。

> **注意**：本实验使用 Ttftpd32 应用提供系统日志服务器功能。

第 2 步：配置 R1，以使用 CLI 将消息记录到系统日志服务器上。

a. 通过对 R1 e0/1 接口 IP 地址 192.168.1.1 执行 ping 操作，来验证 R1 和 PC-A 之间是否有连接。如果不成功，请在继续操作之前根据需要进行故障排除。

b. 在本节实验 2 中配置了 NTP 以同步网络上的时间。使用系统日志（syslog）监控网络时，在系统日志（syslog）消息中显示正确的时间和日期至关重要。如果不知道消息的正确日期和时间，就很难确定是什么网络事件导致了该消息出现。

使用 **show run** 命令验证是否在路由器上启用了日志记录的时间戳服务。如果未启用时间戳服务，请使用以下命令。

```
R1(config)# service timestamps log datetime msec
```

c. 在路由器上配置 syslog 服务，以发送 syslog 消息到 syslog 服务器。

```
R1(config)# logging host 192.168.1.3
```

第 3 步：在 R1 上配置日志记录严重性级别。

可以设置日志记录陷阱以支持日志记录功能。陷阱是一个阈值，达到此阈值后，将会触发一条日志消息。可以调整日志记录消息的级别，以允许管理员确定将哪种消息发送到系统日志（syslog）服务器。路由器支持不同级别的日志记录。这些级别从 0（紧急）到 7（调试），一共分为 8 个级别。其中 0 级表示系统不稳定，7 级则会发送包含路由器信息的消息。

> **注意**：系统日志的默认级别为 6（信息性日志记录）。控制台和监控日志记录的默认值为 7（调试）。

a. 使用 **logging trap** 命令确定命令选项和可用的各种陷阱级别。

```
R1(config)# logging trap?
<0-7>         Logging severity level
alerts        Immediate action needed             (severity=1)
critical      Critical conditions                 (severity=2)
debugging     Debugging messages                  (severity=7)
emergencies   System is unusable                  (severity=0)
errors        Error conditions                    (severity=3)
informational Informational messages              (severity=6)
notifications Normal but significant conditions  (severity=5)
```

```
warnings      Warning conditions                  (severity=4)
<cr>
```

b. 定义发送到系统日志服务器的消息的严重性级别。要配置严重性级别，请使用关键字或严重性级别编号（0～7）。

严重性级别	关键字	含义
0	emergencies	系统不可用
1	alerts	需要立即采取措施
2	critical	严重情况
3	errors	错误情况
4	warnings	警告情况
5	notifications	正常但比较重要的情况
6	informational	参考性消息
7	debugging	调试消息

注意：严重性级别包括指定的级别及严重性级别较低的级别。例如，如果将级别设置为 4，或使用关键字警告，你将捕获严重性级别为 4、3、2、1 和 0 的消息。

c. 使用 **logging trap** 命令为 R1 设置严重性级别。

```
R1(config)# logging trap warnings
```

d. 将严重性级别设置得过高或过低会出现什么问题？

e. 如果发出 **logging trap critical** 命令，系统将记录哪些严重性级别的消息？

第 4 步：显示 R1 日志记录的当前状态。

使用 **show logging** 命令查看已启用日志记录的类型和级别。

```
R1# show logging
Syslog logging: enabled (0 messages dropped, 3 messages rate-limited, 0 flushes, 0 overruns,
xml disabled, filtering disabled)
No Active Message Discriminator.

No Inactive Message Discriminator.
    Console logging: level debugging, 72 messages logged, xml disabled,
                     filtering disabled
    Monitor logging: level debugging, 0 messages logged, xml disabled,
                     filtering disabled
    Buffer logging:  level debugging, 72 messages logged, xml disabled,
                     filtering disabled
    Exception Logging: size (4096 bytes)
    Count and timestamp logging messages: disabled
    Persistent logging: disabled
No active filter modules.

    Trap logging: level warnings, 54 message lines logged Logging
```

```
        to 192.168.1.13          (udp port 514, audit disabled,
              link up),
              3 message lines logged,
              0 message lines rate-limited,
              0 message lines dropped-by-MD,
              xml disabled, sequence number disabled
              filtering disabled
        Logging to 192.168.1.3  (udp port 514, audit disabled,
              link up),
              3 message lines logged,
              0 message lines rate-limited,
              0 message lines dropped-by-MD,
              xml disabled, sequence number disabled
              filtering disabled
        Logging Source-Interface:       VRF Name:
<output omitted>
```

已启用控制台日志记录的级别是什么？

陷阱日志记录启用的级别是什么？

系统日志服务器的 IP 地址是什么？

系统日志使用什么端口？

1.5 自动安全功能概述

路由交换技术的目的是实现互通，因此设备间的通信标准发挥着至关重要的作用，于是诸如数据包、帧结构、各个字段中携带的信息、协商过程中的状态切换（状态机）等加在一起，总能构成一个完备的通信体系。

然而，在网络技术的很多领域都不像路由交换技术那样具备一个完备的体系，比如服务质量（QoS）、网络安全等。这些领域中的很多技术都不会涉及设备间的互通，只是让设备在本地针对某种专门的需求进行某种操作（即使用设备自身的特性）。这些领域却又常常比较驳杂，在一种特定场景中按照完整的最佳实践来完成配置，这通常需要管理员在那个领域拥有相当丰富的经验，而手动进行大量命令配置往往也容易引入错误。

为了帮助并不足够了解思科系统特性的人员迅速完成符合最佳实践的配置，同时避免误配，思科在一些领域提供了通过一条命令完成配置的方法。当管理员输入这条命令之后，思科系统会出现一个向导，管理员只需要根据向导的提问回答几个问题，思科系统就可以自动根据管理员的响应，在设备上完成一套符合最佳实践的配置。QoS 有这样的配置命令，安全也有这样的配置命令。

QoS 姑且不论，在这一节中，我们会通过一个简单的演示实验，帮助读者了解思科自动安全（AutoSecure）功能如何使用，又可以帮助管理员在设备上配置哪些安全特性。

实验：使用 AutoSecure 锁定路由器

1. 实验目的

通过本实验可以掌握：

- 使用 AutoSecure 保护 R3；
- 使用 CLI 查看路由器安全配置。

2. 实验拓扑

本实验所用的拓扑如图 1-15 所示。

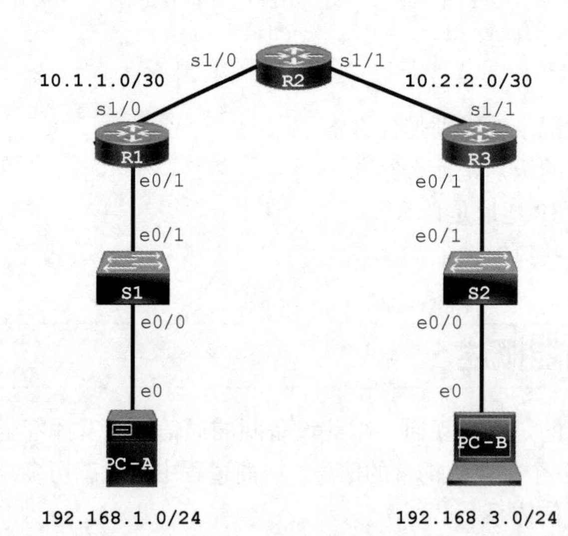

图 1-15　实验拓扑

IP 地址分配表

设备	接口	IP 地址	子网掩码	默认网关	交换机端口
R1	e0/1	192.168.1.1	255.255.255.0	不适用	S1 e0/1
	s1/0	10.1.1.1	255.255.255.252	不适用	不适用
R2	s1/0	10.1.1.2	255.255.255.252	不适用	不适用
	s1/1	10.2.2.2	255.255.255.252	不适用	不适用
R3	e0/1	192.168.3.1	255.255.255.0	不适用	S2 e0/1
	s1/1	10.2.2.1	255.255.255.252	不适用	不适用
PC-A	e0	192.168.1.3	255.255.255.0	192.168.1.1	S1 e0/0
PC-B	e0	192.168.3.3	255.255.255.0	192.168.3.1	S2 e0/0

3. 实验步骤

任务：使用 AutoSecure 保护 R3

AutoSecure 功能在 CLI 模式下使用单个命令即可禁用可能被网络攻击利用的常见 IP 服务。它还可以启用可在受到攻击时帮助保护网络的 IP 服务和功能。AutoSecure 简化并增强了路由器的安全配置。

第 1 步：使用思科 IOS AutoSecure 功能。

a. 使用 **enable** 命令进入特权 EXEC 模式。

b. 在 R3 上发出 **auto secure** 命令，以锁定路由器。R2 表示 ISP 路由器，因此假设在系统提示出现 AutoSecure 问题时，R3 s1/1 已连接到互联网。响应 AutoSecure 问题，如以下输出所示。响应以粗体显示。

```
R3#auto secure
            --- AutoSecure Configuration ---

*** AutoSecure configuration enhances the security of
the router, but it will not make it absolutely resistant
to all security attacks ***

AutoSecure will modify the configuration of your device.
All configuration changes will be shown. For a detailed
explanation of how the configuration changes enhance security
and any possible side effects, please refer to Cisco.com for
Autosecure documentation.
At any prompt you may enter '?' for help.
Use ctrl-c to abort this session at any prompt.

Gathering information about the router for AutoSecure

Is this router connected to internet? [no]: yes
Enter the number of interfaces facing the internet [1]:[Enter]

Interface              IP-Address      OK? Method Status                Protocol
Ethernet0/0            unassigned      YES unset  administratively down down
Ethernet0/1            192.168.3.1     YES manual up                    up
Ethernet0/2            unassigned      YES unset  administratively down down
Ethernet0/3            unassigned      YES unset  administratively down down
Serial1/0              unassigned      YES unset  administratively down down
Serial1/1              10.2.2.1        YES manual up                    up
Serial1/2              unassigned      YES unset  administratively down down
Serial1/3              unassigned      YES unset  administratively down down
Enter the interface name that is facing the internet: Serial1/1

Securing Management plane services...
```

```
Disabling service finger
Disabling service pad
Disabling udp & tcp small servers
Enabling service password encryption
Enabling service tcp-keepalives-in
Enabling service tcp-keepalives-out
Disabling the cdp protocol

Disabling the bootp server
Disabling the http server
Disabling the finger service
Disabling source routing
Disabling gratuitous arp

Here is a sample Security Banner to be shown
at every access to device. Modify it to suit your
enterprise requirements.

Authorized Access only
  This system is the property of So-&-So-Enterprise.
  UNAUTHORIZED ACCESS TO THIS DEVICE IS PROHIBITED.
  You must have explicit permission to access this
  device. All activities performed on this device
  are logged. Any violations of access policy will result
  in disciplinary action.

Enter the security banner {Put the banner between
k and k, where k is any character}:
#        Unauthorized Access Prohibited #
Enter the new enable password: cisco67890
Confirm the enable password: cisco67890
Configuring AAA local authentication
Configuring console, Aux and vty lines for
local authentication, exec-timeout, transport
Securing device against Login Attacks
Configure the following parameters

Blocking Period when Login Attack detected: 60

Maximum Login failures with the device: 2

Maximum time period for crossing the failed login attempts: 30

Configure SSH server? [yes]: [Enter]
Enter the domain-name: CCNASECURITY.COM

Configuring interface specific AutoSecure services
Disabling the following ip services on all interfaces:

 no ip redirects
```

```
 no ip proxy-arp
 no ip unreachables
 no ip directed-broadcast
 no ip mask-reply
Disabling mop on Ethernet interfaces

Securing Forwarding plane services...

Enabling unicast rpf on all interfaces connected
to internet

Configure CBAC Firewall feature? [yes/no]:
% Please answer 'yes' or 'no'.

Configure CBAC Firewall feature? [yes/no]: NO
Tcp intercept feature is used prevent tcp syn attack
on the servers in the network. Create autosec_tcp_intercept_list
to form the list of servers to which the tcp traffic is to
be observed


Enable tcp intercept feature? [yes/no]: NO

This is the configuration generated:

no service finger
no service pad
no service udp-small-servers
no service tcp-small-servers
service password-encryption
service tcp-keepalives-in
service tcp-keepalives-out
no cdp run
no ip bootp server
no ip http server
no ip finger
no ip source-route
no ip gratuitous-arps
no ip identd
banner motd ^C  Unauthorized Access Prohibited ^C
security passwords min-length 6
security authentication failure rate 10 log
enable secret 5 $1$.BNq$gfSKTSu26sF3XzG5MwZgK.
enable password 7 02050D4808095976141759
username cisco67890 password 7 060506324F415F4E5D4E42
aaa new-model
aaa authentication login local_auth local
line console 0
 login authentication local_auth
 exec-timeout 5 0
 transport output telnet
```

```
line aux 0
 login authentication local_auth
 exec-timeout 10 0
 transport output telnet
line vty 0 4
 login authentication local_auth
 transport input telnet
login block-for 60 attempts 2 within 30
ip domain-name CCNASECURITY.COM
crypto key generate rsa general-keys modulus 1024
ip ssh time-out 60
ip ssh authentication-retries 2
line vty 0 4
 transport input ssh telnet
service timestamps debug datetime msec localtime show-timezone
service timestamps log datetime msec localtime show-timezone
logging facility local2
logging trap debugging
service sequence-numbers
logging console critical
logging buffered
interface Ethernet0/0
 no ip redirects
 no ip proxy-arp
 no ip unreachables
 no ip directed-broadcast
 no ip mask-reply
 no mop enabled
interface Ethernet0/1
 no ip redirects
 no ip proxy-arp
 no ip unreachables
 no ip directed-broadcast
 no ip mask-reply
 no mop enabled
interface Ethernet0/2
 no ip redirects
 no ip proxy-arp
 no ip unreachables
 no ip directed-broadcast
 no ip mask-reply
 no mop enabled
interface Ethernet0/3
 no ip redirects
 no ip proxy-arp
 no ip unreachables
 no ip directed-broadcast
 no ip mask-reply
 no mop enabled
interface Serial1/0
 no ip redirects
```

```
 no ip proxy-arp
 no ip unreachables
 no ip directed-broadcast
 no ip mask-reply
interface Serial1/1
 no ip redirects
 no ip proxy-arp
 no ip unreachables
 no ip directed-broadcast
 no ip mask-reply
interface Serial1/2
 no ip redirects
 no ip proxy-arp
 no ip unreachables
 no ip directed-broadcast
 no ip mask-reply
interface Serial1/3
 no ip redirects
 no ip proxy-arp
 no ip unreachables
 no ip directed-broadcast
 no ip mask-reply
access-list 100 permit udp any any eq bootpc
interface Serial1/1
 ip verify unicast source reachable-via rx allow-default 100
!
end


Apply this configuration to running-config? [yes]: [Enter]
*Feb 20 07:31:33.993: %CDP-4-DUPLEX_MISMATCH: duplex mismatch discovered on Ethernet0
/1 (not full duplex), with Switch Ethernet0/1 (full duplex).


Applying the config generated to running-config

The enable password you have chosen is the same as your enable secret.
This is not recommended.  Re-enter the enable password.
The name for the keys will be: R3.CCNASECURITY.COM

% The key modulus size is 1024 bits
% Generating 1024 bit RSA keys, keys will be non-exportable...
[OK] (elapsed time was 0 seconds)

R3#
```

注意：提出的问题和输出可能会有所不同，具体取决于 IOS 映像和设备的功能。

第 2 步：建立从 PC-B 到 R3 的 SSH 连接。

a. 启动 PuTTy 或其他 SSH 客户端，并使用 AutoSecure 运行时创建的账号 **admin** 和密码

cisco12345 登录。输入 R3 e0/1 接口的 IP 地址 **192.168.3.1**，如图 1-16 所示。

b. 由于已使用 AutoSecure 在 R3 上配置 SSH，你将收到 PuTTY 安全警告。单击**是（Y）**进行连接。

c. 进入特权 EXEC 模式，并使用 **show run** 命令验证 R3 配置。该命令输出信息过多，这里不再演示。

d. 发出 **show flash** 命令。是否存在可能与 AutoSecure 相关的文件，如果存在，文件的名称是什么？文件创建于何时？

e. 发出命令 **more flash: pre_autosec.cfg**。文件的内容是什么，用于什么目的？

f. 如果 AutoSecure 没有产生预期效果，可以如何恢复此文件？

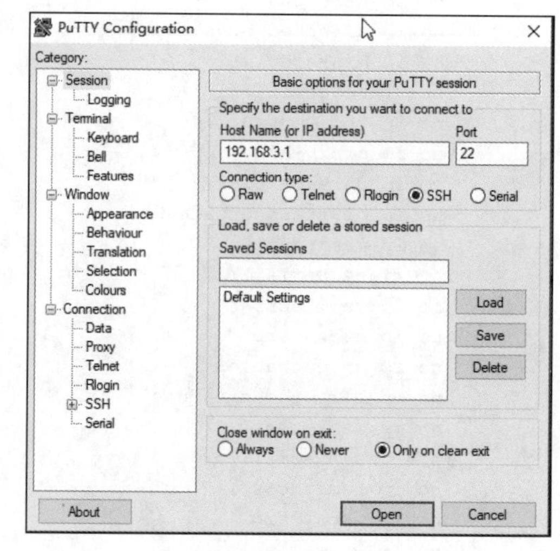

图 1-16 设置 SSH 客户端

第 3 步：将 AutoSecure 生成的 R3 配置与 R1 的手动配置进行对比。

a. AutoSecure 在 R3 上执行了哪些与安全相关的，未在 R1 实验的前几部分中执行的配置更改？

b. 本实验的前几部分中执行了哪些与安全相关的，而 AutoSecure 并未执行的配置更改？

c. 指出至少 5 项被 AutoSecure 锁定的不必要服务，以及至少 3 项应用于每个接口的安全措施。

> 注意：以上 AutoSecure 输出中列为禁用状态的一些服务可能不会显示在 **show running-config** 输出中，因为默认情况下，此路由器和思科 IOS 版本已禁用这些服务。

第 4 步：测试连通性。

从 R1 LAN 上的 PC-A 对路由器 R3 LAN 上的 PC-B 执行 ping 操作。如果 PC-A 到 PC-B 的 ping 不成功，请在继续操作之前进行故障排除。

1.6 保护控制平面概述

路由器的核心功能是为不同的子网之间转发流量，当路由器需要转发去往非直连子网的流量时，它需要拥有该子网的信息才能知道应该向哪个接口转发这类流量。为了满足一定规模的互联网络需求，人们希望路由器能够相互通告自己所了解的子网信息，这需要借助路由协议来实现。路由协议就是路由器之间运行的最核心控制协议。

然而，如果拥有某些路由器管理权限的用户是恶意用户（这类路由器称为欺诈路由器或流氓路由器），那么他们也可以通过路由协议来干扰其他路由器的正常转发行为。为了避免这种情况的发生，管理员在配置路由协议的时候，可以同时配置认证。在本章中，我们也会演示如何配置路由协议及路由协议的认证，从而保护路由器的控制平面。

实验：OSPF SHA 路由协议认证

1. 实验目的

通过本实验可以掌握：

- 使用 SHA256 配置 OSPF 路由协议认证；
- 验证 OSPF 路由协议认证是否正常工作。

2. 实验拓扑

本实验所用的拓扑如图 1-17 所示。

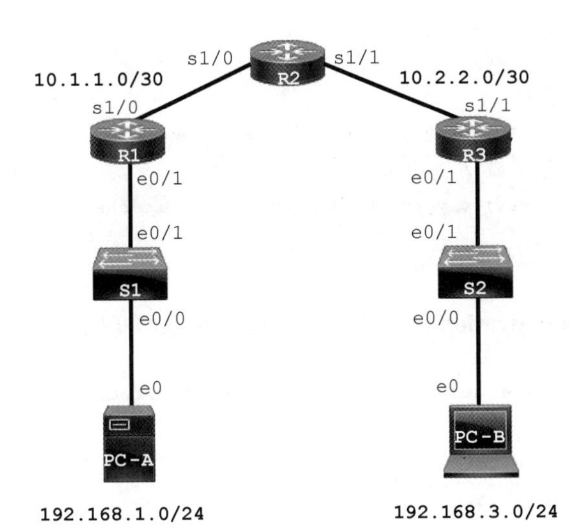

图 1-17　实验拓扑

IP 地址分配表

设备	接口	IP 地址	子网掩码	默认网关	交换机端口
R1	e0/1	192.168.1.1	255.255.255.0	不适用	S1 e0/1
	s1/0	10.1.1.1	255.255.255.252	不适用	不适用

续表

设备	接口	IP 地址	子网掩码	默认网关	交换机端口
R2	s1/0	10.1.1.2	255.255.255.252	不适用	不适用
	s1/1	10.2.2.2	255.255.255.252	不适用	不适用
R3	e0/1	192.168.3.1	255.255.255.0	不适用	S2 e0/1
	s1/1	10.2.2.1	255.255.255.252	不适用	不适用
PC-A	e0	192.168.1.3	255.255.255.0	192.168.1.1	S1 e0/0
PC-B	e0	192.168.3.3	255.255.255.0	192.168.3.1	S2 e0/0

3. 实验步骤

任务：使用 SHA256 散列配置 OSPF 路由协议认证

第1步：在三台路由器上配置密钥链。

a. 分配密钥链名称和编号。

```
R1(config)#key chain NetAcad
R1(config-keychain)# key 1
```

b. 分配认证密钥字符串。

```
R1(config-keychain-key)# key-string CCNASkeystring
```

c. 配置用于认证的加密算法，使用 SHA256 加密。

```
R1(config-keychain-key)#cryptographic-algorithm hmac-sha-256
```

第2步：配置串行接口，以使用 OSPF 认证。

a. 使用 **ip ospf authentication** 命令将密钥链分配到 R1 和 R3 上的串行接口。

```
R1(config)# interface s1/0
R1(config-if)# ip ospf authentication key-chain NetAcad
R1(config)#
*Feb 20 07:14:06.924: %OSPF-5-ADJCHG: Process 1, Nbr 10.2.2.2 on Serial1/0 from FULL
to DOWN, Neighbor Down: Dead timer expired
R3(config)# interface s1/1
R3(config-if)# ip ospf authentication key-chain NetAcad
R3(config)#
*Feb 20 07:16:48.068: %OSPF-5-ADJCHG: Process 1, Nbr 10.2.2.2 on Serial1/1 from FULL
to DOWN, Neighbor Down: Dead timer expired
```

b. 使用 **ip ospf authentication** 命令将密钥链分配到 R2 上的两个串行接口。

```
R2(config)# interface s1/0
R2(config-if)# ip ospf authentication key-chain NetAcad
R2(config)# interface serial 1/1
R2(config-if)# ip ospf authentication key-chain NetAcad
R2(config-if)#
```

```
*Feb 20 07:16:56.266: %OSPF-5-ADJCHG: Process 1, Nbr 192.168.1.1 on Serial1/0 from LO
ADING to FULL, Loading Done
*Feb 20 07:17:34.812: %OSPF-5-ADJCHG: Process 1, Nbr 192.168.3.1 on Serial1/1 from LO
ADING to FULL, Loading Done
```

第 3 步：验证 OSPF 路由和认证是否正确。

a. 发出 **show ip ospf interface** 命令，以验证是否已将认证密钥分配到所有路由器上的串行接口。

```
R1# show ip ospf interface s1/0
Serial1/0 is up, line protocol is up
  Internet Address 10.1.1.1/30, Area 0, Attached via Network Statement
  Process ID 1, Router ID 192.168.1.1, Network Type POINT_TO_POINT, Cost: 64
  Topology-MTID    Cost    Disabled    Shutdown      Topology Name
        0           64        no          no            Base

Transmit Delay is 1 sec, State POINT_TO_POINT
  Timer intervals configured, Hello 10, Dead 40, Wait 40, Retransmit 5
    oob-resync timeout 40
    Hello due in 00:00:05
  Supports Link-local Signaling (LLS)
  Cisco NSF helper support enabled
  IETF NSF helper support enabled
  Index 2/2, flood queue length 0
  Next 0x0(0)/0x0(0)
  Last flood scan length is 1, maximum is 1
  Last flood scan time is 0 msec, maximum is 0 msec
  Neighbor Count is 1, Adjacent neighbor count is 1
    Adjacent with neighbor 10.2.2.2
  Suppress hello for 0 neighbor(s)
  Cryptographic authentication enabled
    Sending SA: Key 1, Algorithm HMAC-SHA-256 - key chain NetAcadR1#
```

b. 发出 **show ip ospf neighbor** 命令，以验证每台路由器是否将网络中的其他路由器列为邻居。

```
R2# show ip ospf neighbor
Neighbor ID     Pri   State           Dead Time   Address         Interface
192.168.3.1       0   FULL/  -        00:00:37    10.2.2.1        Serial1/1
192.168.1.1       0   FULL/  -        00:00:36    10.1.1.1        Serial1/0
```

c. 发出 **show ip route** 命令，以验证所有路由器的路由表中是否显示所有网络。

```
R3# show ip route
Codes: L - local, C - connected, S - static, R - RIP, M - mobile, B - BGP
       D - EIGRP, EX - EIGRP external, O - OSPF, IA - OSPF inter area
       N1 - OSPF NSSA external type 1, N2 - OSPF NSSA external type 2
       E1 - OSPF external type 1, E2 - OSPF external type 2
       i - IS-IS, su - IS-IS summary, L1 - IS-IS level-1, L2 - IS-IS level-2
       ia - IS-IS inter area, * - candidate default, U - per-user static route
       o - ODR, P - periodic downloaded static route, H - NHRP, l - LISP
       a - application route
```

```
        + - replicated route, % - next hop override
Gateway of last resort is not set

      10.0.0.0/8 is variably subnetted, 3 subnets, 2 masks
O        10.1.1.0/30 [110/128] via 10.2.2.2, 00:03:03, Serial1/1
C        10.2.2.0/30 is directly connected, Serial1/1
L        10.2.2.1/32 is directly connected, Serial1/1
O     192.168.1.0/24 [110/138] via 10.2.2.2, 00:03:03, Serial1/1
      192.168.3.0/24 is variably subnetted, 2 subnets, 2 masks
C        192.168.3.0/24 is directly connected, Ethernet0/1
L        192.168.3.1/32 is directly connected, Ethernet0/1
```

d. 执行 ping 操作验证 PC-A 和 PC-B 之间的连接。若 ping 不成功，请在继续操作之前进行故障排除。

第 2 章 认证、授权和审计

路由器访问安全的最基本形式是为控制台、vty 和 AUX 线路创建密码。用户访问路由器时，系统仅提示其输入密码。配置特权 EXEC 模式启用加密密码可进一步提高安全性，但每种访问模式仍然只需要一个基本密码。除基本密码之外，还可以在本地路由器数据库中定义具有不同权限级别的特定用户名或账号，将数据库作为一个整体应用于路由器。将控制台、vty 或 AUX 线路配置为引用此本地数据库时，如果使用这些线路访问路由器，系统将提示用户输入用户名和密码。

使用认证、授权和审计（AAA）可以对登录过程进行额外控制。在本实验中，你需要构建一个多路由器网络，并配置路由器和主机。然后，你需要使用 CLI 命令通过 AAA 为路由器配置基本本地认证。你需要在外部计算机上安装 RADIUS 软件，并使用 AAA 通过 RADIUS 服务器对用户进行认证。

2.1 本地 AAA 认证概述

认证、授权和审计（AAA）有两种基本的实现架构。其中一种比较简单的架构是在设备本地对用户进行认证。这也就是说，用户要登录的设备会在本地通过内部的一个数据库来对用户提供的登录凭证进行认证，而不借助任何其他设备来管理这些数据。

在这一节中，我们需要通过配置，在路由器本地对登录的用户进行认证，然后尝试登录来测试配置的结果。

实验：配置本地 AAA 认证

1. 实验目的

通过本实验可以掌握：

- 使用思科 IOS 配置本地用户数据库；
- 使用思科 IOS 配置 AAA 本地认证。

2. 实验拓扑

本实验所用的拓扑如图 2-1 所示。

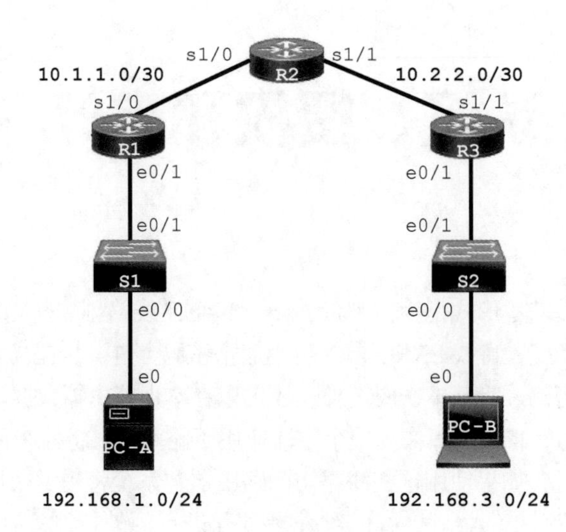

图 2-1 实验拓扑

IP 地址分配表

设备	接口	IP 地址	子网掩码	默认网关	交换机端口
R1	e0/1	192.168.1.1	255.255.255.0	不适用	S1 e0/1
	s1/0	10.1.1.1	255.255.255.252	不适用	不适用
R2	s1/0	10.1.1.2	255.255.255.252	不适用	不适用
	s1/1	10.2.2.2	255.255.255.252	不适用	不适用
R3	e0/1	192.168.3.1	255.255.255.0	不适用	S2 e0/1
	s1/1	10.2.2.1	255.255.255.252	不适用	不适用
PC-A	e0	192.168.1.3	255.255.255.0	192.168.1.1	S1 e0/0
PC-B	e0	192.168.3.3	255.255.255.0	192.168.3.1	S2 e0/0

3. 实验步骤

任务 1：使用思科 IOS 配置本地用户数据库

配置本地用户数据库。

a. 使用 SCRYPT 散列创建本地用户账号，以加密密码。

```
R3(config)# username Admin01 privilege 15 algorithm-type scrypt secret
Admin01pass
```

b. 退出全局配置模式并显示运行配置。是否可以读取该用户的密码？

任务 2：使用思科 IOS 配置 AAA 本地认证

在 R3 上，使用全局配置 **aaa new-model** 命令启用服务。由于你正在实施本地认证，因此请使用本地认证作为第一种方法，以不认证作为辅助方法。

如果你对远程服务器使用认证方法（如 TACACS+或 RADIUS），则可以为无法访问服务器时的回退操作配置辅助认证方法。通常，辅助方法是本地数据库。在这种情况下，如果未在本地数据库中配置用户名，则路由器允许所有用户登录访问此设备。

第 1 步：启用 AAA 服务。

```
R3(config)# aaa new-model
```

第 2 步：使用本地数据库实施 AAA 服务，以实现控制台访问。

a. 通过发出 **aaa authentication login default** *method1*[*method2*][*method3*] 命令及使用关键字 **local** 和 **none** 的方法列表，来创建默认登录认证列表。

```
R3(config)# aaa authentication login default local-case none
```

> 注意：如果未设置默认登录认证列表，则路由器可能会被锁定，且你将被迫为特定路由器使用密码恢复过程。注意：local-case 参数用于区分用户名的大小写。

b. 退回到显示以下信息的初始路由器屏幕。

```
R3 con0 is now available
Press RETURN to get started.
```

使用密码 **Admin01pass** 以 **Admin01** 的身份登录控制台。请牢记，用户名和密码均区分大小写。能否登录？说明原因。

> 注意：如果与路由器控制台端口的会话超时，则可能必须使用默认认证列表登录。

c. 退回到显示以下信息的初始路由器屏幕。

```
R3 con0 is now available
Press RETURN to get started.
```

d. 尝试使用任意密码以 **baduser** 的身份登录控制台。你能否登录？说明原因。

e. 如果未在本地数据库中配置用户账号，则允许哪些用户访问此设备？

第 3 步：使用本地数据库为 Telnet 创建 AAA 认证配置文件。

a. 为路由器的 Telnet 访问创建唯一的认证列表。这样无法回退至不认证，因此如果本地数据库中没有用户名，则禁用 Telnet 访问。要创建非默认的认证配置文件，请指定列表名称 TELNET_LINES 并将其应用于 vty 线路。

```
R3(config)# aaa authentication login TELNET_LINES local
R3(config)# line vty 0 4
R3(config-line)# login authentication TELNET_LINES
```

b. 通过打开从 PC-B 到 R3 的 Telnet 会话来验证是否已使用此认证配置文件。

```
PC-B> telnet 192.168.3.1
Trying 192.168.3.1 ... 开环
```

c. 使用密码 **Admin01pass** 以 **Admin01** 的身份登录。是否可以登录？说明原因。

d. 使用 **exit** 命令退出 Telnet 会话，然后再次通过 Telnet 连接到 R3。

e. 尝试使用任意密码以 **baduser** 的身份登录。是否可以登录？说明原因。

任务3：使用思科 IOS 调试观察 AAA 认证

在本任务中，你可以使用 **debug** 命令观察成功和失败的认证尝试。

第1步：验证是否已正确配置系统时钟和调试时间戳。

a. 在 R3 用户或特权 EXEC 模式提示符后，使用 **show clock** 命令确定路由器的当前时间。如果时间和日期不正确，则使用命令 **clock set** *HH:MM:SS DD month YYYY* 从特权 EXEC 模式下设置时间。此处提供了 R3 的示例。

```
R3# clock set 14:15:00 26 December 2014
```

b. 使用 **show run** 命令验证是否有详细的时间戳信息可用于调试输出。此命令显示运行配置中包括文本“timestamps”（时间戳）的所有线路。

```
R3# show run | include timestamps
service timestamps debug datetime msec
service timestamps log datetime msec
```

c. 如果不存在 **service timestamps debug** 命令，则在全局配置模式下输入此命令。

```
R3(config)# service timestamps debug datetime msec R3(config)#
exit
```

d. 在特权执行模式提示符下，将运行配置保存到启动配置中。

```
R3# copy running-config startup-config
```

第2步：使用 debug 验证用户访问权限。

a. 激活 AAA 认证的调试。

```
R3# debug aaa authentication
AAA Authentication debugging is on
```

b. 启动从 R2 到 R3 的 Telnet 会话。

c. 使用用户名 **Admin01** 和密码 **Admin01pass** 登录。观察控制台会话窗口中的 AAA 认证事件。系统应显示类似如下所示的调试消息。

```
R3#
Feb 20 08:45:49.383: AAA/BIND(0000000F): Bind i/f
Feb 20 08:45:49.383: AAA/AUTHEN/LOGIN (0000000F): Pick method list 'TELNET_LINES'
```

d. 在 Telnet 窗口中，进入特权 EXEC 模式。使用启用加密密码 **cisco12345**。系统应显示类似如下所示的调试消息。在第三个条目中，注意用户名（Admin01）、虚拟端口号（tty132）和远程 Telnet 客户端地址（10.2.2.2）。另请注意，最后一个状态条目是“PASS”。

```
R3#
Feb 20 08:46:43.223: AAA: parse name=tty132 idb type=-1 tty=-1
Feb 20 08:46:43.223: AAA: name=tty132 flags=0x11 type=5 shelf=0 slot=0 adapter=0
port=132 channel=0
Feb 20 08:46:43.223: AAA/MEMORY: create_user (0x32716AC8) user='Admin01' ruser='NULL'
ds0=0 port='tty132' rem_addr='10.2.2.2' authen_type=ASCII service=ENABLE priv=15
initial_task_id='0', vrf= (id=0)
Feb 20 08:46:43.223: AAA/AUTHEN/START (2655524682): port='tty132' list='' action=LOGIN
service=ENABLE
Feb 20 08:46:43.223: AAA/AUTHEN/START (2

R3#655524682): non-console enable - default to enable password Feb
20 08:46:43.223: AAA/AUTHEN/START (2655524682): Method=ENABLE
Feb 20 08:46:43.223: AAA/AUTHEN (2655524682): status = GETPASS R3#
Feb 20 08:46:46.315: AAA/AUTHEN/CONT (2655524682): continue_login (user='(undef)')
Feb 20 08:46:46.315: AAA/AUTHEN (2655524682): status = GETPASS
Feb 20 08:46:46.315: AAA/AUTHEN/CONT (2655524682): Method=ENABLE
Feb 20 08:46:46.543: AAA/AUTHEN (2655524682): status = PASS
```

e. 在 Telnet 窗口中，使用 **disable** 命令退出特权 EXEC 模式。尝试再次进入特权 EXEC 模式，但这次使用错误的密码。观察 R3 上的调试输出，注意这次状态为“FAIL”。

```
Feb 20 08:47:36.127: AAA/AUTHEN (4254493175): status = GETPASS
Feb 20 08:47:36.127: AAA/AUTHEN/CONT (4254493175): Method=ENABLE
Feb 20 08:47:36.355: AAA/AUTHEN(4254493175): password incorrect
Feb 20 08:47:36.355: AAA/AUTHEN (4254493175): status = FAIL
Feb 20 08:47:36.355: AAA/MEMORY: free_user (0x32148CE4) user='NULL' ruser='NULL' port=
'tty132' rem_addr='10.2.2.2' authen_type=ASCII service=ENABLE priv=15 vrf= (id=0)
R3#
```

f. 在 Telnet 窗口中，退出路由器的 Telnet 会话。然后尝试再次打开路由器的 Telnet 会话，但这次尝试使用用户名 **Admin01** 和错误的密码登录。控制台窗口中的调试输出应类似于以下内容。

```
Feb 20 08:48:17.887: AAA/AUTHEN/LOGIN (00000010): Pick method list 'TELNET_LINES'
Telnet 客户端屏幕上显示了什么消息？
```

g. 在特权 EXEC 提示符后使用 **undebug all** 命令关闭所有调试。

2.2 基于服务器的 AAA 认证概述

前面一节展示了如何通过被访问设备本地的数据库来认证用户。如果想要在小规模网络中为有限几位用户提供基本的认证功能，上述方法可以胜任。但这种方法的可扩展性不高，因为管理员必须在每台路由器上进行配置。当网络规模增加，网络中包含了各类拥有不同管理权限的账号，这些账号会因为人员流动频繁变更，同时用户的操作行为还必须进行记录时，就只能采用集中式的架构，通过一台专门的 AAA 服务器来提供这些功能了。

具体来说，就是让网络中的被访问设备与一台专门的外部服务器进行通信。当用户登录设备时，这台设备就会把用户提供的凭证交给外部服务器去进行校验，授权和审计记录也通过外部服务器来实现。被访问设备和外部服务器之间，则通过 TACACS+或 RADIUS 协议进行通信。这样一来，就实现了 AAA 数据和处理的集中化，不仅可以大大简化账号创建和维护工作，而且可以更好地提供 AAA 中所涵盖的全部服务。

在这一节中，我们就会演示在这类环境中，如何对充当被管理设备的思科路由器，和 AAA 服务器进行配置。同时，对配置的结果进行测试。

实验：配置基于服务器的 AAA 认证

1. 实验目的

通过本实验可以掌握：

- 在计算机上安装 RADIUS 服务器；
- 在 RADIUS 服务器上配置用户；
- 使用思科 IOS 在路由器上配置 AAA 服务以访问 RADIUS 服务器，从而进行认证；
- 测试 AAA RADIUS 配置。

2. 实验拓扑

本实验所用的拓扑如图 2-2 所示。

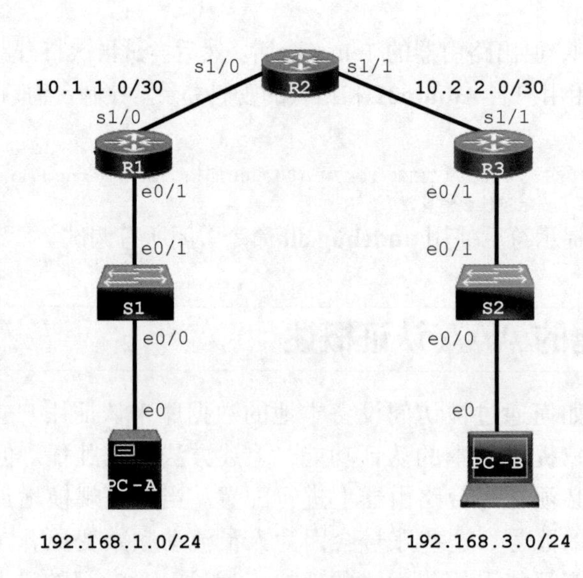

图 2-2　实验拓扑

IP 地址分配表

设备	接口	IP 地址	子网掩码	默认网关	交换机端口
R1	e0/1	192.168.1.1	255.255.255.0	不适用	S1 e0/1
	s1/0	10.1.1.1	255.255.255.252	不适用	不适用
R2	s1/0	10.1.1.2	255.255.255.252	不适用	不适用
	s1/1	10.2.2.2	255.255.255.252	不适用	不适用
R3	e0/1	192.168.3.1	255.255.255.0	不适用	S2 e0/1
	s1/1	10.2.2.1	255.255.255.252	不适用	不适用
PC-A	e0	192.168.1.3	255.255.255.0	192.168.1.1	S1 e0/0
PC-B	e0	192.168.3.3	255.255.255.0	192.168.3.1	S2 e0/0

3. 实验步骤

任务 1：将 R1 恢复到基本配置

第 1 步：重新加载并恢复 R1 上保存的配置。

a. 连接到 R1 控制台，并使用用户名 **user01** 和密码 **user01pass** 登录。

b. 使用密码 **cisco12345** 进入特权 EXEC 模式。

c. 重新加载路由器并在系统提示保存设置时输入 **no**。

```
R1# reload
System configuration has been modified. Save? [yes/no]: no
Proceed with reload? [confirm]
```

第 2 步：验证连接。

a. 通过从主机 PC-A 对 PC-B 执行 ping 操作来验证连接。如果 ping 不成功，请对路由器和 PC 配置进行故障排除。

b. 如果已退出控制台，请使用密码 **user01pass** 再次以 **user01** 的身份登录，然后使用密码 **cisco12345** 访问特权 EXEC 模式。

任务 2：下载并在 PC-A 上安装 RADIUS 服务器

有许多可用的 RADIUS 服务器，有免费的，也有付费的。本实验使用 WinRadius，这是一种基于标准的免费 RADIUS 服务器，可在 Windows 操作系统上运行。此软件的免费版本仅可支持 5 个用户名。

第 1 步：下载 WinRadius 软件。

a. 在桌面上或其他存储文件的位置创建名为 **WinRadius** 的文件夹，如图 2-3 所示。

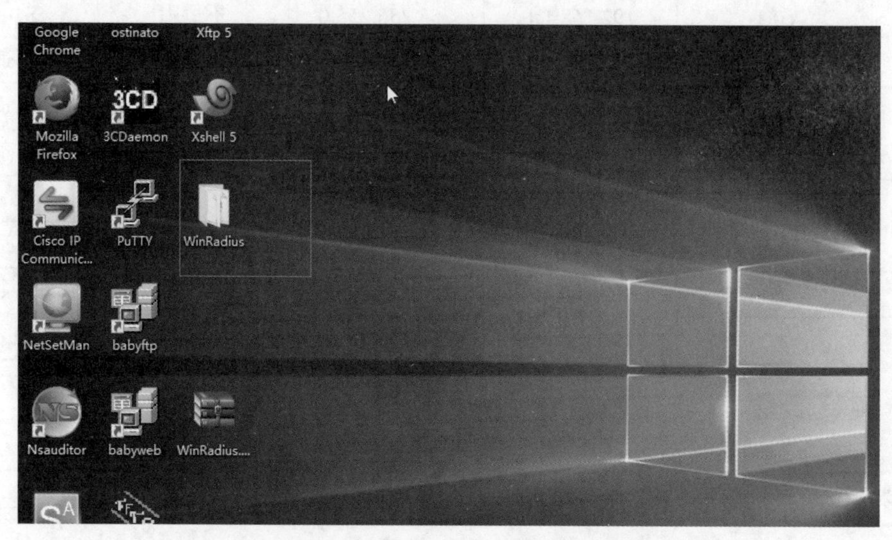

图 2-3 桌面上创建名为 WinRadius 的文件夹

b. 将 WinRadius 压缩文件解压缩到刚创建的文件夹中。解压后的 **WinRadius.exe** 文件是可执行文件，如图 2-4 所示。

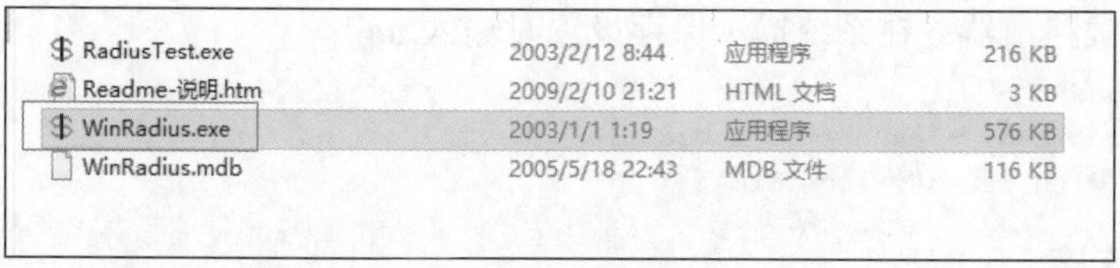

RadiusTest.exe	2003/2/12 8:44	应用程序	216 KB
Readme-说明.htm	2009/2/10 21:21	HTML 文档	3 KB
WinRadius.exe	2003/1/1 1:19	应用程序	576 KB
WinRadius.mdb	2005/5/18 22:43	MDB 文件	116 KB

图 2-4 WinRadius.exe 是可执行文件

c. 可以在桌面上为 **WinRadius.exe** 文件创建快捷方式。

> **注意**：如果在使用 Microsoft Windows Vista 操作系统或 Microsoft Windows 7 操作系统的 PC 上使用 WinRadius，则可能无法成功创建 ODBC（开放数据库连接），因为它无法写入注册表。

安装中若出现问题，可参考下述解决方案。

（1）兼容性设置。

- 右键单击 **WinRadius.exe** 图标，然后选择**属性**。
- 在**属性**对话框中，选择**兼容性**选项卡。在此选项卡中，选中**以兼容模式运行这个程序**复选框。然后，在下面的下拉菜单中，选择适合你的计算机的操作系统（如 Windows 7），如图 2-5 所示。

- 单击**确定**按钮。

（2）以管理员设置运行。

- 右键单击 **WinRadius.exe** 图标，然后选择**属性**。
- 在**属性**对话框中，选择**兼容性**选项卡。在此选项卡中，选中**以管理员身份运行此程序**复选框，如图 2-6 所示。

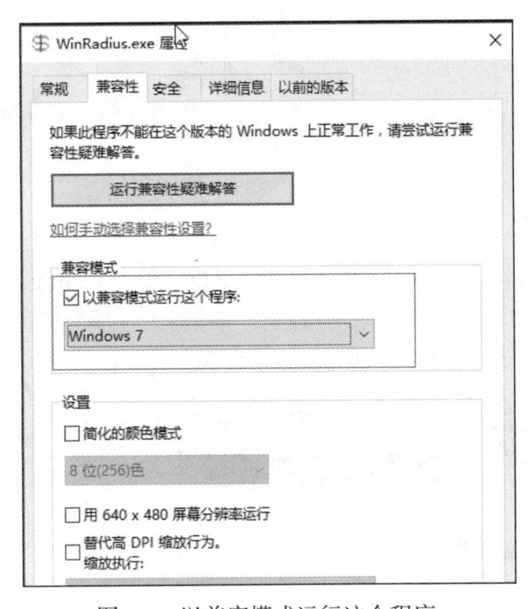

图 2-5　以兼容模式运行这个程序

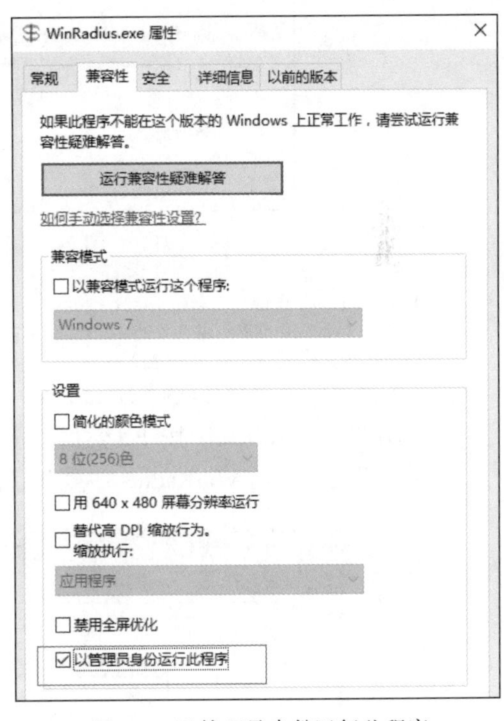

图 2-6　以管理员身份运行此程序

- 单击**确定**按钮。

（3）每次启动时以管理员身份运行。

- 右键单击 **WinRadius.exe** 图标，然后选择**以管理员身份运行**。
- 当 WinRadius 启动时，点击 **User Account Control** 对话框中的 **Yes**，弹出图 2-7 所示的对话框。

第 2 步：配置 WinRadius 服务器数据库。

a. 启动 WinRadius.exe。WinRadius 使用本地数据库来存储用户信息。首次启动此应用时，系统将显示以下消息。

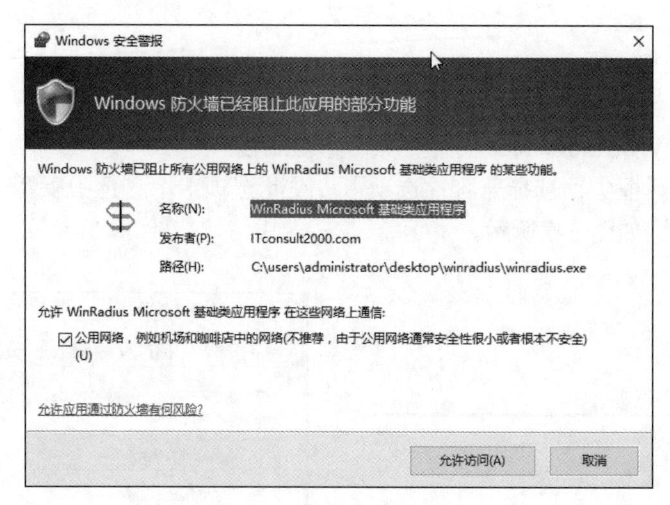

图 2-7　弹出的安全警报

`Please go to "Settings/Database and create the ODBC for your RADIUS database`
`(请转至 "设置/数据库" 并为你的 RADIUS 数据库创建 ODBC)。Launch`
`ODBC failed(启动 ODBC 失败)。`

b. 从主菜单中选择 **Settings > Database**。系统将显示如图 2-8 所示的对话框。单击 **Configure ODBC automatically** 按钮，然后单击 **OK** 按钮。你应该会看到一条消息，提示 ODBC 创建成功。退出 WinRadius 并重新启动该应用以使更改生效。

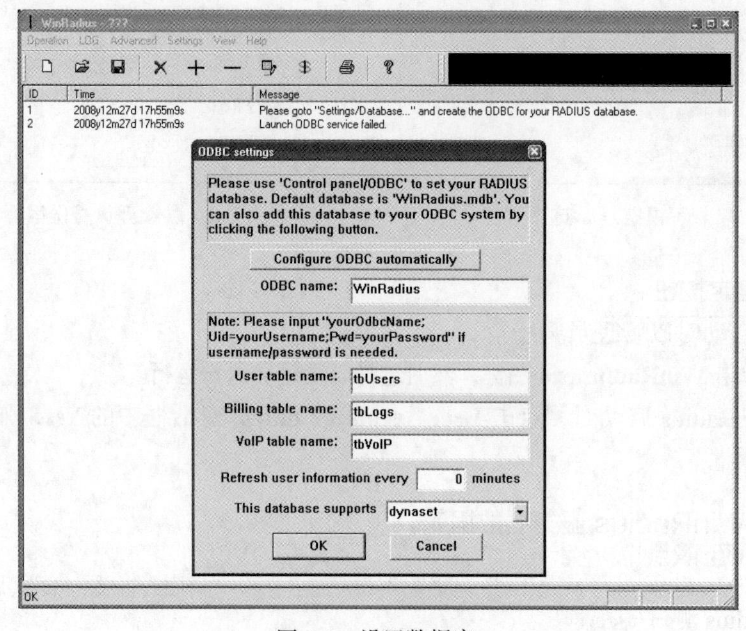

图 2-8　设置数据库

c. 当 WinRadius 再次启动时，你应该会看到类似于图 2-9 所示内容的消息。

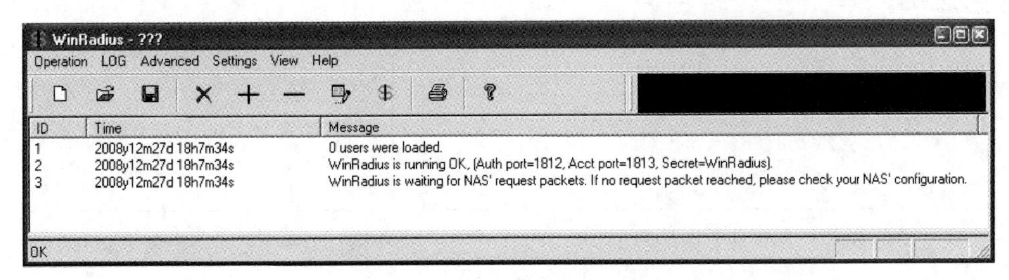

图 2-9 WinRadius 提示信息

d. WinRadius 在哪些端口上侦听以进行认证和审计?

第 3 步：在 WinRadius 服务器上配置用户名和密码。

a. 从主菜单中选择 **Operation** > **Add User**。

b. 输入用户名 **RadUser** 和密码 **RadUserpass**，如图 2-10 所示。请注意，密码区分大小写。

c. 单击 **OK** 按钮。你应该会在日志屏幕上看到一条消息，提示用户添加成功，如图 2-11 所示。

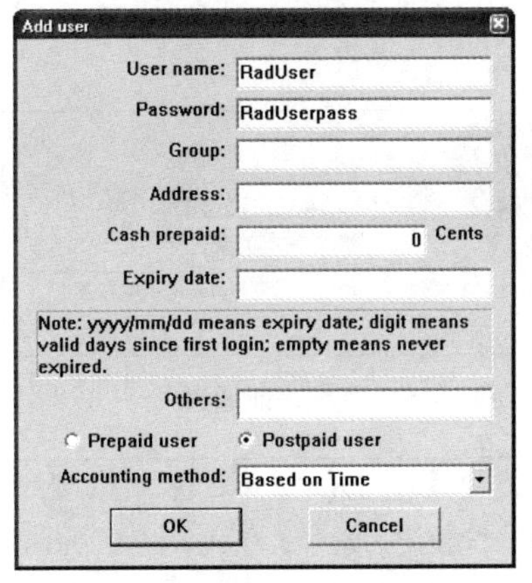

图 2-10 设置用户名和密码

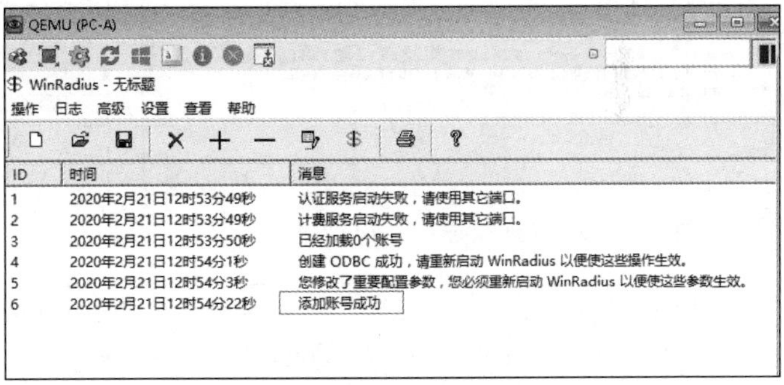

图 2-11 添加账号成功

第 4 步：清除日志显示。

从主菜单中选择 **Log** > **Clear**，清除后的界面如图 2-12 所示。

第 5 步：使用 WinRadius 测试实用程序测试已添加的新用户。

a. WinRadius 测试实用程序包含在已下载的 zip 文件中。导航到解压 WinRadius.zip 文件的文件夹，找到名为 RadiusTest.exe 的文件，如图 2-13 所示。

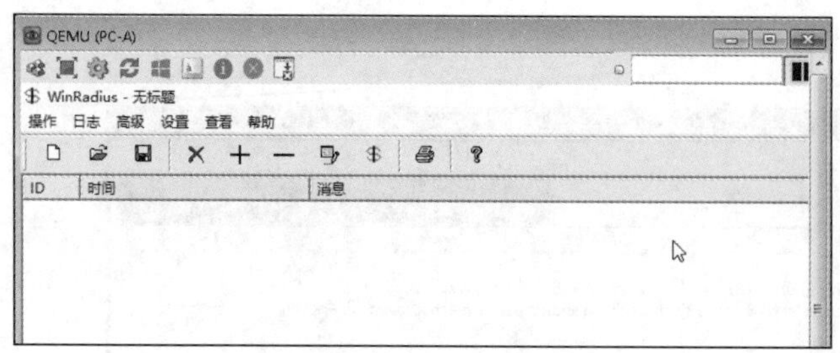

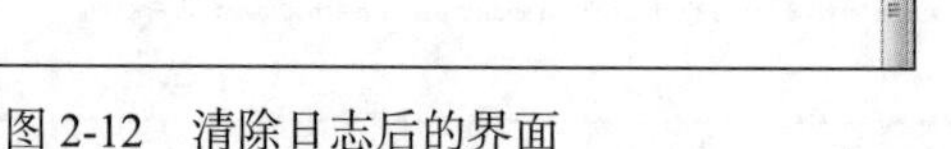

图 2-12　清除日志后的界面

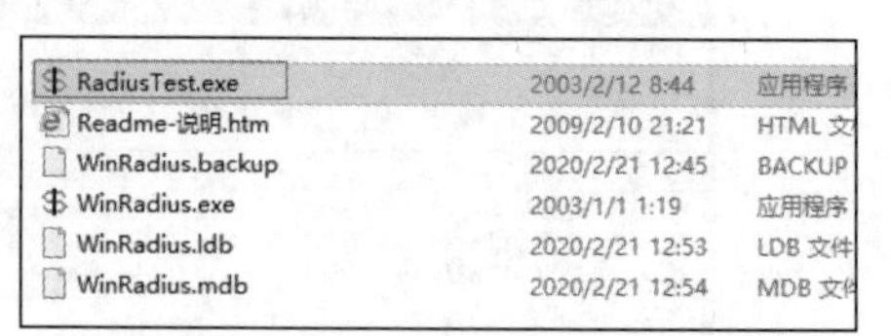

图 2-13　文件夹中的 RadiusTest.exe

b. 启动 RadiusTest.exe，然后输入此 RADIUS 服务器的 IP 地址（192.168.1.3）、用户名 RadUser 和密码 RadUserpass，如图 2-14 所示。请勿更改默认 RADIUS 端口号 1813 和 RADIUS 密码 WinRadius。

c. 单击 **Send** 按钮，然后应该会看到 **Send Access_Request** 消息，指示服务器位于 192.168.1.3，端口号为 1813，已接收 44 个十六进制字符，如图 2-14 所示。

d. 查看 WinRadius 日志，验证是否已成功完成 RadUser 认证，如图 2-15 所示。

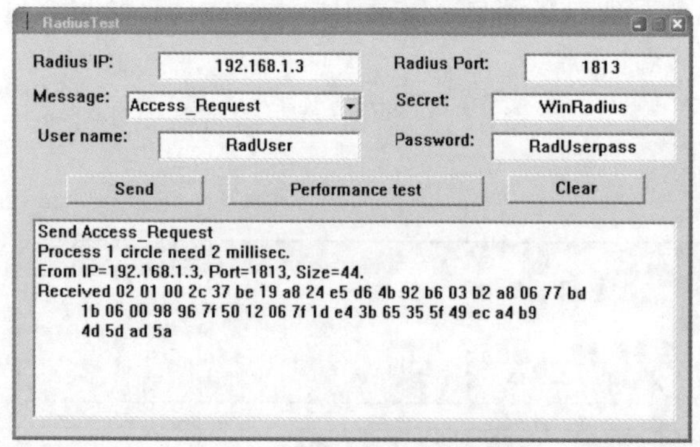

图 2-14　RadiusTest.exe 设置与界面显示

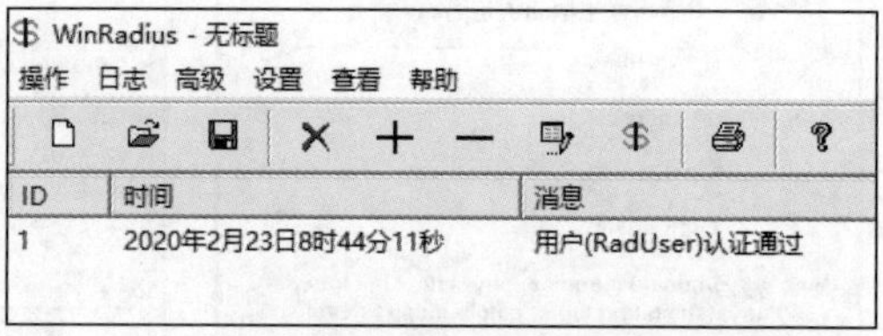

图 2-15　用户认证通过

注意：WinRadius 应用可以最小化到系统托盘。在 RadiusTest 应用期间它仍处于运行状态，如果第二次启动，系统将显示一条错误消息，指示服务失败。点击系统托盘中的图标，确保将 WinRadius 重新置于顶部，如图 2-16 所示。

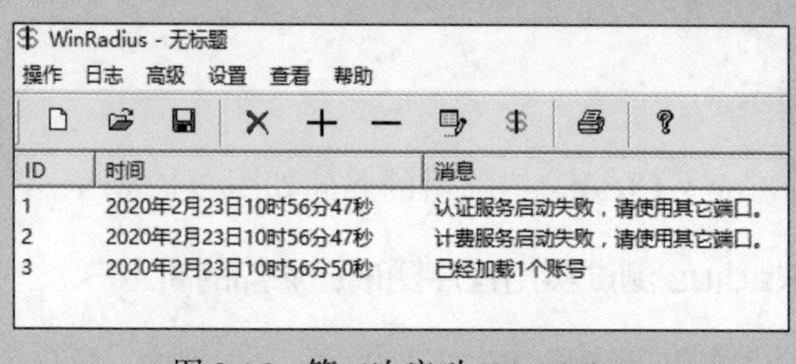

图 2-16　第二次启动 WinRadius

e. 关闭 RadiusTest 应用。

任务 3：配置 R1 AAA 服务并使用思科 IOS 访问 RADIUS 服务器

第 1 步：在 R1 上启用 AAA。

在全局配置模式下使用 **aaa new-model** 命令启用 AAA。

```
R1(config)# aaa new-model
```

第 2 步：配置默认登录认证列表。

a. 将该列表配置为首先使用 RADIUS 进行认证服务，然后在无法执行此认证的情况下不使用任何认证。也就是说，如果无法访问 RADIUS 服务器且无法执行认证，则路由器将全局允许访问而无须认证。这是一种安全措施，以防路由器在没有连接到活动 RADIUS 服务器的情况下启动。

```
R1(config)# aaa authentication login default group radius none
```

b. 或者，你也可以将本地认证配置为备份认证方法。

> **注意**：如果未设置默认登录认证列表，则路由器可能会被锁定，你需要对特定路由器使用密码恢复过程。

第 3 步：指定 RADIUS 服务器。

a. 使用 **radius server** 命令进入 RADIUS 服务器配置模式。

```
R1(config)# radius server CCNAS
```

b. 使用 **?** 查看可用于配置 RADIUS 服务器的子模式命令。

```
R1(config-radius-server)#?
RADIUS server sub-mode commands:
address Specify the radius server address
automate-tester Configure server automated testing.
backoff Retry backoff pattern(Default is retransmits with constant delay)
exit Exit from RADIUS server configuration mode
key Per-server encryption key
no Negate a command or set its defaults
non-standard Attributes to be parsed that violate RADIUS standard pac
Protected Access Credential key
retransmit Number of retries to active server (overrides default)
timeout Time to wait (in seconds) for this radius server to reply
(overrides default)
```

c. 使用 **address** 命令为 PC-A 配置此 IP 地址。

```
R1(config-radius-server)# address ipv4 192.168.1.3
```

d. **key** 命令用于 RADIUS 服务器和路由器（本例中为 R1）共享的加密密码，并用于在用户认证过程之前对路由器和服务器之间的连接进行认证。使用 RADIUS 服务器上指定的默认 NAS 加密密码 **WinRadius**（请参阅任务 2 第 5 步）。请注意，密码区分大小写。

```
R1(config-radius-server)# key WinRadius

R1(config-redius-server)# end
```

任务 4：测试 AAA RADIUS 配置

第 1 步：测试 R1 与运行 RADIUS 服务器的计算机之间的连接。

从 R1 对 PC-A 执行 ping 操作。

```
R1# ping 192.168.1.3
```

若 ping 不成功，请在继续操作之前对 PC 和路由器配置进行故障排除。

第 2 步：测试配置。

a. 如果已重新启动 WinRadius 服务器，必须通过选择 **Operation** > **Add User** 来重新创建用户 **RadUser** 和密码 **RadUserpass**。

b. 通过从主菜单中选择 **Log** > **Clear**，来清除 WinRadius 服务器上的日志。

c. 在 R1 上，退回到显示以下信息的初始路由器屏幕。

```
R1 con0 is now available
Press RETURN to get started.
```

d. 使用用户名 **RadUser** 和密码 **RadUserpass** 登录 R1 上的控制台，测试配置。是否可以访问用户 EXEC 提示符？如果可以，是否有延迟？

e. 退回到显示以下信息的初始路由器屏幕。

```
R1 con0 is now available
Press RETURN to get started.
```

f. 使用虚构的用户名 **Userxxx** 和密码 **Userxxxpass** 登录 R1 上的控制台，再次测试配置。是否可以访问用户 EXEC 提示符？说明原因。

g. RADIUS 服务器日志中是否显示了任何登录消息？

h. 为什么使用虚构的用户名可以访问路由器，并且 RADIUS 服务器日志屏幕上没有显示任何消息？

i. RADIUS 服务器不可用时，尝试登录后系统可能会显示类似于以下内容的消息。

```
*Dec 26 16:46:54.039: %RADIUS-4-RADIUS_DEAD: RADIUS server
192.168.1.3:1645,1646 is not responding.
*Dec 26 15:46:54.039: %RADIUS-4-RADIUS_ALIVE: RADIUS server
192.168.1.3:1645,1646 is being marked alive.
```

第 3 步：对路由器到 RADIUS 服务器的通信进行故障排除。

使用 **radius server** 命令再次进入 RADIUS 服务器配置模式来检查 R1 上使用的默认思科 IOS RADIUS UDP 端口号，然后使用 **address** 子模式命令的思科 IOS 帮助功能。

```
R1(config)# radius server CCNAS
R1(config-radius-server)# address ipv4 192.168.1.3?
  acct-port UDP port for RADIUS acco/unting server (default is 1646)
  alias         1-8 aliases for this server (max. 8)
  auth-port   UDP port for RADIUS authentication server (default is 1645)
  <cr>
```

RADIUS 服务器的默认 R1 思科 IOS UDP 端口号是多少？

第 4 步：在 PC-A 上检查 WinRadius 服务器上的默认端口号。

从 WinRadius 主菜单中选择 **Settings** > **System**，打开 **System settings** 对话框，如图 2-17 所示。

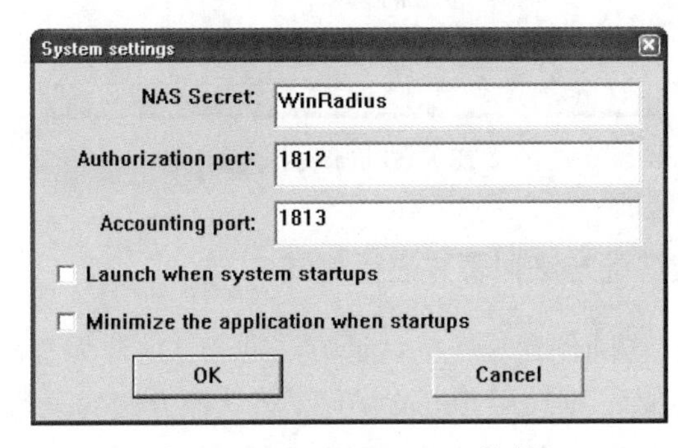

图 2-17　System settings 对话框

默认的 WinRadius UDP 端口号是多少？

> **注意**：RFC 2865 已正式为 RADIUS 分配端口号 1812 和 1813。

第 5 步：更改 R1 上的 RADIUS 端口号，以与 WinRadius 服务器匹配。

除非另有说明，否则思科 IOS RADIUS 配置默认为 UDP 端口号 1645 和 1646。必须更改思科 IOS 路由器端口号以与 RADIUS 服务器的端口号匹配，或者更改 RADIUS 服务器端口号以与思科 IOS 路由器的端口号匹配。

再次重新发出地址子模式命令。这次，指定端口号 1812 和 1813，以及 IPv4 地址。

```
R1(config-radius-server)# address ipv4 192.168.1.3 auth-port 1812 acct-port 1813
```

第 6 步：登录到 R1 上的控制台，测试配置。

a. 退回到显示以下信息的初始路由器屏幕。

R1 con0 is now available, Press **RETURN** to get started（R1 con0 当前为可用状态，按 RETURN 键开始）

b. 使用用户名 **RadUser** 和密码 **RadUserpass** 再次登录。是否可以登录？此时是否有延迟？

c. RADIUS 服务器日志中应显示以下消息。

```
User (RadUser) authenticate OK.
```

d. 退回到显示以下信息的初始路由器屏幕。

```
R1 con0 is now available, Press RETURN to get started.
```

e. 使用无效用户名 **Userxxx** 和密码 **Userxxxpass** 再次登录。RADIUS 服务器日志中应显示以下消息，如图 2-18 所示。

```
Reason: Unknown username
User (Userxxx) authenticate failed
```

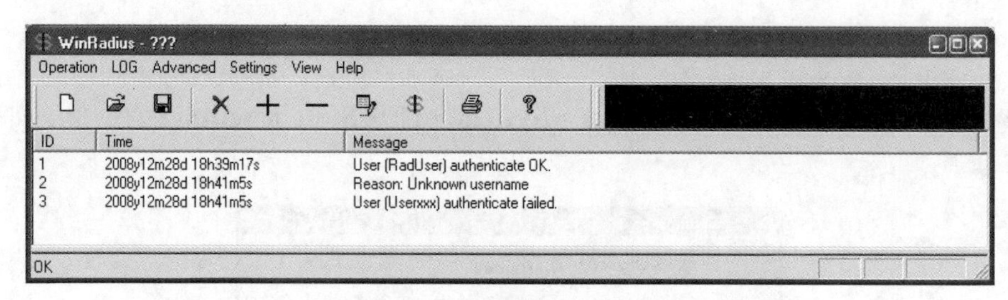

图 2-18　WinRadius 登录信息

第 7 步：为 Telnet 创建认证方法列表并进行测试。

a. 为路由器的 Telnet 访问创建唯一的认证方法列表。这样无法回退至不认证，因此如果无法访问本地数据库，则禁用 Telnet 访问。将认证方法列表命名为 **TELNET_LINES**。

```
R1(config)# aaa authentication login TELNET_LINES group radius
```

b. 使用登录认证命令，将此列表应用于 vty 线路。

```
R1(config)# line vty 0 4

R1(config-line)# login authentication TELNET_LINES
```

c. 通过 Telnet 从 PC-A 连接到 R1，然后使用用户名 **RadUser** 和密码 **RadUserpass** 登录。是否可以登录访问？说明原因。

d. 退出 Telnet 会话，然后使用 Telnet 再次从 PC-A 连接到 R1。使用用户名 **Userxxx** 和密码 **Userxxxpass** 登录。能否登录？说明原因。

第 3 章

实施虚拟专用网络技术

要想实现信息安全，信息的机密性至关重要。所谓机密性，可以理解为信息或者数据无法在合理的时间范围内被未经授权的人读取。

然而，当数据在公共网络中传输的时候，任何人只要能掌握数据传播的路径，或者把数据引导到自己的本地，都可以窃取到这些数据。所以，要想保护信息不被未经授权的人读取，除了拥有专用的传输线路之外，还有一种方法就是对数据进行加密，确保非法人员不能够在合理的时间范围内对数据完成解密，从而读取数据。这样一来，虽然数据的传输介质是公共的，但是非授权人员也还是无法读取到其中传输的数据。虚拟专用网络（VPN）可以提供通过公共网络（如互联网）传输数据的安全方法，这种方法可以降低租用专用线路的成本。

VPN 不是一种协议，也没有特定的架构，它指的是一种通过协商建立隧道，以便跨越不安全介质传输数据的方法。从 VPN 的协议层面上看，要想通过 VPN 实现机密性，比较常用的协议、协议栈是 IPSec 和 SSL。从 VPN 的架构层面上看，比较常见的做法是在需要经常完成安全传输的站点之间建立站点之间的 VPN（比如一家公司位于两地的办公室之间），以及在位于某个站点之外的客户端和站点之间建立远程访问 VPN（比如一家公司外出的员工与公司之间）。

在本实验中，你需要构建和配置一个由多台路由器组成的网络，使用思科 IOS 来配置站点到站点的 IPSec VPN，然后对这个 VPN 进行测试。整个网络拓扑中包含了三台路由器 R1、R2 和 R3，R2、R1 分别与 R3 直连，但 R1 和 R3 之间并不直连。IPSec VPN 隧道需要从 R1 经过 R2 到达 R3。R2 作为中间路由器模拟互联网这个不安全的网络环境，因此 R2 并不了解 VPN 的存在，也不与 R1 或 R3 中的任何一台设备建立 VPN。R1 和 R3 所连接的交换机各自模拟一个站点，它们之间的流量会受到 IPSec 的保护，在 VPN 中安全地传输信息。IPSec 是一个协议栈，它工作在网络层，负责认证思科路由器等参与 IPSec 的设备（也称为对等体），并且为它们之间传输的数据提供机密性保护。

实验：使用思科 IOS 配置站点间 VPN

1. 实验目的

通过本实验可以掌握：

- 在 R1 和 R3 上配置 IPSec VPN 设置；
- 验证站点间 IPSec VPN 配置；
- 测试 IPSec VPN 操作。

2. 实验拓扑

本实验所用的拓扑如图 3-1 所示。

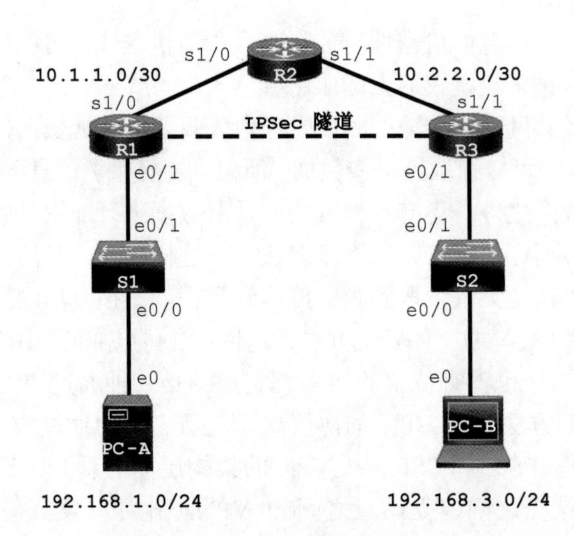

图 3-1 实验拓扑

IP 地址分配表

设备	接口	IP 地址	子网掩码	默认网关	交换机端口
R1	e0/1	192.168.1.1	255.255.255.0	不适用	S1 e0/1
	s1/0	10.1.1.1	255.255.255.252	不适用	不适用
R2	s1/0	10.1.1.2	255.255.255.252	不适用	不适用
	s1/1	10.2.2.2	255.255.255.252	不适用	不适用
R3	e0/1	192.168.3.1	255.255.255.0	不适用	S2 e0/1
	s1/1	10.2.2.1	255.255.255.252	不适用	不适用
PC-A	e0	192.168.1.3	255.255.255.0	192.168.1.1	S1 e0/0
PC-B	e0	192.168.3.3	255.255.255.0	192.168.3.1	S2 e0/0

3. 实验步骤

任务 1：在 R1 和 R3 上配置 IPSec VPN 设置

第 1 步：验证从 R1 LAN 到 R3 LAN 的连接。

在本任务中，你需要验证 R1 LAN 上的 PC-A 是否可以在未设置隧道的情况下 ping 通 R3 LAN 上的 PC-B。

从 PC-A 对 PC-B（IP 地址 **192.168.3.3**）执行 ping 操作。

```
PC-A:\> ping 192.168.3.3
```

若 ping 操作不成功，则需要排除设备基本配置故障才能继续。

第 2 步：在 R1 和 R3 上启用 IKE 策略。

IPSec 是一个开放式框架，允许随着新技术和加密算法的开发交换安全协议。

IPSec VPN 的实施有两个中心配置元素：

- 实施互联网密钥交换（IKE）参数；
- 实施 IPSec 参数。

a. 验证是否支持并启用 IKE。

IKE 第 1 阶段定义用于在对等体之间传递和验证 IKE 策略的密钥交换方法。在 IKE 第 2 阶段，对等体交换并匹配 IPSec 策略，以进行数据流量的认证和加密。

必须启用 IKE 才能使 IPSec 正常运行。默认情况下，在具有加密功能集的 IOS 映像上启用 IKE。如果为禁用状态，可以使用 **crypto isakmp enable** 命令启用它。使用此命令验证路由器 IOS 是否支持 IKE 并且已启用 IKE。

```
R1(config)# crypto isakmp enable

R3(config)# crypto isakmp enable
```

> 注意：如果无法在路由器上执行此命令，则必须升级到包含思科加密服务的 IOS 映像。

b. 建立 ISAKMP 策略，并查看可用的选项。

要允许 IKE 第 1 阶段协商，必须创建 ISAKMP 策略并配置涉及此 ISAKMP 策略的对等体关联。ISAKMP 策略定义了认证和加密算法，以及用于在两个 VPN 终端之间发送控制流量的散列函数。当 IKE 对等体接受 ISAKMP 安全关联时，IKE 第 1 阶段完成。IKE 第 2 阶段参数将在稍后配置。

在 R1 上针对策略 10 发出 **crypto isakmp policy** *number* 全局配置模式命令。

```
R1(config)# crypto isakmp policy 10
```

c. 键入问号（**?**）查看使用思科 IOS 帮助的各种可用 IKE 参数。

```
R1(config-isakmp)#?
ISAKMP commands:
  authentication Set authentication method for protection suite
  default        Set a command to its defaults
  encryption     Set encryption algorithm for protection suite
  exit           Exit from ISAKMP protection suite configuration mode
  group          Set the Diffie-Hellman group
  hash           Set hash algorithm for protection suite
  lifetime       Set lifetime for ISAKMP security association
  no             Negate a command or set its defaults
```

第3步：在R1和R3上配置IKE第1阶段ISAKMP策略。

你选择的加密算法决定了终端之间控制通道的保密程度。散列算法控制数据完整性，确保从对等体接收的数据在传输过程中未被篡改。认证类型可确保由远程对等体发送和签名数据包。Diffie-Hellman 组用于创建未通过网络发送的对等体共享的密钥。

a. 配置优先级为 **10** 的 ISAKMP 策略。使用 **pre-shared key** 作为认证类型，**aes 256** 作为加密算法，**sha** 作为散列算法，并使用 **group 14** 密钥交换。为策略指定使用期限 **3600** 秒（1 小时）。

> **注意：** 旧版思科 IOS 不支持将 AES 256 加密和 SHA 作为散列算法。替换路由器支持的任何加密和散列算法。确保对 R3 进行相同的更改以使其保持同步。

```
R1(config)# crypto isakmp policy 10
R1(config-isakmp)# hash sha
R1(config-isakmp)# authentication pre-share
R1(config-isakmp)# group 14
R1(config-isakmp)# lifetime 3600
R1(config-isakmp)# encryption aes 256
R1(config-isakmp)# end
```

b. 在 R3 上配置相同的策略。

```
R3(config)# crypto isakmp policy 10
R3(config-isakmp)# hash sha
R3(config-isakmp)# authentication pre-share
R3(config-isakmp)# group 14
R3(config-isakmp)# lifetime 3600
R3(config-isakmp)# encryption aes 256
R3(config-isakmp)# end
```

c. 使用 **show crypto isakmp policy** 命令验证 IKE 策略。

```
R1# show crypto isakmp policy
Global IKE policy
Protection suite of priority 10
        encryption algorithm:   AES - Advanced Encryption Standard (256 bit keys).
        hash algorithm:         Secure Hash Standard
        authentication method:  Pre-Shared Key
        Diffie-Hellman group:   #14 (2048 bit)
        lifetime:               3600 seconds, no volume limit
```

第 4 步：配置预共享密钥。

由于预共享密钥将用作 IKE 策略中的认证方法，因此必须在指向其他 VPN 终端的每台路由器上配置密钥。这些密钥必须匹配才能成功进行认证。全局配置模式 **crypto isakmp key** *<key-string>* **address** *<ip-address>*命令用于输入预共享密钥。使用远程对等体的 IP 地址，这是对等体用于将流量路由到本地路由器的远程接口。

在给定拓扑和 IP 地址分配表的情况下，你应该使用哪些 IP 地址来配置 IKE 对等体?

a. 用于配置 IKE 对等体的每个 IP 地址也称为远程 VPN 终端的 IP 地址。在路由器 R1 上配置预共享密钥 **cisco123**。生产网络应使用复杂的密钥。此命令指向远程对等体 R3 s1/1 IP 地址。

```
R1(config)# crypto isakmp key cisco123 address 10.2.2.1
```

b. 在路由器 R3 上配置预共享密钥 **cisco123**。R3 命令指向 R1 s1/0 的 IP 地址。

```
R3(config)# crypto isakmp key cisco123 address 10.1.1.1
```

第 5 步：配置 IPSec 转换集和使用期限。

a. IPSec 转换集是路由器协商以形成安全关联的另一个加密配置参数。要创建 IPSec 转换集，请使用 **crypto ipsec transform-set** *<tag>*命令。使用 **?** 查看可用参数。

```
R1(config)# crypto ipsec transform-set 50?
ah-md5-hmac  AH-HMAC-MD5 transform
ah-sha-hmac  AH-HMAC-SHA transform
comp-lzs     IP Compression using the LZS compression algorithm
esp-3des     ESP transform using 3DES(EDE) cipher (168 bits)
esp-aes      ESP transform using AES cipher
esp-des      ESP transform using DES cipher (56 bits)
esp-md5-hmac ESP transform using HMAC-MD5 auth
esp-null     ESP transform w/o cipher
esp-seal     ESP transform using SEAL cipher (160 bits)
esp-sha-hmac ESP transform using HMAC-SHA auth
```

b. 在 R1 和 R3 上，创建具有标记 50 的转换集，并将 ESP 转换用于包含 ESP 和 SHA 散列函数的 AES 256 密码。转换集必须匹配。

```
R1(config)# crypto ipsec transform-set 50 esp-aes 256 esp-sha-hmac
R1(cfg-crypto-trans)# exit

R3(config)# crypto ipsec transform-set 50 esp-aes 256 esp-sha-hmac
R3(cfg-crypto-trans)# exit
```

IPSec 转换集有什么功能?

c. 你还可以更改默认值为 3600 秒的 IPSec 安全关联使用期限。在 R1 和 R3 上，将 IPSec 安全关联使用期限设置为 30 分钟或 1800 秒。

```
R1(config)# crypto ipsec security-association lifetime seconds 1800
R3(config)# crypto ipsec security-association lifetime seconds 1800
```

第6步：定义需要关注的流量。

要使用VPN进行IPSec加密，必须定义扩展访问列表，以告知路由器要加密哪些流量。如果IPSec会话已正确配置，则会加密用于定义IPSec流量的访问列表所允许的数据包。其中一个访问列表拒绝的数据包不会被丢弃，而是以未加密的方式发送。此外，与任何其他访问列表一样，最后会有隐式拒绝，这意味着默认操作是不加密流量。如果没有正确配置IPSec安全关联，则不会对流量进行加密，并且会以未加密的方式转发流量。

在此场景中，从R1的角度来看，要加密的流量是R1以太网LAN流向R3以太网LAN的流量；反之从R3的角度来看，要加密的流量是R3以太网LAN流向R1以太网LAN的流量。这些访问列表用于VPN终端接口的出站方向上，并且必须相互镜像。

a. 在R1上配置IPSec VPN需要关注的流量ACL。

```
R1(config)# access-list 101 permit ip 192.168.1.0 0.0.0.255 192.168.3.0
0.0.0.255
```

b. 在R3上配置IPSec VPN需要关注的流量ACL。

```
R3(config)# access-list 101 permit ip 192.168.3.0 0.0.0.255 192.168.1.0
0.0.0.255
```

第7步：创建并应用加密映射。

加密映射将与访问列表匹配的流量、对等体及各种IKE和IPSec设置相关联。创建加密映射后，可以将其应用于一个或多个接口。应用加密映射的接口应为面向IPSec对等体的接口。

要创建加密映射，请在全局配置模式下使用 **crypto map** *<name>* *<sequence-num>* *<type>* 命令，以进入此序列号的加密映射配置模式。多个加密映射语句可以属于同一个加密映射，并以数字升序的顺序进行评估。进入R1的加密映射配置模式。使用一种ipsec-isakmp，这意味着使用IKE建立IPSec安全关联。

a. 在R1上创建加密映射，将其命名为**CMAP**，并使用**10**作为序列号。发出此命令后，系统将显示一条消息。

```
R1(config)# crypto map CMAP 10 ipsec-isakmp
% NOTE: This new crypto map will remain disabled until a peer and
a valid access list have been configured.
```

b. 使用 **match address** *<access-list>*命令指定由哪个访问列表定义要加密的流量。

```
R1(config-crypto-map)# match address 101
```

c. 要查看可以使用加密映射执行的可能 **set** 命令列表，请使用帮助功能。

```
R1(config-crypto-map)# set?
  Identity              Identity restriction.
  ip Interface          Internet Protocol config commands
  isakmp-profile        Specify isakmp Profile
  nat                   Set NAT translation
  peer                  Allowed Encryption/Decryption peer.
```

```
  pfs                   Specify pfs settings reverse-route  Reverse Route Injection.
  security-association Security association parameters
  transform-set         Specify list of transform sets in priority order
```

d. 必须设置对等体 IP 地址或主机名。使用以下命令将其设置为 R3 的远程 VPN 终端接口。

```
R1(config-crypto-map)# set peer 10.2.2.1
```

e. 使用 **set transform-set** <*tag*>命令对此对等体要使用的转换集进行硬编码。使用 **set pfs** <*type*>命令设置完全转发保密类型，并使用 **set security-association lifetime seconds** <*seconds*>命令修改默认 IPSec 安全关联使用期限。

```
R1(config-crypto-map)# set pfs group14
R1(config-crypto-map)# set transform-set 50
R1(config-crypto-map)# set security-association lifetime seconds 900
R1(config-crypto-map)# exit
```

f. 在 R3 上创建镜像匹配加密映射。

```
R3(config)# crypto map CMAP 10 ipsec-isakmp
R3(config-crypto-map)# match address 101
R3(config-crypto-map)# set peer 10.1.1.1
R3(config-crypto-map)# set pfs group14
R3(config-crypto-map)# set transform-set 50
R3(config-crypto-map)# set security-association lifetime seconds 900
R3(config-crypto-map)# exit
```

g. 将加密映射应用于接口。

> 注意：在需要关注的流量激活加密映射之前，不会建立 SA。路由器将生成通知：加密现已开启。将加密映射应用到 R1 和 R3 上的适当接口。

```
R1(config)# interface s1/0
R1(config-if)# crypto map CMAP
*Jan 28 04:09:09.150: %CRYPTO-6-ISAKMP_ON_OFF: ISAKMP is ON
R1(config)# end
R3(config)# interface s1/1
R3(config-if)# crypto map CMAP
*Jan 28 04:10:54.138: %CRYPTO-6-ISAKMP_ON_OFF: ISAKMP is ON
R3(config)# end
```

任务 2：验证站点间 IPSec VPN 配置

验证 R1 和 R3 上的 IPSec 配置。

a. 之前，你已经使用 **show crypto isakmp policy** 命令显示路由器上配置的 ISAKMP 策略。**show crypto ipsec transform-set** 命令以转换集的形式显示所配置的 IPSec 策略。

```
R1# show crypto ipsec transform-set
Transform set 50: { esp-256-aes esp-sha-hmac  }
   will negotiate = { Tunnel,  },
Transform set #$!default_transform_set_1: { esp-aes esp-sha-hmac  }
   will negotiate = { Transport,  },
Transform set #$!default_transform_set_0: { esp-3des esp-sha-hmac  }
```

```
   will negotiate = { Transport,  },
 R3# show crypto ipsec transform-set
Transform set 50: { esp-256-aes esp-sha-hmac  }
   will negotiate = { Tunnel,  },
Transform set #$!default_transform_set_1: { esp-aes esp-sha-hmac  }
   will negotiate = { Transport,  },
Transform set #$!default_transform_set_0: { esp-3des esp-sha-hmac  }
   will negotiate = { Transport,  },
```

b. 使用 **show crypto map** 命令显示将应用于路由器的加密映射。

```
R1# show crypto map
Crypto Map "CMAP" 10 ipsec-isakmp
         Peer = 10.2.2.1
         Extended IP access list 101
             access-list 101 permit ip 192.168.1.0 0.0.0.255 192.168.3.0 0.0.0.255
         Current peer: 10.2.2.1
         Security association lifetime: 4608000 kilobytes/900 seconds
         Responder-Only (Y/N): N
         PFS (Y/N): Y
         DH group: group14
         Transform sets={
                 50: { esp-256-aes esp-sha-hmac } ,
         }
         Interfaces using crypto map CMAP:
                 Serial1/0
R3# show crypto map
Crypto Map "CMAP" 10 ipsec-isakmp
         Peer = 10.1.1.1
         Extended IP access list 101
             access-list 101 permit ip 192.168.3.0 0.0.0.255 192.168.1.0 0.0.0.255
         Current peer: 10.1.1.1
         Security association lifetime: 4608000 kilobytes/900 seconds
         Responder-Only (Y/N): N
         PFS (Y/N): Y
         DH group: group14
         Transform sets={
                 50: { esp-256-aes esp-sha-hmac } ,
         }
         Interfaces using crypto map CMAP:
                 Serial1/1
```

> 注意：如果需要关注的流量通过连接，这些 **show** 命令的输出不会发生改变。你可以在下一个任务中测试各种类型的流量。

任务3：验证 IPSec VPN 操作

第1步：显示 ISAKMP 安全关联。

show crypto isakmp sa 命令显示尚不存在 IKE SA。发送需要关注的流量时，此命令输出将发生变化。

```
R1# show crypto isakmp sa
      IPv4 Crypto ISAKMP SA
      dst              src        state         conn-id status
      IPv6 Crypto ISAKMP SA
```

第 2 步：显示 IPSec 安全关联。

show crypto ipsec sa 命令显示 R1 和 R3 之间未使用的 SA。

> **注意：** 发送的数据包数量为零，并且没有在输出的底部列出任何安全关联。此处显示了 R1 的输出。

```
R1# show crypto ipsec sa
interface: Serial1/0
    Crypto map tag: CMAP, local addr 10.1.1.1
   protected vrf: (none)
   local ident (addr/mask/prot/port): (192.168.1.0/255.255.255.0/0/0)
   remote ident (addr/mask/prot/port): (192.168.3.0/255.255.255.0/0/0)
   current_peer 10.2.2.1 port 500
     PERMIT, flags={origin_is_acl,}
    #pkts encaps: 0, #pkts encrypt: 0, #pkts digest: 0
    #pkts decaps: 0, #pkts decrypt: 0, #pkts verify: 0
    #pkts compressed: 0, #pkts decompressed: 0 #pkts
    not compressed: 0, #pkts compr. failed: 0
    #pkts not decompressed: 0, #pkts decompress failed: 0
    #send errors 0, #recv errors 0
     local crypto endpt.: 10.1.1.1, remote crypto endpt.: 10.2.2.1 path
     mtu 1500, ip mtu 1500, ip mtu idb Serial1/0
     current outbound spi: 0x0(0)
     PFS (Y/N): N, DH group: none
     inbound esp sas:
     inbound ah sas:
     inbound pcp sas:
     outbound esp sas:
     outbound ah sas:
     outbound pcp sas:
```

第 3 步：生成一些不需要关注的测试流量并观察结果。

a. 从 R1 对 R3 s1/1 接口（IP 地址 **10.2.2.1**）执行 ping 操作。这些 ping 都应该成功。

```
R1#ping 10.2.2.1
Type escape sequence to abort.
Sending 5, 100-byte ICMP Echos to 10.2.2.1, timeout is 2 seconds:
!!!!!
Success rate is 100 percent (5/5), round-trip min/avg/max = 16/16/17 ms
```

b. 发出 **show crypto isakmp sa** 命令。

```
R1#show crypto isakmp sa
IPv4 Crypto ISAKMP SA
```

```
dst             src           state          conn-id status

IPv6 Crypto ISAKMP SA
```

c. 从R1对R3 g0/1接口（IP地址**192.168.3.1**）执行ping操作。这些ping都应该成功。

```
R1#ping 192.168.3.1
Type escape sequence to abort.
Sending 5, 100-byte ICMP Echos to 192.168.3.1, timeout is 2 seconds:
!!!!!
Success rate is 100 percent (5/5), round-trip min/avg/max = 16/16/17 ms
```

d. 再次发出**show crypto isakmp sa**命令。是否为这些ping操作创建了SA？说明原因。

e. 发出**debug ip ospf hello**命令。你应该会看到在R1和R3之间传递的**OSPF Hello**数据包。

```
R1# debug ip ospf hello
OSPF hello events debugging is on
R1#
*Apr  7 18:04:46.467: OSPF: Send hello to 224.0.0.5 area 0 on GigabitEthernet0/1 from
192.168.1.1
*Apr  7 18:04:50.055: OSPF: Send hello to 224.0.0.5 area 0 on Serial1/0 from
10.1.1.1
*Apr  7 18:04:52.463: OSPF: Rcv hello from 10.2.2.2 area 0 from Serial1/0 10.1.1.2
*Apr  7 18:04:52.463: OSPF: End of hello processing

*Apr  7 18:04:55.675: OSPF: Send hello to 224.0.0.5 area 0 on GigabitEthernet0/1 from
192.168.1.1
*Apr  7 18:04:59.387: OSPF: Send hello to 224.0.0.5 area 0 on Serial1/0 from
10.1.1.1
*Apr  7 18:05:02.431: OSPF: Rcv hello from 10.2.2.2 area 0 from Serial1/0 10.1.1.2
*Apr  7 18:05:02.431: OSPF: End of hello processing
```

f. 使用**no debug ip ospf hello**或**undebug all**命令关闭调试。

g. 再次发出**show crypto isakmp sa**命令。

第4步：生成一些需要关注的测试流量并观察结果。

a. 从R1对R3 g0/1接口（IP地址**192.168.3.1**）使用扩展ping。扩展ping可用于控制数据包的源地址。按照以下示例所示执行响应。按**Enter**键接受默认值，除非系统指示了特定响应。

```
R1# ping
Protocol [ip]:
Target IP address: 192.168.3.1
Repeat count [5]:
Datagram size [100]:
Timeout in seconds [2]:
Extended commands [n]: y
Source address or interface: 192.168.1.1
Type of service [0]:
Set DF bit in IP header? [no]:
```

```
Validate reply data? [no]:
Data pattern [0xABCD]:
Loose, Strict, Record, Timestamp, Verbose[none]:
Sweep range of sizes [n]:
Type escape sequence to abort.
Sending 5, 100-byte ICMP Echos to 192.168.3.1, timeout is 2 seconds:

Packet sent with a source address of 192.168.1.1
..!!!
Success rate is 100 percent (3/5), round-trip min/avg/max = 92/92/92 ms
```

b. 再次发出 **show crypto isakmp sa** 命令。

```
R1# show crypto isakmp sa
IPv4 Crypto ISAKMP SA
dst             src             state           conn-id status
10.2.2.1        10.1.1.1        QM_IDLE         1001 ACTIVE

IPv6 Crypto ISAKMP SA
```

c. 从 PC-A 对 PC-B 执行 ping 操作。如果 ping 操作成功，则发出 **show crypto ipsec sa** 命令。

```
R1# show crypto ipsec sa
interface: Serial1/0
    Crypto map tag: CMAP, local addr 10.1.1.1
   protected vrf: (none)
   local ident (addr/mask/prot/port): (192.168.1.0/255.255.255.0/0/0)
   remote ident (addr/mask/prot/port): (192.168.3.0/255.255.255.0/0/0)
   current_peer 10.2.2.1 port 500
     PERMIT, flags={origin_is_acl,}
    #pkts encaps: 7, #pkts encrypt: 7, #pkts digest: 7
    #pkts decaps: 7, #pkts decrypt: 7, #pkts verify: 7
    #pkts compressed: 0, #pkts decompressed: 0 #pkts
    not compressed: 0, #pkts compr. failed: 0
    #pkts not decompressed: 0, #pkts decompress failed: 0
    #send errors 2, #recv errors 0
     local crypto endpt.: 10.1.1.1, remote crypto endpt.: 10.2.2.1 path
     mtu 1500, ip mtu 1500, ip mtu idb Serial1/0
     current outbound spi: 0xC1DD058(203280472)
     inbound esp sas:
      spi: 0xDF57120F(3747025423)
        transform: esp-256-aes esp-sha-hmac ,
        in use settings ={Tunnel, }
        conn id: 2005, flow_id: FPGA:5, crypto map: CMAP
        sa timing: remaining key lifetime (k/sec): (4485195/877)
        IV size: 16 bytes
        replay detection support: Y Status: ACTIVE
      inbound ah sas:
      inbound pcp sas:
      outbound esp sas:
       spi: 0xC1DD058(203280472)
         transform: esp-256-aes esp-sha-hmac ,
```

```
    in use settings ={Tunnel, }
    conn id: 2006, flow_id: FPGA:6, crypto map: CMAP
    sa timing: remaining key lifetime (k/sec): (4485195/877)
    IV size: 16 bytes
    replay detection support: Y Status: ACTIVE
  outbound ah sas:
  outbound pcp sas:
```

d. 上一个示例已使用ping生成需要关注的流量。

第 4 章

实施自适应安全设备

网络的规模、需求和应用场景不同，针对这个网络制订的安全策略也势必大相径庭。不仅如此，一个网络的安全策略也几乎不可能是静态的，它常常需要随着时间进行相应的修改。为了不断满足安全策略，人们常常需要购买用于各种功能的网络安全产品，并且为了部署这些设备而对网络进行大刀阔斧地变更。

思科自适应安全设备（Adapative Security Appliance，ASA）是思科公司推出的一款集防火墙、IPS 和 VPN 功能于一身的安全产品，有能力为网络提供全面的解决方案。因为思科公司在 ASA 中集成了大量的功能和多种解决方案，所以使用 ASA 来为网络提供保护可以避免为网络中添置各类异构的安全设备，也可以避免为了满足网络的安全策略而必须对生产网络进行大量的变更。因此，这款产品可以满足大多数网络在网络安全方面的需求。于是，在面临或复杂、或频繁变化的需求时，人们只需要在现有的网络基础设施（包括路由器、交换机和 ASA）上进行一定的配置变更，就可以应对新的需求。在这一章中，我们会首先介绍如何对路由器进行基本的安全配置，让它在网络中充当一台策略防火墙。接下来，我们会用一个新的场景，来演示如何实现一系列常见的 ASA 功能。

4.1 基于区域的策略防火墙概述

思科 IOS 防火墙的最基本形式是使用访问控制列表（ACL）过滤 IP 流量并监控确定的流量模式。传统思科 IOS 防火墙就是基于 ACL 的防火墙，根据流量的源和/或目的 IP 地址，或者根据协议来匹配流量，然后根据配置的行为决定是否放行。

新型思科 IOS 防火墙则采用了基于区域的方法，这种方法可以以接口而不是访问控制列表为核心元素执行操作。基于区域的策略防火墙（ZPF）可以把不同的检测策略应用于同一台路由器接口所连接的多组主机，可以针对各个协议的精确控制策略，来配置基于区域的策略防火墙。基于区域的策略防火墙会通过不同防火墙区域之间的默认拒绝所有策略来禁止流量。ZPF 适用于具有类似或不同安全要求的多个接口。

在本实验中，你需要构建一个多路由器网络，配置路由器和 PC 主机，并使用思科 IOS 命令行界面（CLI）配置基于区域的策略防火墙。

实验：配置基于区域的策略防火墙

1. 实验目的

通过本实验可以掌握：

- 使用 CLI 配置基于区域的策略防火墙；
- 使用 CLI 验证配置。

2. 实验拓扑

本实验所用的拓扑如图 4-1 所示。

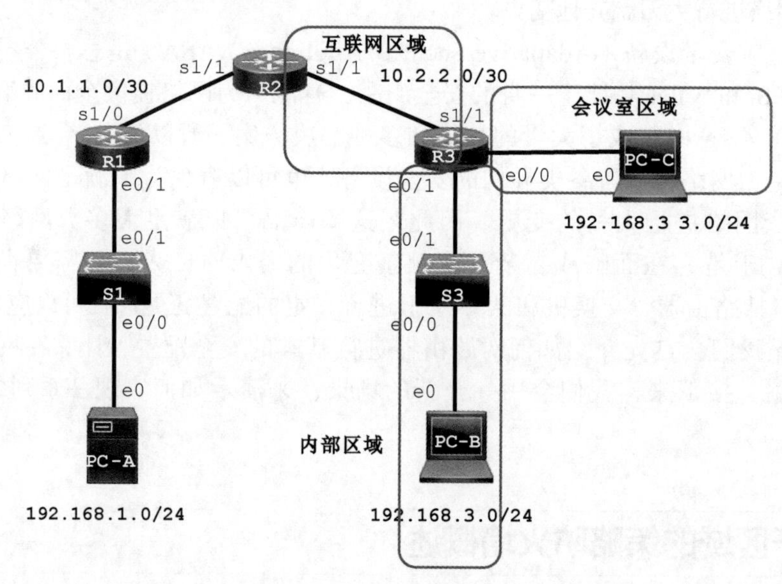

图 4-1　实验拓扑

IP 地址分配表

设备	接口	IP 地址	子网掩码	默认网关	交换机端口
R1	e0/1	192.168.1.1	255.255.255.0	不适用	S1 e0/1
	s1/0	10.1.1.1	255.255.255.252	不适用	不适用
R2	s1/0	10.1.1.2	255.255.255.252	不适用	不适用
	s1/1	10.2.2.2	255.255.255.252	不适用	不适用
R3	e0/1	192.168.3.1	255.255.255.0	不适用	S3 e0/1
	s1/1	10.2.2.1	255.255.255.252	不适用	不适用

续表

设备	接口	IP 地址	子网掩码	默认网关	交换机端口
R3	e0/0	192.168.33.1	255.255.255.0	不适用	不适用
PC-A	e0	192.168.1.3	255.255.255.0	192.168.1.1	S1 e0/0
PC-B	e0	192.168.3.3	255.255.255.0	192.168.3.1	S3 e0/0
PC-C	e0	192.168.33.3	255.255.255.0	192.168.33.1	不适用

3. 实验步骤

任务 1：路由器基本配置

第 1 步：建立如拓扑所示的网络。

按照拓扑所示连接设备和电缆。

第 2 步：为每台路由器配置基本设置。

a. 如拓扑所示，配置主机名称。

b. 如 IP 地址分配表所示，配置接口 IP 地址。

第 3 步：禁用 DNS 解析。

要防止路由器尝试转换错误输入的命令，请禁用 DNS 查找。

```
R2(config)# no ip domain-lookup
```

第 4 步：在 R1、R2 和 R3 上配置静态路由。

为实现端到端 IP 可访问性，必须在 R1、R2 和 R3 上配置适当的静态路由。R1 和 R3 是末节路由器，因此只需要指向 R2 的默认路由。R2 充当 ISP，必须知道在实现端到端 IP 可访问性之前如何到达 R1 和 R3 的内部网络。以下是 R1、R2 和 R3 的静态路由配置。

a. 在 R1 上，使用以下命令。

```
R1(config)# ip route 0.0.0.0 0.0.0.0 10.1.1.2
```

b. 在 R2 上，使用以下命令。

```
R2(config)# ip route  192.168.1.0 255.255.255.0 10.1.1.1
R2(config)# ip route  192.168.3.0 255.255.255.0 10.2.2.1
R2(config)# ip route  192.168.33.0 255.255.255.0 10.2.2.1
```

c. 在 R3 上，使用以下命令。

```
R3(config)# ip route 0.0.0.0 0.0.0.0 10.2.2.2
```

第 5 步：配置 PC 主机 IP 设置。

如 IP 地址分配表所示，为 PC-A、PC-B 和 PC-C 配置静态 IP 地址、子网掩码和默认网关。

第 6 步：验证基本网络连接。

a. 从 R1 对 R3 执行 ping 操作。
若 ping 不成功，则需要排除设备基本配置故障才能继续。

b. 从 R1 LAN 上的 PC-A 对 R3 LAN 上的 PC-C 执行 ping 操作。若 ping 不成功，则需要排除设备基本配置故障才能继续。

> **注意：**如果可以从 PC-A ping 通 PC-C，则表明已实现端到端 IP 可访问性。如果无法 ping 通，但设备接口已启用且 IP 地址正确，请使用 **show interface**、**show ip interface** 和 **show ip route** 命令帮助确定问题。

任务 2：验证当前的路由器配置

在本任务中，你需要在实施 ZPF 之前验证端到端网络连接。

第 1 步：验证端到端网络连通性。

a. 使用 R3 的 e0/1 接口 IP 地址从 R1 对 R3 执行 ping 操作。若 ping 不成功，则需要排除设备基本配置故障才能继续。

```
R1#ping 192.168.3.1
Type escape sequence to abort.
Sending 5, 100-byte ICMP Echos to 192.168.3.1, timeout is 2
seconds:
!!!!!
Success rate is 100 percent (5/5), round-trip min/avg/max =
14/16/17 ms
```

b. 从 R1 LAN 上的 PC-A 对 R3 会议室 LAN 上的 PC-C 执行 ping 操作，如图 4-2 所示。若 ping 不成功，则需要排除设备基本配置故障才能继续。

c. 执行从 R1 LAN 上的 PC-A 到 R3 内部 LAN 上的 PC-B 的 ping 操作，如图 4-3 所示。若 ping 不成功，则需要排除设备基本配置故障才能继续。

```
C:\Users\Administrator>ping 192.168.33.3

正在 Ping 192.168.33.3 具有 32 字节的数据:
来自 192.168.33.3 的回复: 字节=32 时间=20ms TTL=125
来自 192.168.33.3 的回复: 字节=32 时间=19ms TTL=125
来自 192.168.33.3 的回复: 字节=32 时间=19ms TTL=125
来自 192.168.33.3 的回复: 字节=32 时间=18ms TTL=125
```

图 4-2　从 R1 LAN 上的 PC-A 对 R3 会议室 LAN 上的 PC-C 执行 ping

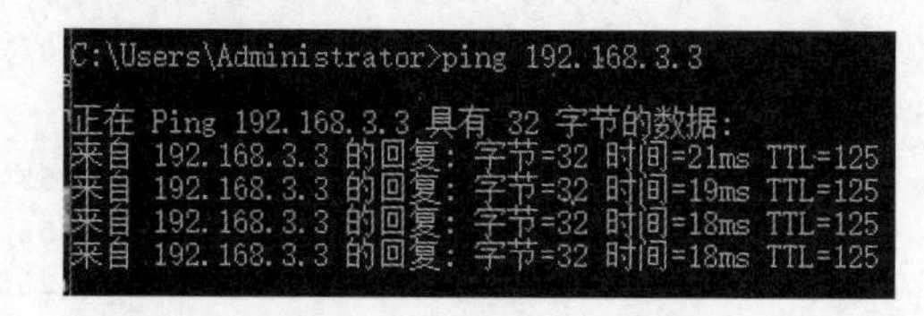

图 4-3　从 R1 LAN 上的 PC-A 到 R3 内部 LAN 上的 PC-B 的 ping

第 2 步：显示 R3 运行配置。

a. 在 R3 上发出 **show ip interface brief** 命令，以验证是否分配了正确的 IP 地址。使用 IP 地址分配表验证地址。

```
R3#show ip interface brief
Interface              IP-Address      OK? Method Status                Protocol
Ethernet0/0             192.168.33.1     YES manual up                    up
Ethernet0/1             192.168.3.1      YES manual up                   up
Serial1/1              10.2.2.1        YES manual up                   up
```

b. 在 R3 上发出 **show ip route** 命令，以验证其是否拥有指向 R2 串行接口 1/1 的静态默认路由。

```
R3#show ip route
Codes: L - local, C - connected, S - static, R - RIP, M - mobile, B - BGP
       D - EIGRP, EX - EIGRP external, O - OSPF, IA - OSPF inter area
       N1 - OSPF NSSA external type 1, N2 - OSPF NSSA external type 2
       E1 - OSPF external type 1, E2 - OSPF external type 2
       i - IS-IS, su - IS-IS summary, L1 - IS-IS level-1, L2 - IS-IS level-2
       ia - IS-IS inter area, * - candidate default, U - per-user static route
       o - ODR, P - periodic downloaded static route, H - NHRP, l - LISP
       a - application route
       + - replicated route, % - next hop override

Gateway of last resort is 10.2.2.2 to network 0.0.0.0

S*    0.0.0.0/0 [1/0] via 10.2.2.2
      10.0.0.0/8 is variably subnetted, 2 subnets, 2 masks
C        10.2.2.0/30 is directly connected, Serial1/1
L        10.2.2.1/32 is directly connected, Serial1/1
      192.168.3.0/24 is variably subnetted, 2 subnets, 2 masks
C        192.168.3.0/24 is directly connected, Ethernet0/1
L        192.168.3.1/32 is directly connected, Ethernet0/1
      192.168.33.0/24 is variably subnetted, 2 subnets, 2 masks
C        192.168.33.0/24 is directly connected, Ethernet0/0
L        192.168.33.1/32 is directly connected, Ethernet0/0
```

c. 发出 **show run** 命令，以查看 R3 的当前基本配置，因显示内容过多，此处仅显示部分配置。

```
R3#show running-config
hostname R3
!
interface Ethernet0/0
 ip address 192.168.33.1 255.255.255.0
!
interface Ethernet0/1
 ip address 192.168.3.1 255.255.255.0
!
 --More--
```

任务 3：创建基于区域的策略防火墙

在此任务中，你需要在 R3 上创建基于区域的策略防火墙，使其不仅可以充当路由器，还可以充当防火墙。R3 目前负责为其所连接的 3 个网络路由数据包。R3 的接口角色配置如下所述。

串行接口 1/1 连接到互联网。由于这是公共网络，因此它被视为不可信网络，且应具有最低安全级别。

e0/1 连接到内部网络。仅授权用户有权访问此网络。此外，重要的机构资源也位于此网络中。内部网络被视为可信网络，且应具有最高安全级别。

e0/0 连接到会议室。会议室用于与不属于此组织的人员举行会议。

R3 充当防火墙时要执行的安全策略规定：

- 不允许从互联网发出的流量进入内部或会议室网络；
- 应该允许返回的互联网流量（将来自互联网的数据包返回到 R3 站点，以响应来自任何 R3 网络的请求）；
- R3 内部网络中的计算机被视为可信设备，并且可以发出任何类型的流量（基于 TCP、UDP 或 ICMP 的流量）；
- R3 会议室网络中的计算机被视为不可信设备，并且只允许向互联网发出 Web 流量（HTTP 或 HTTPS）；
- 内部网络和会议室网络之间不允许存在流量。无法保证会议室网络中访客计算机的状态。此类计算机可能会感染恶意软件，并可能尝试发送垃圾邮件或其他恶意流量。

第 1 步：创建安全区域。

安全区域是一组具有类似安全属性和要求的接口。例如，如果路由器有 3 个连接到内部网络的接口，则 3 个接口都可以放在名为 internal 的同一区域下。由于所有安全属性都配置到区域而不是单个路由器接口，因此防火墙设计的可扩展性更高。

在本实验中，R3 站点有 3 个接口：1 个连接到内部可信网络；1 个连接到会议室网络；还有 1 个连接到互联网。由于 3 个网络具有不同的安全要求和属性，我们将创建 3 个不同的安全区域。

在全局配置模式下创建安全区域，且此命令允许定义区域名称。在 R3 中，创建名为 **INSIDE**、**CONFROOM** 和 **INTERNET** 的 3 个区域。

```
R3(config)# zone security INSIDE
R3(config)# zone security CONFROOM
R3(config)# zone security INTERNET
```

第 2 步：创建安全策略。

在 ZPF 决定是允许还是拒绝某些特定流量之前，必须告知它应该考虑哪些流量。思科 IOS

使用类映射来选择流量。需要关注的流量是由类映射选择的流量的常用名称。

虽然类映射可以选择流量，但它们并不决定对所选流量的操作，而由策略映射决定所选流量的最终去向。

ZPF 流量策略定义为策略映射，并使用类映射来选择流量。换言之，类映射定义哪些流量将被监管，而策略映射定义要对所选流量采取的操作。

策略映射可以丢弃流量，允许其通过或执行检查。由于我们希望防火墙监视在区域对方向上移动的流量，因此我们将创建检查策略映射。检查策略映射允许对返回流量进行动态处理。

首先，你需要创建类映射。创建类映射后，你需要创建策略映射，并将类映射与策略映射关联。

a. 创建检查类映射，以匹配允许从 **INSIDE** 区域到 **INTERNET** 区域的流量。由于我们信任 **INSIDE** 区域，因此我们允许所有主要协议。

在以下命令中，第一行将创建检查类映射。关键字 **match-any** 向路由器指示，任何匹配的协议语句都视为成功匹配，从而应用策略。结果是与 TCP、UDP 或 ICMP 数据包匹配。

match 命令应用思科 NBAR 支持的特定协议。有关思科 NBAR 的详细信息，请参阅基于思科网络的应用识别。

```
R3(config)# class-map type inspect match-any INSIDE_PROTOCOLS
R3(config-cmap)# match protocol tcp
R3(config-cmap)# match protocol udp
R3(config-cmap)# match protocol icmp
```

b. 同样，创建类映射，以匹配允许 **CONFROOM** 区域到 **INTERNET** 区域的流量。由于我们并不完全信任 **CONFROOM** 区域，因此必须限制服务器发送到互联网的内容。

```
R3(config)# class-map type inspect match-any CONFROOM_PROTOCOLS
R3(config-cmap)# match protocol http
R3(config-cmap)# match protocol https
R3(config-cmap)# match protocol dns
```

c. 现在已创建类映射，你可以创建策略映射。

在以下命令中，第一行将创建名为 **INSIDE_TO_INTERNET** 的检查策略映射。第二行将先前创建的 **INSIDE_PROTOCOLS** 类映射与策略映射绑定。与 **INSIDE_PROTOCOLS** 类映射匹配的所有数据包将接受 **INSIDE_TO_INTERNET** 策略映射所采取的操作。最后，第 3 行定义此策略映射将应用于匹配数据包的实际操作。在这种情况下，系统将检查匹配的数据包。

接下来的 3 行将创建一个名为 **CONFROOM_TO_INTERNET** 的类似策略映射，并关联 **CONFROOM_PROTOCOLS** 类映射。

所用命令如下所示。

```
R3(config)# policy-map type inspect INSIDE_TO_INTERNET
R3(config-pmap)# class type inspect INSIDE_PROTOCOLS
R3(config-pmap-c)# inspect
```

```
R3(config)# policy-map type inspect CONFROOM_TO_INTERNET
R3(config-pmap)# class type inspect CONFROOM_PROTOCOLS
R3(config-pmap-c)# inspect
```

第3步：创建区域对。

区域对允许你在两个安全区域之间指定单向防火墙策略。

例如，常用的安全策略规定，内部网络可以向互联网发出任何流量，但不允许源自互联网的流量到达内部网络。

此流量策略仅需要一个区域对——**INTERNAL 到 INTERNET**。由于区域对定义的是单向流量，因此，如果互联网发起的流量必须在 **INTERNET 到 INTERNAL** 方向上流动，则必须创建另一个区域对。

请注意，思科 ZPF 可以配置为检查在区域对定义的方向上移动的流量。在这种情况下，防火墙将监视流量，并动态创建规则，以允许相关流量返回或通过路由器流回。

要定义区域对，请使用 **zone-pair security** 命令。流量的方向由源和目的区域指定。在本实验中，你需要创建 2 个区域对。

- **INSIDE_TO_INTERNET**：允许流量从内部网络流向互联网。
- **CONFROOM_TO_INTERNET**：允许从会议室网络访问互联网。

a. 创建区域对。

```
R3(config)# zone-pair security INSIDE_TO_INTERNET source INSIDE destination INTERNET
R3(config)# zone-pair security CONFROOM_TO_INTERNET source CONFROOM destination
INTERNET
```

b. 通过发出 **show zone-pair security** 命令，验证区域对是否已正确创建。请注意，尚无策略与区域对关联。安全策略将在下一步中应用于区域对。

```
R3# show zone-pair security
Zone-pair name INSIDE_TO_INTERNET
    Source-Zone INSIDE  Destination-Zone INTERNET
    service-policy not configured
Zone-pair name CONFROOM_TO_INTERNET
    Source-Zone CONFROOM  Destination-Zone INTERNET
    service-policy not configured
```

第4步：应用安全策略。

a. 作为最后一个配置步骤，将策略映射应用于区域对。

```
R3(config)# zone-pair security INSIDE_TO_INTERNET
R3(config-sec-zone-pair)# service-policy type inspect INSIDE_TO_INTERNET
R3(config)# zone-pair security CONFROOM_TO_INTERNET
R3(config-sec-zone-pair)# service-policy type inspect CONFROOM_TO_INTERNET
```

b. 再次发出 **show zone-pair security** 命令，以验证区域对配置。请注意，此时将显示以下服务策略。

```
R3#show zone-pair security
```

```
Zone-pair name INSIDE_TO_INTERNET
    Source-Zone INSIDE   Destination-Zone INTERNET
    service-policy INSIDE_TO_INTERNET
Zone-pair name CONFROOM_TO_INTERNET
    Source-Zone CONFROOM Destination-Zone INTERNET
    service-policy CONFROOM_TO_INTERNET
```

要获取有关区域对、其策略映射、类映射和匹配计数器的更多信息，请使用 **show policy-map type inspect zone-pair** 命令。

```
R3#show policy-map type inspect zone-pair
policy exists on zp INSIDE_TO_INTERNET
  Zone-pair: INSIDE_TO_INTERNET

  Service-policy inspect: INSIDE_TO_INTERNET
    Class-map: INSIDE_PROTOCOLS (match-any)
      Match: protocol tcp
        0 packets, 0 bytes
        30 second rate 0 bps
      Match: protocol udp
        0 packets, 0 bytes
        30 second rate 0 bps
      Match: protocol icmp
        0 packets, 0 bytes
        30 second rate 0 bps
  Inspect
        Session creations since subsystem startup or last reset 0
        Current session counts (estab/half-open/terminating) [0:0:0]
        Maxever session counts (estab/half-open/terminating) [0:0:0]
        Last session created never
        Last statistic reset  never
        Last session creation rate 0
        Maxever session creation rate 0
        Last half-open session total 0
        TCP reassembly statistics
        received 0 packets out-of-order; dropped 0
        peak memory usage 0 KB; current usage: 0 KB peak
        queue length 0

    Class-map: class-default (match-any)
      Match: any
        Drop
           0 packets, 0 bytes
      [省略部分输出]
```

第 5 步：将接口分配到适当的安全区域。

使用 **zone-member security interface** 命令将接口分配到安全区域。

a. 将 R3 的 e0/0 分配到 **CONFROOM** 安全区域。

```
R3(config)# interface e0/0
R3(config-if)# zone-member security CONFROOM
```

b. 将 R3 的 e0/1 分配到 **INSIDE** 安全区域。

```
R3(config)# interface e0/1
R3(config-if)# zone-member security INSIDE
```

c. 将 R3 的 s1/1 分配到 **INTERNET** 安全区域。

```
R3(config)# interface s1/1
R3(config-if)# zone-member security INTERNET
```

第6步：验证区域分配。

a. 发出 **show zone security** 命令，以确保已正确创建区域并正确分配接口。

```
R3# show zone security
zone self
  Description: System defined zone
zone CONFROOM
  Member Interfaces:
   Ethernet0/0
zone INSIDE
  Member Interfaces:
   Ethernet0/1
zone INTERNET
  Member Interfaces:
   Serial1/1
```

b. 即使没有发出创建自身区域的命令，以上输出中仍显示了相关信息。

任务4：验证 ZPF 防火墙功能

第1步：来自互联网的流量。

a. 要测试防火墙的有效性，请从 PC-A 对 PC-B 执行 ping 操作。在 PC-A 中，打开命令提示符并发出以下命令。

```
C:\Users\NetAcad> ping 192.168.3.3
```

ping 操作是否成功？说明原因。

b. 从 PC-A 对 PC-C 执行 ping 操作。在 PC-A 中，打开命令窗口并发出以下命令。

```
C:\Users\NetAcad> ping 192.168.33.3
```

ping 操作是否成功？说明原因。

c. 从 PC-B 对 PC-A 执行 ping 操作。在 PC-B 中，打开命令窗口并发出以下命令。

```
C:\Users\NetAcad> ping 192.168.1.3
```

ping 操作是否成功？说明原因。

d. 从 PC-C 对 PC-A 执行 ping 操作。在 PC-C 中，打开命令窗口并发出以下命令。

```
C:\Users\NetAcad> ping 192.168.1.3
```

ping 操作是否成功？说明原因。

第 2 步：自身区域验证。

a. 从 PC-A 对 R3 的 e0/1 接口执行 ping 操作。

```
C:\Users\NetAcad> ping 192.168.3.1
```

b. 从 PC-C 对 R3 的 e0/1 接口执行 ping 操作。

```
C:\Users\NetAcad> ping 192.168.3.1
```

4.2 硬件防火墙简介

思科自适应安全设备（Adaptive Security Appliance，ASA）是一种高级网络安全设备，集成了状态防火墙、VPN 和其他功能。本实验使用 ASAv 来创建防火墙并保护内部企业网络免受外部入侵者的攻击，同时允许内部主机访问互联网。ASA 将创建 3 个安全接口：外部、内部和 DMZ。它为外部用户提供对 DMZ 的有限访问权限，但不提供对内部资源的访问权限。内部用户可以访问 DMZ 和外部资源。

本节的重点是将 ASA 配置为基本防火墙。其他设备将接受极少的配置以支持进行本实验的 ASA 部分。本节会使用 ASA 的命令行界面（与 IOS CLI 类似）来配置基本设备和安全设置。

在这一节中，你需要配置基本 ASA 设置及内部与外部网络之间的防火墙。之后，你还需要配置用于其他服务（如 DHCP、AAA 和 SSH）的 ASA 及在 ASA 上配置 DMZ 并提供对 DMZ 中服务器的访问。

你公司的某个位置连接到 ISP。R1 代表由 ISP 管理的 CPE 设备。R2 表示中间互联网路由器。R3 代表 ISP，其连接从网络管理公司雇来负责远程管理网络的管理员。ASA 是一种边缘安全设备，可将内部企业网络和 DMZ 连接到 ISP，同时为内部主机提供 NAT 和 DHCP 服务。ASA 将配置为由内部网络管理员和远程管理员进行管理。第 3 层以太网接口提供对本实验中创建的以下 3 个区域的访问：内部、外部和 DMZ。ISP 已分配公共 IP 地址空间 209.165.200.224/29，其将用于 ASA 上的地址转换。

> **注意：** 确保路由器和交换机的启动配置已经清除。

实验 1：CLI 配置 ASA 基本设置

1. 实验目的

通过本实验可以掌握：

- 配置主机名和域名；
- 配置登录和启用密码；

- 设置日期和时间；
- 配置内部和外部接口；
- 测试与 ASA 的连接；
- 配置 ASA 的静态默认路由；
- 配置 PAT 和网络对象；
- 修改 MPF 应用检查的全局服务策略。

2. 实验拓扑

本实验所用的拓扑如图 4-4 所示。

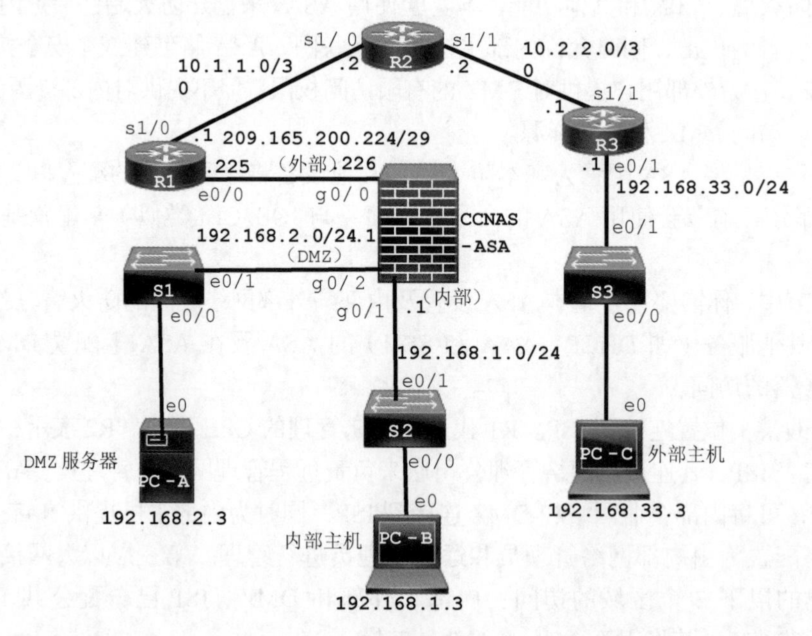

图 4-4　实验拓扑

IP 地址分配表

设备	接口	IP 地址	子网掩码	默认网关	交换机端口
R1	e0/0	209.165.200.225	255.255.255.248	不适用	ASA g0/0
	s1/0	10.1.1.1	255.255.255.252	不适用	不适用
R2	s1/0	10.1.1.2	255.255.255.252	不适用	不适用
	s1/1	10.2.2.2	255.255.255.252	不适用	不适用

续表

设备	接口	IP 地址	子网掩码	默认网关	交换机端口
R3	e0/1	172.16.3.1	255.255.255.0	不适用	S3 e0/1
	s1/1	10.2.2.1	255.255.255.252	不适用	不适用
ASA	g0/1	192.168.1.1	255.255.255.0	不适用	S2 e0/1
ASA	g0/0	209.165.200.226	255.255.255.248	不适用	R1 g0/0
ASA	g0/2	192.168.2.1	255.255.255.0	不适用	S1 e0/1
PC-A	e0	192.168.2.3	255.255.255.0	192.168.2.1	S1 e0/0
PC-B	e0	192.168.1.3	255.255.255.0	192.168.1.1	S2 e0/0
PC-C	e0	172.16.3.3	255.255.255.0	172.16.3.1	S3 e0/0

3. 实验步骤

任务1：基本路由器、交换机、PC配置

第1步：为网络布线并清除之前的设备设置。

按照拓扑所示连接设备，并根据需要布线。确保已经清除路由器和交换机的启动配置。

第2步：为路由器和交换机配置基本设置。

a. 如拓扑所示，为每台路由器配置主机名。

b. 如IP地址分配表所示，配置路由器接口IP地址。

第3步：在路由器上配置静态路由。

a. 配置从R1到R2，以及从R3到R2的静态默认路由。

```
R1(config)# ip route 0.0.0.0 0.0.0.0 s1/0
R3(config)# ip route 0.0.0.0 0.0.0.0 s1/1
```

b. 配置从R2到R1 e0/0子网（连接到ASA接口g0/0）的静态路由，以及从R2到R3 LAN的静态路由。

```
R2(config)# ip route 209.165.200.224 255.255.255.248 s1/0
R2(config)# ip route 172.16.3.0 255.255.255.0 s1/1
```

第4步：配置PC主机IP设置。

如IP地址分配表所示，为PC-A、PC-B和PC-C配置静态IP地址、子网掩码和默认网关。

第5步：验证连接。

由于ASA是网络区域的关键，并且尚未配置，因此连接到ASA的设备之间将没有连接。但是，PC-C应能够ping通R1接口。从PC-C对R1 e0/0 IP地址（209.165.200.225）执行ping操作。若ping操作不成功，则需要排除设备基本配置故障才能继续。

> 注意：如果可以从PC-C ping通R1 e0/0和s1/0，则表明静态路由已配置且运行正常。

任务2：使用CLI配置ASA设置和接口安全

第1步：配置主机名和域名。

a. 使用 **config t** 命令进入全局配置模式。

```
ciscoasa# config t
ciscoasa(config)#
```

b. 使用 **hostname** 命令配置ASA主机名。

```
ciscoasa(config)# hostname CCNAS-ASA
```

c. 使用 **domain-name** 名令配置域名。

```
CCNAS-ASA(config)# domain-name ccnasecurity.com
```

第2步：配置登录和启用模式密码。

a. 登录密码用于Telnet连接（以及ASA 8.4版之前的SSH）。默认情况下，它设置为 **cisco**，但由于已清除默认启动配置，你可以选择使用 **passwd** 或 **password** 命令配置登录密码。此命令是可选的，因为稍后在实验中我们将为SSH配置ASA，而不是Telnet访问。

```
CCNAS-ASA(config)# passwd cisco
```

b. 使用 **enable password** 命令配置特权EXEC模式（启用）密码。

```
CCNAS-ASA(config)# enable password class
```

第3步：设置日期和时间。

可以使用 **clock set** 命令手动设置日期和时间。**clock set** 命令的语法是 **clock set** *hh*:*mm*:*ss* {*month day* | *day month*} *year*。以下示例显示如何使用24小时制设置日期和时间。

```
CCNAS-ASA(config)# clock set 19:09:00 april 19 2015
```

第4步：配置内部和外部接口。

a. 为内部网络（192.168.1.0/24）配置逻辑g0/1接口，并将安全级别设置为最高设置100。

```
CCNAS-ASA(config)# interface g0/1
CCNAS-ASA(config-if)# nameif inside
CCNAS-ASA(config-if)# ip address 192.168.1.1 255.255.255.0
```

```
CCNAS-ASA(config-if)# security-level 100
```

为外部网络创建逻辑 g0/0 接口（209.165.200.224/29），将安全级别设置为最低设置 0。

```
CCNAS-ASA(config-if)# interface g0/0
CCNAS-ASA(config-if)# nameif outside
INFO: Security level for "outside" set to 0 by default.
CCNAS-ASA(config-if)# ip address 209.165.200.226 255.255.255.248
CCNAS-ASA(config-if)# no shutdown
```

接口安全级别说明如下。

你可能会收到一条消息，提示内部接口的安全级别已自动设置为 100，外部接口已设置为 0。ASA 使用 0～100 的接口安全级别来实施安全策略。安全级别 100（内部）是最安全的，安全级别 0（外部）是最不安全的。

默认情况下，ASA 应用的策略允许从较高安全级别接口流向较低安全级别接口的流量，但拒绝从较低安全级别接口流向较高安全级别接口的流量。默认情况下，ASA 默认安全策略允许检查出站流量。由于要执行状态数据包检查，系统允许返回流量。ASA 的此默认“路由模式”防火墙行为允许数据包从内部网络路由到外部网络，但反之则不然。在本实验的任务 3 中，你需要配置 NAT 以增强防火墙保护。

b. 使用 **show interface** 命令确保 ASA 第 3 层端口 g0/0 和 g0/1 均为启用状态。此处以 g0/0 为例。如果任一端口显示为关闭状态，请检查物理连接。如果任一端口处于管理性关闭状态，请使用 **no shutdown** 命令启用。

```
CCNAS-ASA# show interface g0/0
 Interface GigabitEthernet0/0 "outside", is up, line protocol is up
  Hardware is i82540EM rev03, BW 1000 Mbps, DLY 10 usec
   Auto-Duplex(Full-duplex), Auto-Speed(1000 Mbps)
   Input flow control is unsupported, output flow control is off
   MAC address 5000.000a.0001, MTU 1500
   IP address 209.165.200.226, subnet mask 255.255.255.248
<output omitted>
```

c. 使用 **no shutdown** 命令以确保所有端口均已启用。

```
CCNAS-ASA(config)# interface g0/1
CCNAS-ASA(config-if)# no shutdown
CCNAS-ASA(config-if)# interface g0/0
CCNAS-ASA(config-if)# no shutdown
```

d. 使用 **show interface ip brief** 命令显示所有 ASA 接口的状态。

注意：此命令与 **show ip interface brief** IOS 命令不同。如果之前配置的任何物理或逻辑接口未启用，请根据需要进行故障排除，再继续操作。

提示：大多数 ASA **show** 命令，以及 **ping**、**copy** 和其他命令都可以在任何配置模式提示符下发出，而不需要使用 IOS 所需的 **do** 命令。

```
CCNAS-ASA# show interface ip brief
Interface              IP-Address      OK? Method Status                Protocol
GigabitEthernet0/0      209.165.200.226 YES manual up                    up
```

```
GigabitEthernet0/1      192.168.1.1     YES manual up                    up
GigabitEthernet0/2      unassigned      YES unset  up                    up
```

e. 使用 **show ip address** 命令显示第 3 层接口的信息。

```
CCNAS-ASA(config)# show ip address
System IP Addresses:
Interface           Name                 IP address      Subnet mask     Method
GigabitEthernet0/1   inside                192.168.1.1     255.255.255.0   manual
GigabitEthernet0/0   outside               209.165.200.226 255.255.255.248 manual
Current IP Addresses:
Interface           Name                 IP address      Subnet mask     Method
GigabitEthernet0/1   inside                192.168.1.1     255.255.255.0   manual
GigabitEthernet0/0   outside               209.165.200.226 255.255.255.248 manual
```

f. 还可以使用 **show running-config interface** *type/number* 命令显示运行配置中特定接口的配置。

```
CCNAS-ASA# show run interface g0/1
!
 interface GigabitEthernet0/1
  nameif inside
  security-level 100
 ip address 192.168.1.1 255.255.255.0
```

第 5 步：测试与 ASA 的连接。

a. 确保 PC-B 的静态 IP 地址为 192.168.1.3，子网掩码为 255.255.255.0，默认网关为 192.168.1.1（ASA g0/1 内部接口的 IP 地址）。你应该能够从 PC-B ping 通 ASA 内部接口地址，并从 ASA ping 通 PC-B。如果 ping 操作失败，请根据需要对配置进行故障排除。

```
CCNAS-ASA# ping 192.168.1.3
Type escape sequence to abort.
Sending 5, 100-byte ICMP Echos to 192.168.1.3, timeout is 2 seconds:
!!!!!
Success rate is 100 percent (5/5), round-trip min/avg/max = 1/1/1 ms
```

b. 从 PC-C 对 g0/2（外部）接口（IP 地址 209.165.200.226）执行 ping 操作。你应该无法 ping 通此地址。

任务 3：使用 CLI 配置路由、地址转换和检查策略

第 1 步：配置 ASA 的静态默认路由。

在任务 2 中，我们已使用静态 IP 地址和子网掩码配置 ASA 外部接口。但是，ASA 没有定义最后选用网关。要启用 ASA 以访问外部网络，你需要在 ASA 外部接口上配置默认静态路由。

> **注意：**如果 ASA 外部接口已配置为 DHCP 客户端，则它可以从 ISP 获取默认网关 IP 地址。但是，在本实验中，外部接口配置静态地址。

a. 从 ASA 对 R1 e0/0（IP 地址 209.165.200.225）执行 ping 操作。

b. 从 ASA 对 R1 s1/0（IP 地址 10.1.1.1）执行 ping 操作。

c. 使用 **route** 命令创建“全零”默认路由，将其与 ASA 外部接口关联，并指向 IP 地址为 209.165.200.225 的 R1 g0/0 作为最后选用网关。默认情况下，默认管理距离为 1。

```
CCNAS-ASA(config)# route outside 0.0.0.0 0.0.0.0 209.165.200.225
```

d. 发出 **show route** 命令显示 ASA 路由表及你刚刚创建的静态默认路由。

```
CCNAS-ASA# show route
Codes: L - local, C - connected, S - static, R - RIP, M - mobile, B - BGP D
       - EIGRP, EX - EIGRP external, O - OSPF, IA - OSPF inter area
       N1 - OSPF NSSA external type 1, N2 - OSPF NSSA external type 2 E1
       - OSPF external type 1, E2 - OSPF external type 2
       i - IS-IS, su - IS-IS summary, L1 - IS-IS level-1, L2 - IS-IS level-2 ia
       - IS-IS inter area, * - candidate default, U - per-user static route o -
       ODR, P - periodic downloaded static route, + - replicated route
Gateway of last resort is 209.165.200.225 to network 0.0.0.0
S*     0.0.0.0 0.0.0.0 [1/0] via 209.165.200.225, outside
C      192.168.1.0 255.255.255.0 is directly connected, inside
L      192.168.1.1 255.255.255.255 is directly connected, inside
C      209.165.200.224 255.255.255.248 is directly connected, outside L
       209.165.200.226 255.255.255.255 is directly connected, outside
```

e. 从 ASA 对 R1 s1/0（IP 地址 10.1.1.1）执行 ping 操作。ping 操作是否成功？

第 2 步：配置地址转换使用 PAT 和网络对象。

> **注意：**从 ASA 8.3 版开始，网络对象用于配置所有形式的 NAT。创建网络对象，并在此对象内配置 NAT。在步骤 2a 中，网络对象 **INSIDE-NET** 用于将内部网络地址（192.168.10.0/24）转换为外部 ASA 接口的全局地址。此类对象配置称为自动 NAT。

a. 创建网络对象 **INSIDE-NET**，并使用 **subnet** 和 **nat** 命令为其分配属性。

```
CCNAS-ASA(config)# object network INSIDE-NET
CCNAS-ASA(config-network-object)# subnet 192.168.1.0 255.255.255.0
CCNAS-ASA(config-network-object)# nat (inside,outside) dynamic interface
CCNAS-ASA(config-network-object)# end
```

b. ASA 将配置拆分为定义要转换的网络的对象部分和实际的 **nat** 命令参数。它们出现在运行配置中的两个不同位置。使用 **show run object** 和 **show run nat** 命令显示 NAT 对象配置。

```
CCNAS-ASA# show run object
object network INSIDE-NET
subnet 192.168.1.0 255.255.255.0

CCNAS-ASA# show run nat
!
object network INSIDE-NET
nat (inside,outside) dynamic interface
```

c. 尝试从 PC-B 对 R1 e0/0 接口（IP 地址 **209.165.200.225**）执行 ping 操作。ping 操作是否成功?

d. 在 ASA 上发出 **show nat** 命令，以查看已转换或未转换的命中条目。请注意，从 PC-B 执行的 ping 操作中，4 个已转换，4 个未转换（因为全局检查策略未检查 ICMP）。传出 ping 操作（回应）已转换，但防火墙策略阻止了返回的回应应答。你将配置默认检查策略以在下一步中允许 ICMP。

> 注意：根据在用作 PC-B 的特定计算机上运行的进程和守护程序，你可能会看到比 4 个回应请求和回应应答更多的已转换和未转换命中条目。

```
CCNAS-ASA# show nat
Auto NAT Policies (Section 2)
1 (inside) to (outside) source dynamic INSIDE-NET interface
    translate_hits = 4, untranslate_hits = 4
```

e. 再次从 PC-B 对 R1 执行 ping 操作并快速发出 **show xlate** 命令，以查看要转换的地址。

```
CCNAS-ASA# show xlate
1 in use, 28 most used
Flags: D - DNS, i - dynamic, r - portmap, s - static, I - identity, T - twice
ICMP PAT from inside:192.168.1.3/512 to outside:209.165.200.226/21469 flags ri idle 0:00:03
timeout 0:00:30
```

> 注意：标志（r 和 i）表示转换基于端口映射（r）并且是动态完成的（i）。

第 3 步：修改默认 MPF 应用检查全球服务策略。

对于应用层检查和其他高级选项，可在 ASA 上使用思科 MPF。思科 MPF 使用 3 个配置对象来定义模块化、面向对象的分层策略。

- 类映射（Class map）：定义匹配条件。
- 策略映射（Policy map）：将操作与匹配条件关联。
- 服务策略（Service policy）：将策略映射附加到某个接口或全局附加到设备的所有接口。

a. 显示执行内部到外部流量检查的默认 MPF 策略映射。只允许从内部发出的流量返回外部接口。请注意，ICMP 缺失。

```
CCNAS-ASA# show run | begin class
class-map inspection_default match
  default-inspection-traffic
!
policy-map type inspect dns preset_dns_map
 parameters
  message-length maximum client auto
  message-length maximum 512
policy-map global_policy
 class inspection_default
  inspect dns preset_dns_map
```

```
  inspect ftp
  inspect h323 h225
  inspect h323 ras
  inspect ip-options
  inspect netbios
  inspect rsh
  inspect rtsp
  inspect skinny
  inspect esmtp
  inspect sqlnet
  inspect sunrpc
  inspect tftp
  inspect sip
  inspect xdmcp
!
service-policy global_policy global
<output omitted>
```

b. 使用以下命令将对 ICMP 流量的检查添加到策略映射列表。

```
CCNAS-ASA(config)# policy-map global_policy
CCNAS-ASA(config-pmap)# class inspection_default
CCNAS-ASA(config-pmap-c)# inspect icmp
```

c. 显示默认的 MPF 策略映射以验证当前检查规则中是否已列出 ICMP。

```
CCNAS-ASA(config-pmap-c)# show run policy-map
!
policy-map type inspect dns preset_dns_map
 parameters
  message-length maximum client auto
  message-length maximum 512
policy-map global_policy
 class inspection_default
  inspect dns preset_dns_map
  inspect ftp
  inspect h323 h225
  inspect h323 ras
  inspect ip-options
  inspect netbios
  inspect rsh
  inspect rtsp
  inspect skinny
  inspect esmtp
  inspect sqlnet
  inspect sunrpc
  inspect tftp
  inspect sip
  inspect xdmcp
  inspect icmp
!
```

d. 尝试从 PC-B 对 R1 e0/0 接口（IP 地址 209.165.200.225）执行 ping 操作。这一次执行 ping 操作应该会成功，因为现在检查 ICMP 流量和合法的返回流量被允许，如图 4-5 所示。

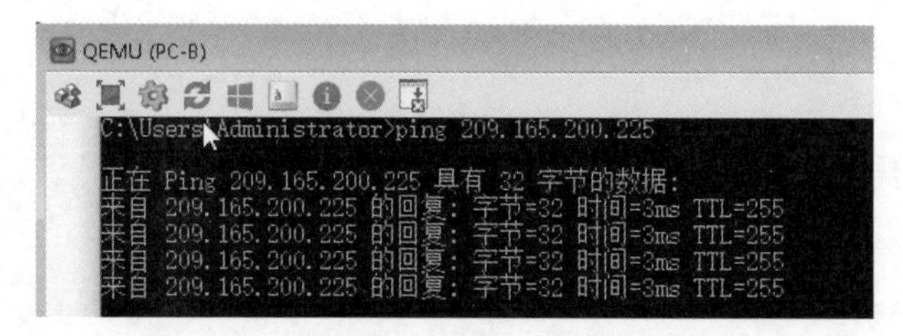

图 4-5 从 PC-B ping R1 e0/0 接口

实验 2：CLI 配置 ASA 防火墙

1. 实验目的

通过本实验可以掌握：

- 将 ASA 配置为 DHCP 服务器、客户端；
- 配置本地 AAA 用户认证；
- 配置对 AAA 的 SSH 远程访问；
- 在 ASA 上配置的 DMZ 接口 g0/2；
- 使用网络对象为 DMZ 服务器配置静态 NAT；
- 配置 ACL 以允许互联网用户访问 DMZ；
- 验证外部和内部用户对 DMZ 服务器的访问权限。

2. 实验拓扑

本实验所用的拓扑如图 4-4 所示。

3. 实验步骤

任务 1：配置 DHCP、AAA 和 SSH

在此任务中，你将使用 AAA 和 SSH 配置 ASA 功能，如 DHCP 和增强的登录安全功能。

第 1 步：将 ASA 配置为 DHCP 服务器。

ASA 可以是 DHCP 服务器和 DHCP 客户端。在此步骤中，我们将 ASA 配置为 DHCP 服务器，以便为内部网络上的 DHCP 客户端动态分配 IP 地址。

a. 配置 DHCP 地址池并在 ASA 内部接口上启用它。这是要分配给内部 DHCP 客户端的地址范围。

```
CCNAS-ASA(config)# dhcpd address 192.168.1.5-192.168.1.36 inside
```

b.（可选）指定要提供给客户端的 DNS 服务器 IP 地址。

```
CCNAS-ASA(config)# dhcpd dns 209.165.201.2
```

注意：可以为客户端指定其他参数，例如 WINS 服务器、租赁期限和域名。默认情况下，ASA 将自身的 IP 地址设置为 DHCP 默认网关，因此无须对其进行配置。但是，要手动配置默认网关，或将其设置为不同网络设备的 IP 地址，请使用以下命令。

```
CCNAS-ASA(config)# dhcpd option 3 ip 192.168.1.1
```

c. 在 ASA 内启用 DHCP 守护程序，以在启用的接口（内部）上侦听 DHCP 客户端请求。

```
CCNAS-ASA(config)# dhcpd enable inside
```

d. 使用 **show run dhcpd** 命令验证 DHCP 守护程序配置。

```
CCNAS-ASA(config)# show run dhcpd
dhcpd dns 209.165.201.2
!
dhcpd address 192.168.1.5-192.168.1.36 inside
dhcpd enable inside
```

e. 访问 PC-B 的网络连接 IP 属性，并将其从静态 IP 地址更改为 DHCP 客户端，以便从 ASA DHCP 服务器自动获取 IP 地址，输入 **ipconfig** 命令验证，如图 4-6 所示。执行此操作的步骤根据 PC 操作系统而有所不同。可能需要在 PC-B 上发出 **ipconfig /renew** 命令，以强制它从 ASA 获取新的 IP 地址。

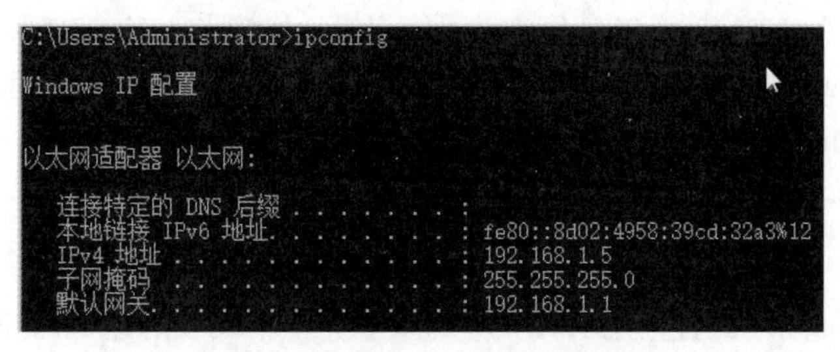

图 4-6　PC-B 动态获取 IP 地址

第 2 步：配置 AAA 以使用本地数据库进行认证。

a. 通过输入 **username** 命令定义名为 **admin** 的本地用户，指定密码 **cisco12345**。

```
CCNAS-ASA(config)# username admin password cisco12345
```

b. 将 AAA 配置为使用本地 ASA 数据库进行 SSH 用户认证。

```
CCNAS-ASA(config)# aaa authentication ssh console LOCAL
```

注意：为增加安全性，从 ASA 8.4(2)版开始，配置 AAA 认证以支持 SSH 连接。不支持 Telnet、SSH 默认登录。你无法再使用 SSH 以及默认用户名和登录密码连接至 ASA。

第 3 步：配置 ASA 的 SSH 远程访问。

可以将 ASA 配置为接受来自内部或外部网络上单个主机或一系列主机的 SSH 连接。

a. 生成 **RSA** 密钥对，这是支持 SSH 连接所必需的。模数（单位为位）可以是 512、768、

1024 或 2048。指定的密钥模数越大，生成 RSA 所需的时间就越长。使用 **crypto key** 命令指定模数 **1024**。

```
CCNAS-ASA(config)# crypto key generate rsa modulus 1024
INFO: The name for the keys will be: <Default-RSA-Key> Keypair
generation process begin. Please wait...
```

注意：你可能会收到一条已定义 RSA 密钥对的消息。要更换 RSA 密钥对，请在提示符后输入 **yes**。

b. 使用 **copy run start** 或 **write mem** 命令将 RSA 密钥保存到永久性闪存中。

```
CCNAS-ASA# write mem
Building configuration...
Cryptochecksum: 3c845d0f b6b8839a f9e43be0 33feb4ef
3270 bytes copied in 0.890 secs
[OK]
```

c. 将 ASA 配置为允许来自内部网络（192.168.1.0/24）任何主机和外部网络分支机构（172.16.3.3）远程管理主机的 SSH 连接。将 SSH 超时设置为 **10** 分钟（默认值为 5 分钟）。

```
CCNAS-ASA(config)# ssh 192.168.1.0 255.255.255.0 inside
CCNAS-ASA(config)# ssh 172.16.3.3 255.255.255.255 outside
CCNAS-ASA(config)# ssh timeout 10
```

d. 在 PC-C 上，使用 SSH 客户端（如 PuTTY）连接到 ASA 外部接口（IP 地址 **209.165.200.226**）。首次连接时，SSH 客户端可能会提示你接受 ASA SSH 服务器的 RSA 主机密钥。以用户 **admin** 的身份登录并输入密码 **cisco12345**。你还可以使用 IP 地址 **192.168.1.1** 从 PC-B SSH 客户端连接到 ASA 内部接口。

任务 2：配置 DMZ、静态 NAT 和 ACL

之前你已为内部网络配置使用 PAT 的地址转换。在本实验的这个任务中，你需要在 ASA 上创建 DMZ，为 DMZ 服务器配置静态 NAT，并应用 ACL 来控制对服务器的访问。

为了容纳添加的 DMZ 和 Web 服务器，你需要使用分配的 ISP 范围（209.165.200.224/29 (.224～.231)）中的另一个地址。路由器 R1 e0/0 和 ASA 外部接口已使用 209.165.200.225 和 209.165.200.226。你需要使用公共地址 209.165.200.227 和静态 NAT 来提供对服务器的地址转换访问。

第 1 步：在 ASA 上配置 DMZ 接口 g0/2。

a. 配置 DMZ，这是公共访问 Web 服务器所在的位置。为 g0/2 分配 IP 地址 **192.168.2.1/24**，将其命名为 **dmz**，并分配安全级别 **70**。

```
CCNAS-ASA(config)# interface g0/2
CCNAS-ASA(config-if)# ip address 192.168.2.1 255.255.255.0
CCNAS-ASA(config-if)# nameif dmz
INFO: Security level for "dmz" set to 0 by default.
CCNAS-ASA(config-if)# security-level 70
CCNAS-ASA(config-if)# no shut
```

b. 使用 **show interface ip brief** 命令显示所有 ASA 接口的状态。

```
CCNAS-ASA # show interface ip brief

Interface            IP-Address      OK? Method Status              Protocol
GigabitEthernet0/0     209.165.200.226 YES manual up                  up
GigabitEthernet0/1     192.168.1.1     YES manual up                up
GigabitEthernet0/2     192.168.2.1     YES manual up               up
```

c. 使用 **show ip address** 命令显示 g0/2 接口的信息。

```
CCNAS-ASA # show ip address
System IP Addresses:
 Interface           Name                 IP address     Subnet mask    Method
GigabitEthernet0/0    outside              209.165.200.226 255.255.255.248 manual
GigabitEthernet0/1    inside               192.168.1.1     255.255.255.0   manual
GigabitEthernet0/2    dmz                  192.168.2.1     255.255.255.0   manual
Current IP Addresses:
Interface            Name                 IP address     Subnet mask    Method
GigabitEthernet0/0    outside              209.165.200.226 255.255.255.248 manual
GigabitEthernet0/1    inside               192.168.1.1     255.255.255.0   manual
GigabitEthernet0/2    dmz                  192.168.2.1     255.255.255.0   manual
```

第 2 步：使用网络对象配置 DMZ 服务器的静态 NAT。

配置名为 **dmz-server** 的网络对象，并为其分配 DMZ 服务器的静态 IP 地址（**192.168.2.3**）。在对象定义模式下，使用 **nat** 命令指定此对象用于使用静态 NAT 将 DMZ 地址转换为外部地址，并指定公共转换地址 **209.165.200.227**。

```
CCNAS-ASA(config)# object network dmz-server
CCNAS-ASA(config-network-object)# host 192.168.2.3
CCNAS-ASA(config-network-object)# nat (dmz,outside) static 209.165.200.227
```

第 3 步：配置 ACL 以允许从互联网访问 DMZ 服务器。

配置一个命名访问列表（**OUTSIDE-DMZ**），以允许任何外部主机到 DMZ 服务器内部 IP 地址的 IP。将访问列表应用于 **IN** 方向的 ASA 外部接口。

```
CCNAS-ASA(config)# access-list OUTSIDE-DMZ permit ip any host 192.168.2.3
CCNAS-ASA(config)# access-group OUTSIDE-DMZ in interface outside
```

> **注意：**与 IOS ACL 不同，ASA ACL **permit** 语句必须允许访问内部专用 DMZ 地址。外部主机使用其公共静态 NAT 地址访问服务器，ASA 将其转换为内部主机 IP 地址，然后应用 ACL。

你可以修改此 ACL 以仅允许希望向外部主机公开的服务，例如 Web（HTTP）或文件传输（FTP）。

第 4 步：测试对 DMZ 服务器的访问。

a. 在互联网 R2 上创建表示外部主机的环回 0 接口。分配 **Lo0** IP 地址 **172.30.1.1** 和掩码 **255.255.255.0**。使用环回接口作为 ping 操作的源，从 R2 对 DMZ 服务器公共地址执行

ping 操作。ping 应当能成功。

```
R2(config-if)# interface lo0
R2(config-if)# ip address 172.30.1.1 255.255.255.0
R2(config-if)# end
R2# ping 209.165.200.227 source lo0
Type escape sequence to abort.
Sending 5, 100-byte ICMP Echos to 209.165.200.227, timeout is 2 seconds:

Packet sent with a source address of 172.30.1.1
!!!!!
Success rate is 100 percent (5/5), round-trip min/avg/max = 1/2/4 ms
```

b. 使用 **clear nat counters** 命令清除 NAT 计数器。

```
CCNAS-ASA# clear nat counters
```

c. 从 PC-C 对位于公共地址 **209.165.200.227** 处的 DMZ 服务器执行 ping 操作。ping 应当能成功，如图 4-7 所示。

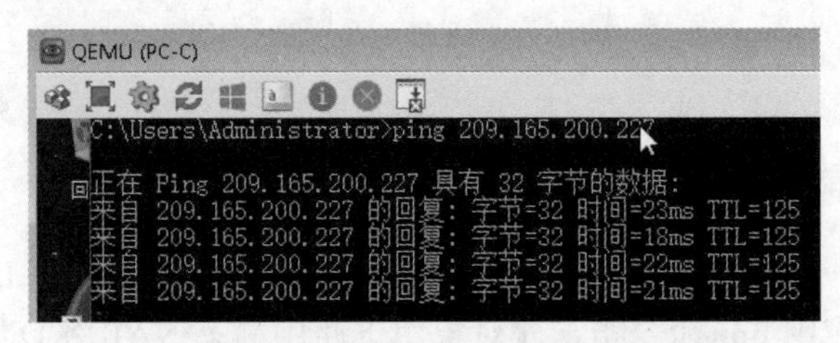

图 4-7 PC-C ping DMZ 成功

d. 在 ASA 上发出 **show nat** 和 **show xlate** 命令，以查看这些 ping 操作的效果。PAT（内部到外部）和静态 NAT（DMZ 到外部）策略如下所示。

```
CCNAS-ASA# show nat

Auto NAT Policies (Section 2)
1 (dmz) to (outside) source static dmz-server 209.165.200.227
    translate_hits = 0, untranslate_hits = 4

2 (inside) to (outside) source dynamic INSIDE-NET interface
    translate_hits = 4, untranslate_hits = 0
```

注意：从内部对外部执行的 ping 操作次数为已转换的命中条目。从外部主机 PC-C 对 DMZ 执行的 ping 操作次数视为未转换的命中条目。

```
CCNAS-ASA# show xlate
1 in use, 3 most used
Flags: D - DNS, i - dynamic, r - portmap, s - static, I - identity, T - twice NAT
from dmz:192.168.2.3 to outside:209.165.200.227
    flags s idle 0:22:58 timeout 0:00:00
```

注意：此次，标记为"s"，表示静态转换。

e. 还可以从内部网络上的主机访问 DMZ 服务器，因为 ASA 内部接口（g0/1）设置为安全级别 100（最高），DMZ 接口（g0/2）设置为 70。ASA 的作用类似于两个网络之间的路由器。从内部网络主机 PC-B（192.168.1.X）对 DMZ 服务器（PC-A）内部地址（**192.168.2.3**）执行 ping 操作。由于接口安全级别的设置并且已按照全局检查策略检查了内部接口上的 ICMP，因此 ping 操作应当会成功。从 PC-B 对 PC-A 执行的 ping 操作不会影响 NAT 转换计数，因为 PC-B 和 PC-A 都位于防火墙后面，且不会进行转换。

f. 由于 DMZ 接口 g0/2 的安全级别较低并且在创建 g0/2 接口时指定了 **no forward** 命令，因此 DMZ 服务器无法 ping 通内部网络上的 PC-B。尝试从 DMZ 服务器 PC-A 对位于 IP 地址 **192.168.1.3** 处的 PC-B 执行 ping 操作。ping 操作应当不会成功。

g. 使用 **show run** 命令显示 g0/2 的配置。

```
CCNAS-ASA# show run interface g0/2
!
interface GigabitEthernet0/2
nameif dmz
 security-level 70
ip address 192.168.2.1 255.255.255.0
```

注意：可以将访问列表应用于内部接口，以控制允许或拒绝从内部主机访问 DMZ 服务器的类型。

4.3 硬件防火墙图形化管理概述

本节的重点仍然是对 ASA 进行基本的配置，但本节会使用 ASA 的 GUI——ASDM 来完成基本的设备和安全设置。

在本节中，你需要配置拓扑和非 ASA 设备，以及准备用于自适应安全设备管理器（ASDM）访问的 ASA，并且使用 ASDM 启动向导配置基本 ASA 设置及内部与外部网络之间的防火墙。接下来，你还需要通过 ASDM 配置菜单配置其他设置，以及在 ASA 上配置 DMZ 并提供对 DMZ 中服务器的访问。

你公司的某个位置连接到 ISP。R1 表示由 ISP 管理的客户端设备（CPE）。R2 表示中间互联网路由器。R3 连接从网络管理公司雇来负责远程管理网络的管理员。ASA 是一台边缘安全设备，可将内部企业网络和 DMZ 连接到 ISP，同时为内部主机提供 NAT 和 DHCP 服务。ASA 将配置为由内部网络的管理员和远程管理员进行管理。第 3 层吉比特接口提供对本实验中创建的 3 个区域的访问：内部、外部和 DMZ。ISP 已分配公共 IP 地址空间 209.165.200.224/29，其将用于 ASA 上的地址转换。这个环境与上一节没有区别。

实验 1：配置非 ASA 设备和准备用于 ASDM 访问的 ASA

1. 实验目的

通过本实验可以掌握：

- 配置R1、R2和R3之间的静态路由，包括默认路由；
- 启用R1上的HTTP服务器并设置启用密码和vty密码；
- 配置PC主机IP设置；
- 配置ASDM并验证对ASA的访问；
- 访问ASDM并了解GUI。

2. 实验拓扑

本实验所用的拓扑如图4-4所示。

3. 实验步骤

任务1：基本路由器/交换机/PC配置

第1步：为网络布线并清除之前的设备设置。

按照拓扑所示连接设备，并根据需要布线。确保已经清除路由器和交换机的启动配置。

第2步：为路由器和交换机配置基本设置。

a. 如拓扑图所示，为每台路由器配置主机名。

b. 如IP地址分配表所示，配置路由器接口IP地址。

第3步：在路由器上配置静态路由。

a. 配置从R1到R2，以及从R3到R2的静态默认路由。

```
R1(config)# ip route 0.0.0.0 0.0.0.0 s1/0
R3(config)# ip route 0.0.0.0 0.0.0.0 s1/1
```

b. 配置从R2到R1 e0/0子网（连接到ASA接口g0/0）的静态路由，以及从R2到R3 LAN的静态路由。

```
R2(config)# ip route 209.165.200.224 255.255.255.248 s1/0
R2(config)# ip route 172.16.3.0 255.255.255.0 s1/1
```

第4步：配置PC主机IP设置。

如IP地址分配表所示，为PC-A、PC-B和PC-C配置静态IP地址、子网掩码和默认网关

第5步：在R1上配置并加密密码。

> **注意：**此任务中的最小密码长度设置为10个字符，但为了执行实验，密码相对较为简单。建议在生产网络中使用更复杂的密码。

a. 配置最小密码长度。使用 **security passwords** 命令将最小密码长度设置为 10 个字符。

```
R1(config)# security passwords min-length 10
```

b. 使用密码 **cisco12345** 配置两台路由器上的启用加密密码。使用 9 类（SCRYPT）散列算法。

```
R1(config)# enable algorithm-type scrypt secret cisco12345
```

c. 使用密码 **admin01pass** 创建本地 **admin01** 账号。使用 9 类（SCRYPT）散列算法并将权限级别设置为 15。

```
R1(config)#username admin01 privilege 15 algorithm-type scrypt secret admin01pass
```

d. 将控制台和 vty 线路配置为使用本地数据库进行登录。为提高安全性，请将线路配置为 5 分钟内无任何操作即注销。发出 **logging synchronous** 命令以防控制台消息中断命令输入。

```
R1(config)# line console 0
R1(config-line)# login local
R1(config-line)# exec-timeout 5 0
R1(config-line)# logging synchronous
R1(config)# line vty 0 4
R1(config-line)# login local
R1(config-line)# transport input ssh
R1(config-line)# exec-timeout 5 0
```

e. 在 R1 上启用 HTTP 服务器访问。使用本地数据库进行 HTTP 认证。

任务 2：准备用于 ASDM 访问的 ASA

第 1 步：配置 ASDM 接口。

a. 为内部网络（192.168.1.0/24）配置逻辑 g0/1 接口，并将安全级别设置为最高设置 100。

```
CCNAS-ASA(config)# interface g0/1
CCNAS-ASA(config-if)# nameif inside
CCNAS-ASA(config-if)# ip address 192.168.1.1 255.255.255.0
CCNAS-ASA(config-if)# security-level 100
CCNAS-ASA(config-if)# no shutdown
```

为外部网络创建逻辑 g0/0 接口（209.165.200.224/29），将安全级别设置为最低设置 0。

```
CCNAS-ASA(config-if)# interface g0/0
CCNAS-ASA(config-if)# nameif outside
INFO: Security level for "outside" set to 0 by default.
CCNAS-ASA(config-if)# ip address 209.165.200.226 255.255.255.248
CCNAS-ASA(config-if)# no shutdown
```

b. 通过从 PC-B 对 ASA 接口 VLAN 1 IP 地址 **192.168.1.1** 执行 ping 操作来测试连接。ping 应当能成功。

第2步：配置 ASDM 并验证对 ASA 的访问。

a. 使用 **http** 命令将 ASA 配置为接受 HTTPS 连接并允许从内部网络（192.168.1.0/24）上的任何主机访问 ASDM。

```
ciscoasa(config)# http server enable
ciscoasa(config)# http 192.168.1.0 255.255.255.0 inside
```

b. 在 PC-B 上打开浏览器，输入 **https://192.168.1.1** 以测试对 ASA 的 HTTPS 访问。

> 注意：请务必在 URL 中指定 HTTPS 协议。

第3步：访问 ASDM 并了解 GUI。

a. 在 PC-B 上打开浏览器，输入 https://192.168.1.1 以测试对 ASA 的 HTTPS 访问。输入 https://192.168.1.1 URL 后，你应该会看到有关网站安全证书的安全警告。单击**高级** > **添加例外**，如图 4-8 所示。在**添加安全例外**对话框，单击**确认安全例外**按钮，如图 4-9 所示。

> 注意：在 URL 中指定 HTTPS 协议。

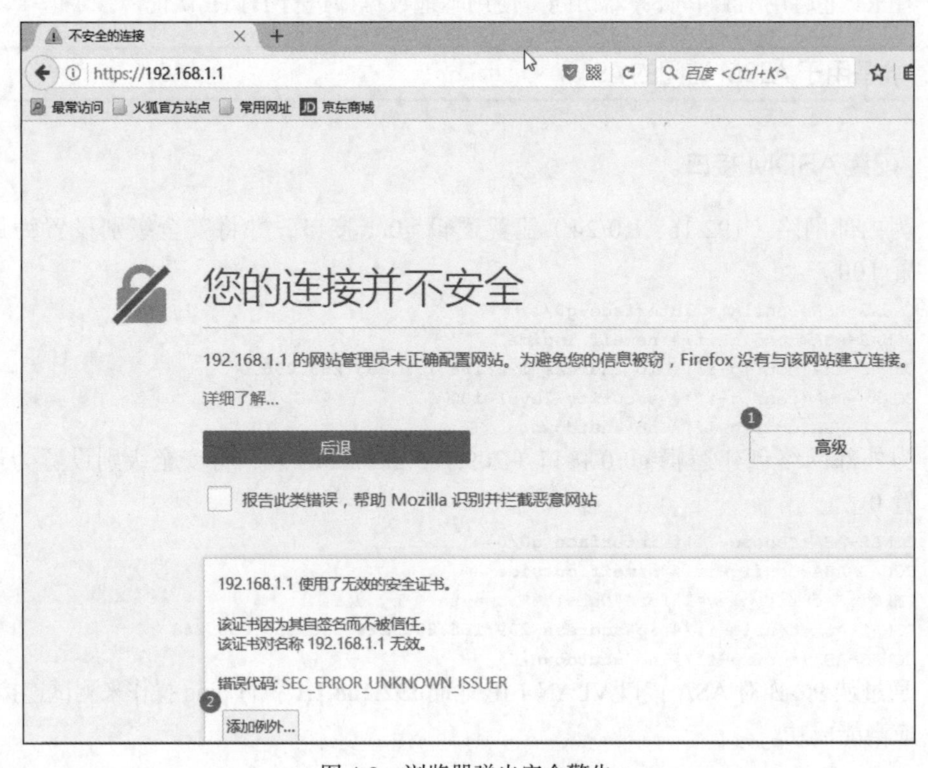

图 4-8 浏览器弹出安全警告

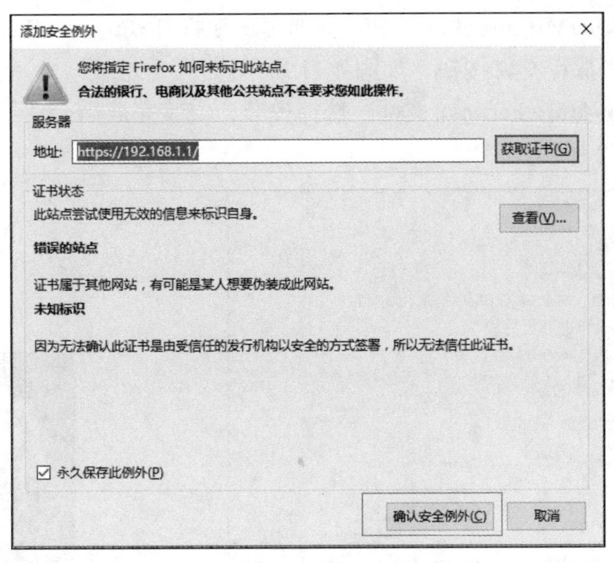

图 4-9　确认安全例外

b. 在 ASDM 欢迎页面中，可以看到有两种方式运行 ASDM，即 **Install ASDM Launcher** 和 **Install Java Web Start**，这里使用 **Install ASDM Launcher**，如图 4-10 所示。

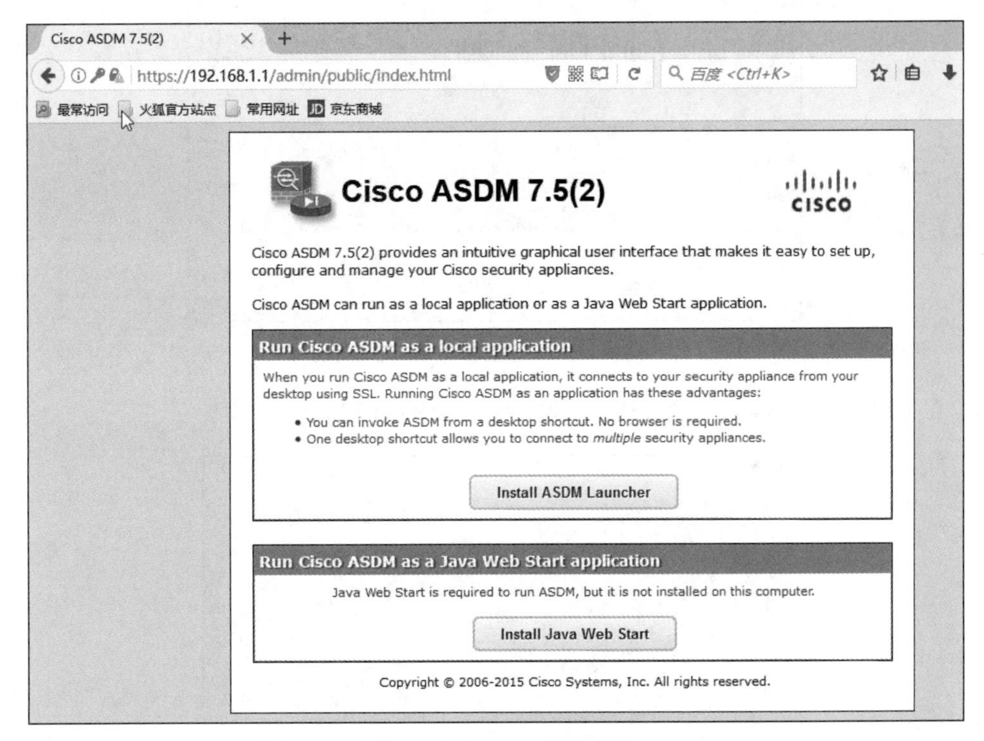

图 4-10　ASDM 欢迎页面

c. 单击 **Install ASDM Launcher** 按钮，会弹出**正在打开 dm-launcher.msi** 对话框，选择保存路径后单击**保存文件**按钮，如图 4-11 所示。

d. 右键单击 **dm-launcher.msi** 文件，选择**安装**，安装完成后会在桌面出现 ASDM 启动器，如图 4-12 所示。

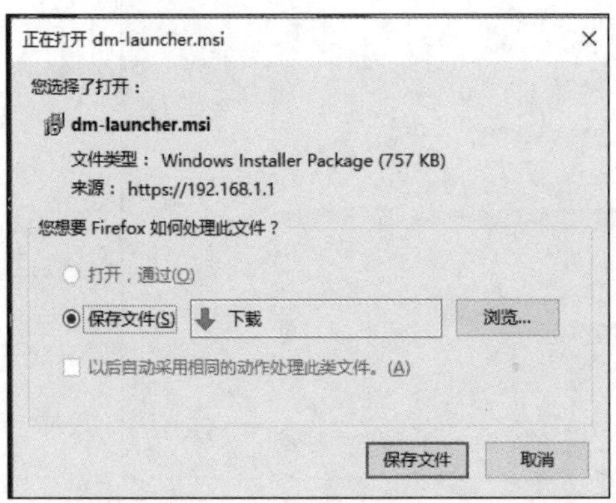

图 4-11　保存 dm-launcher.msi 文件

图 4-12　桌面上的 ASDM 启动器

e. 双击 ASDM 启动器，在弹出的对话框中的地址一栏输入 **192.168.1.1**，如图 4-13 所示。

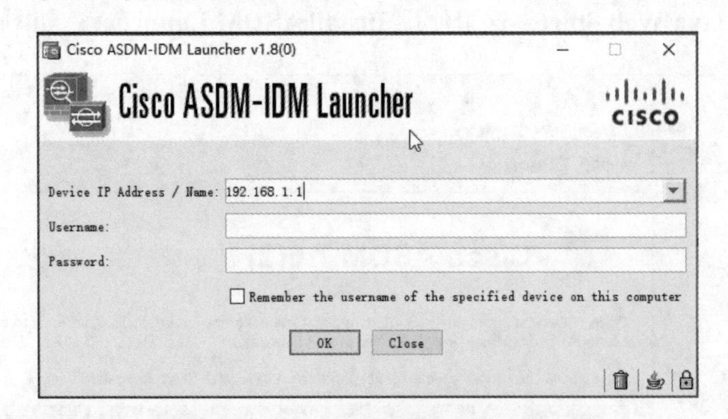

图 4-13　Cisco ASDM-IDM Launcher

f. 在弹出的**安全警告**对话框单击**继续**按钮，如图 4-14 所示。

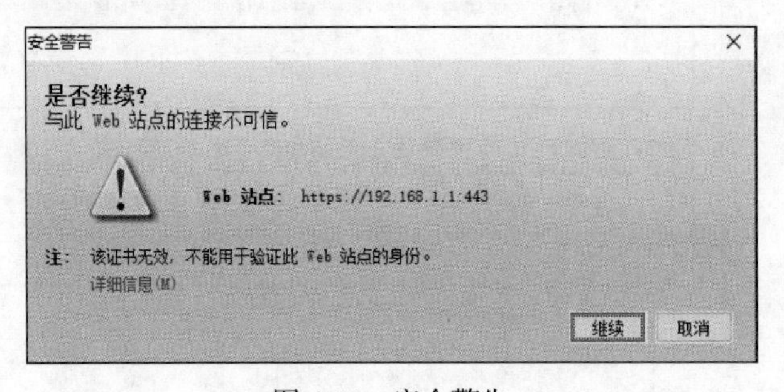

图 4-14　安全警告

g. 单击**继续**按钮以响应任何其他安全警告。你应该会看到 **Cisco ASDM-IDM Launcher** 对话框，可以在其中输入用户名和密码。现在将这些字段留空，因为它们尚未配置，如图 4-15 所示。

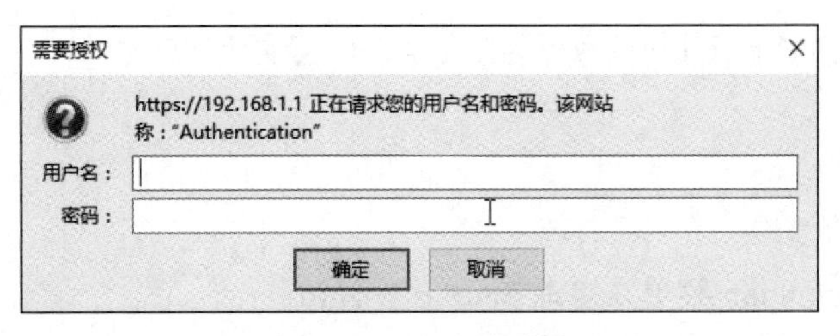

图 4-15　认证对话框

h. 单击**确定**按钮继续。ASDM 会将当前配置加载到 GUI 中。

i. 初始 GUI 屏幕显示各种区域和选项。屏幕左上角的菜单包含 3 个主要部分：**Home**、**Configuration** 和 **Monitoring**，如图 4-16 所示。Home 部分是默认设置，有两个控制面板：Device Dashboard 和 Firewall Dashboard。Device Dashboard 是默认屏幕，显示设备类型（ASAv）、ASA 和 ASDM 版本、内存量和防火墙模式（已路由）等设备信息。Device Dashboard 上有 6 个区域：Device Information、Interface Status、VPN Sessions、Failover Status、System Resources Status、Traffic Status。

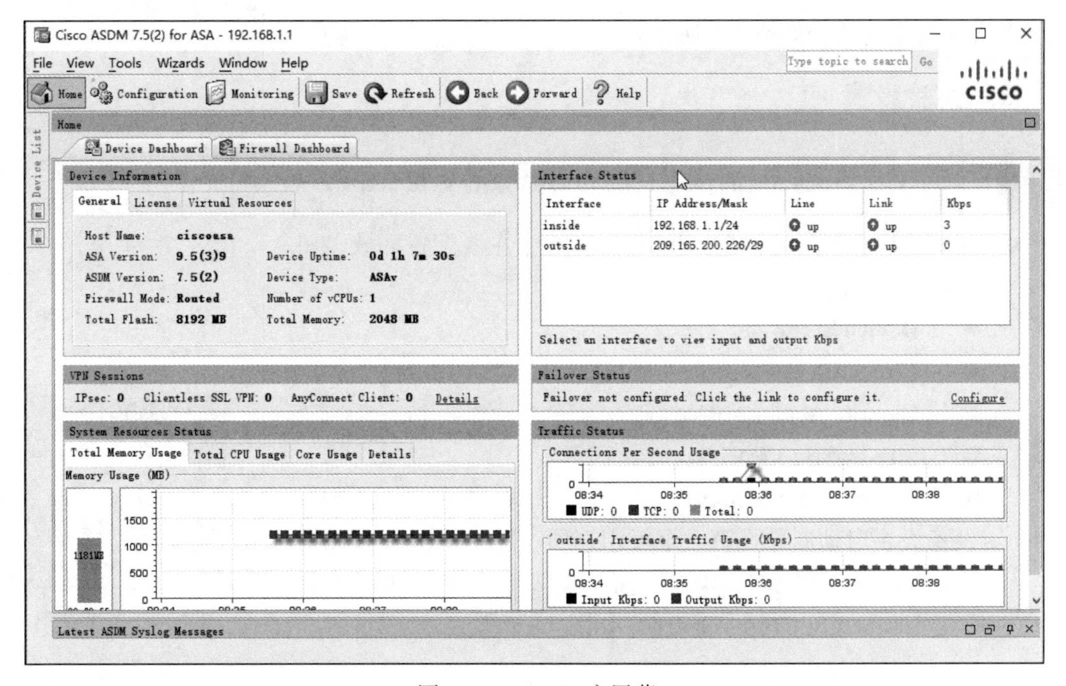

图 4-16　ASDM 主屏幕

注意： 如果显示 **Cisco Smart Call Home** 窗口，单击 **Do not enable Smart Call Home**，然后单击 **OK** 按钮。

j. 单击 **Configuration** 和 **Monitoring** 按钮，以熟悉其布局并查看可用选项。

实验2：使用ASDM启动向导配置基本ASA设置和防火墙

1. 实验目的

通过本实验可以掌握：

- 访问Configuration菜单并启动Startup Wizard；
- 配置主机名、域名并启用密码；
- 配置内部和外部接口；
- 配置DHCP、地址转换和管理访问；
- 查看摘要并将命令传递给ASA；
- 从PC-B测试对外部网站的访问；
- 使用ASDM Packet Tracer实用程序测试对外部网站的访问。

2. 实验拓扑

本实验所用的拓扑如图4-4所示。

3. 实验步骤

第1步：访问Configuration菜单并启动Startup Wizard。

a. 在菜单栏上单击 **Configuration**，有5个主要配置区域，如图4-17所示。

- **Device Setup**。
- **Firewall**。
- **Remote Access VPN**。
- **Site-to-Site VPN**。
- **Device Management**。

b. 设备设置启动向导是第一个可用选项，默认情况下系统将显示该向导。仔细阅读屏幕上描述启动向导的文本，然后单击 **Launch Startup Wizard**，如图4-18所示。

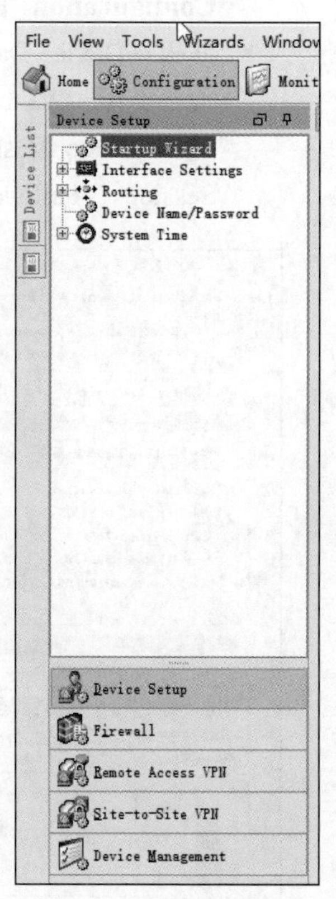

图4-17　配置菜单

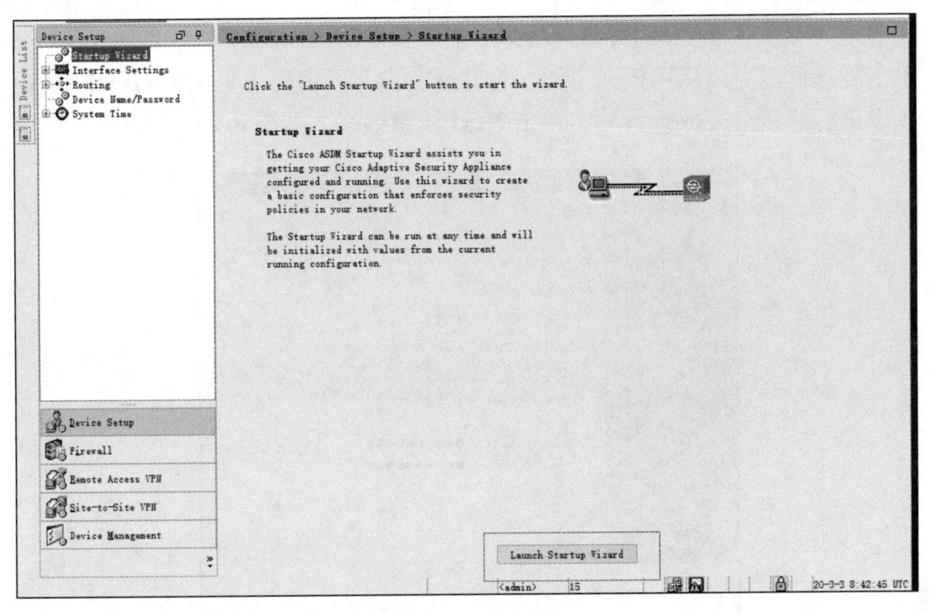

图 4-18 启动向导

第 2 步：配置主机名、域名和启用密码。

a. 在第一个 Startup Wizard 屏幕上，修改现有配置，或将 ASA 重置为出厂默认设置。确保选中 **Modify existing configuration** 单选项，然后单击 **Next** 按钮继续，如图 4-19 所示。

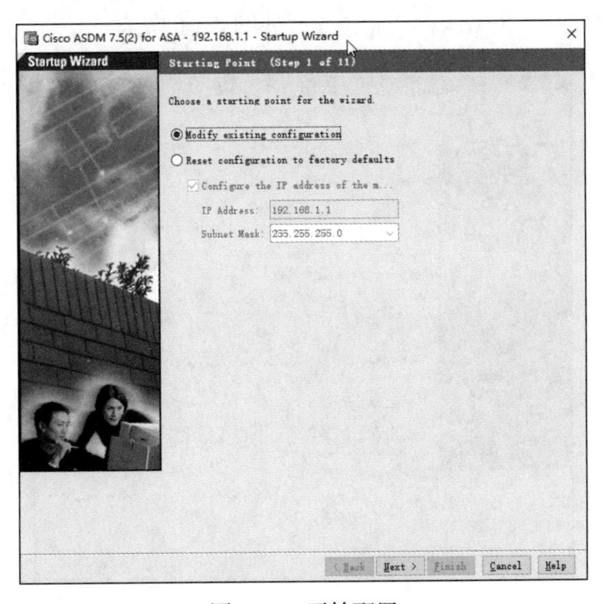

图 4-19 开始配置

b. 在启动向导步骤 2 屏幕上，配置 ASA 主机名 **CCNAS-ASA** 和域名 **ccnasecurity.com**。单击复选框以更改启用模式密码，将其从空白（无密码）更改为 **cisco12345**，然后输入以进行确认。完成条目后，单击 **Next** 按钮继续，如图 4-20 所示。

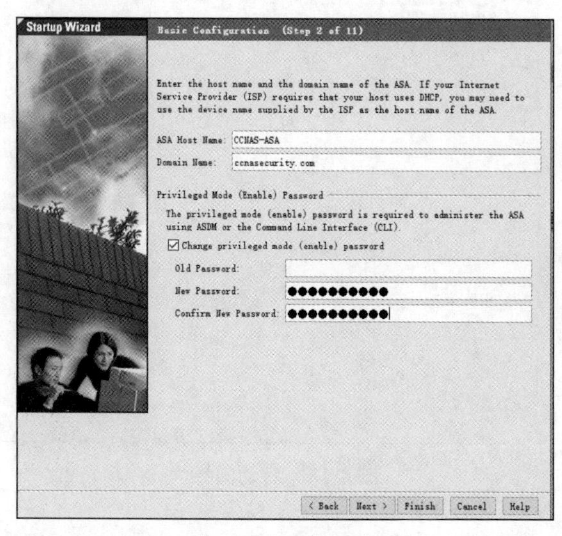

图 4-20　基础配置

第 3 步：配置内部和外部接口。

a. 在外部接口的启动向导步骤 3 屏幕上，请勿更改当前的设置，因为这些都是先前使用 CLI 定义的设置。单击 **Next** 按钮继续，如图 4-21 所示。

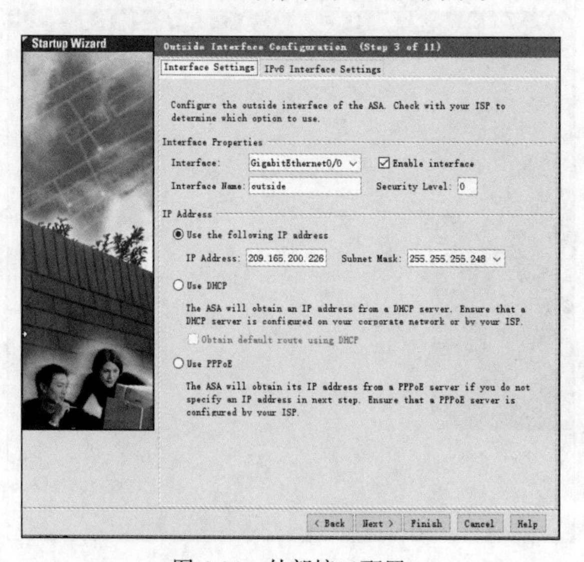

图 4-21　外部接口配置

b. 在启动向导步骤 4 屏幕——**Other Interface Configuration**（其他接口配置）上，验证内部端口 g0/1 和外部端口 g0/0 是否设置正确。单击 **Next** 按钮继续，如图 4-22 所示。

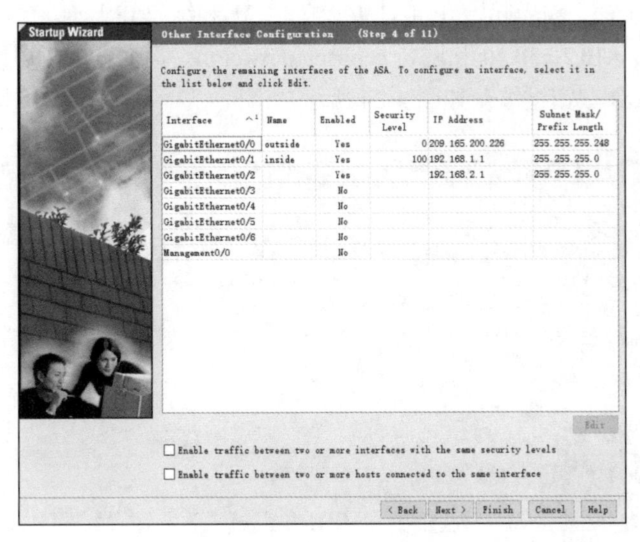

图 4-22　其他接口配置

第 4 步：配置静态路由。

在启动向导步骤 5 屏幕——**Static Routes**（静态路由）上，保持默认配置（**Filter:Both**）不变。单击 **Next** 按钮继续，如图 4-23 所示。

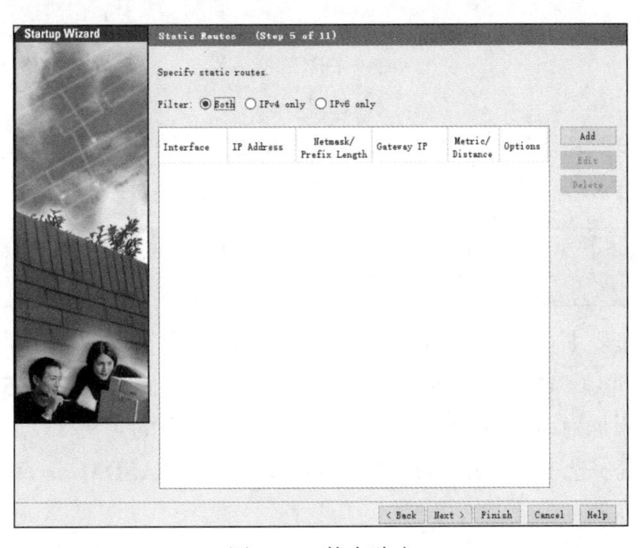

图 4-23　静态路由

第 5 步：配置 DHCP、地址转换和管理访问。

a. 在启动向导步骤 6 屏幕——**DHCP Server** 上，单击 **Enable DHCP server on the inside interface** 复选框。输入起始 IP 地址 **192.168.1.31** 和结束 IP 地址 **192.168.1.39**。输入 DNS 服务器 1 地址 **10.20.30.40** 和域名 **ccnasecurity.com**。请勿选中启用接口自动配置的复选框。单击 **Next** 按钮继续，如图 4-24 所示。

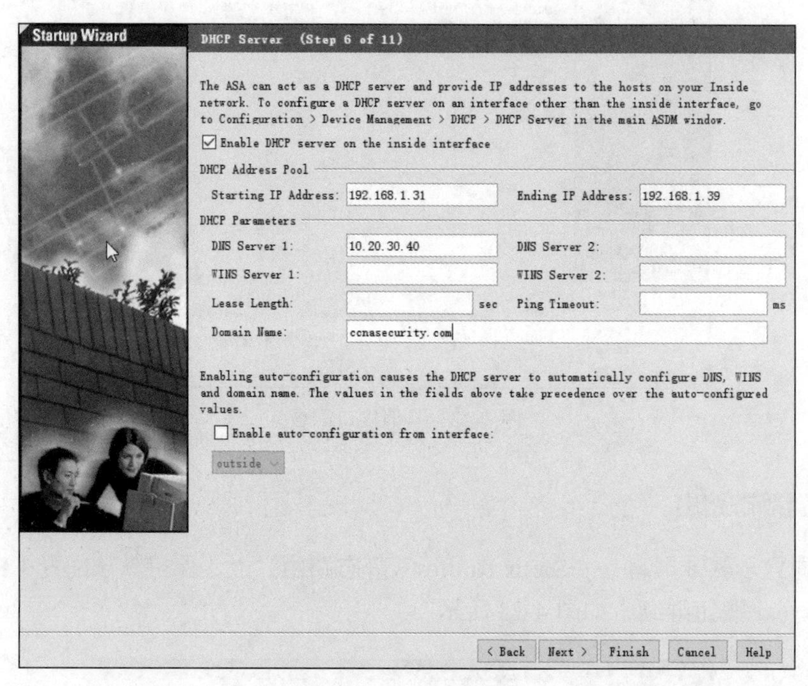

图 4-24　DHCP 服务器

b. 在启动向导步骤 7 屏幕——**Address Translation (NAT/PAT)**上，单击 **Use Port Address Translation (PAT)**。默认设置是使用外部接口的 IP 地址。

> **注意：** 你还可以为 PAT 指定特定 IP 地址或使用 NAT 指定一系列地址。单击 **Next** 按钮继续。如图 4-25 所示。

c. 在启动向导步骤 8 屏幕——**Administrative Access** 上，当前为内部网络 **192.168.1.0/24** 上的主机配置了 **HTTPS/ASDM** 访问。为子网掩码为 **255.255.255.0** 的内部网络 **192.168.1.0** 添加对 ASA 的 **SSH** 访问。从外部网络上的主机 **172.16.3.3** 添加对 ASA 的 **SSH** 访问。确保选中 **Enable HTTP server for HTTPS/ASDM access** 复选框。单击 **Next** 按钮继续，如图 4-26 所示。

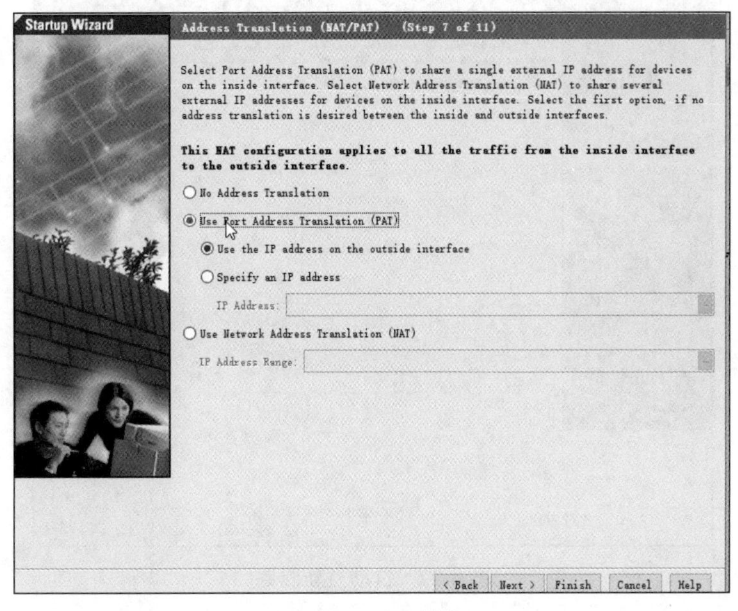

图 4-25 地址转换

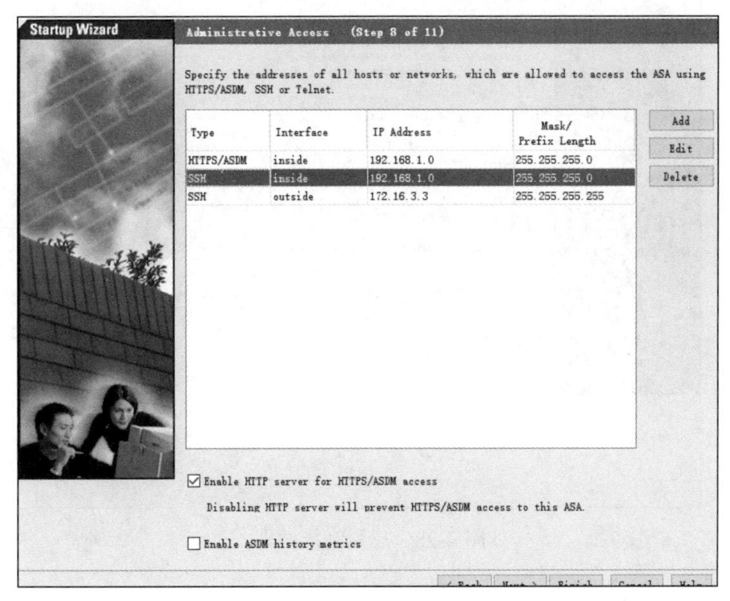

图 4-26 管理访问

d. 在启动向导步骤 9 屏幕——**Auto Update Server** 和启动向导步骤 10 屏幕——**Cisco Smart Call Home Enrollment** 上，保持默认配置，单击 **Next** 按钮继续，如图 4-27 和图 4-28 所示。

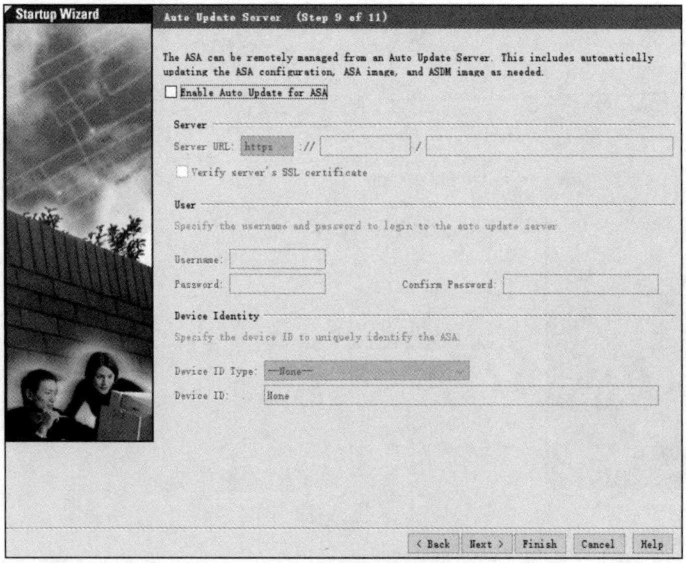

图 4-27　自动更新服务

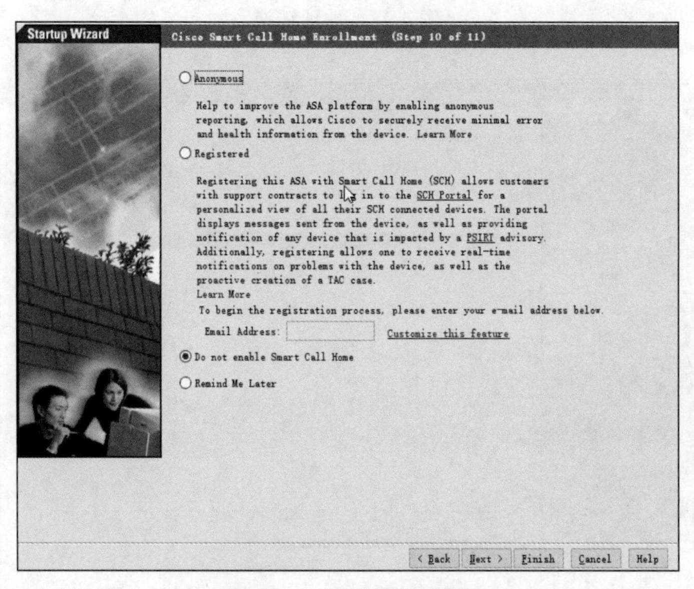

图 4-28　思科智能注册

第 6 步：查看摘要并将命令传递给 ASA。

a. 在启动向导步骤 11 屏幕——**Startup Wizard Summary** 上，查看 **Configuration Summary**，并单击 **Finish** 按钮，如图 4-29 所示。ASDM 会将命令传递给 ASA 设备，然后重新加载修改后的配置。

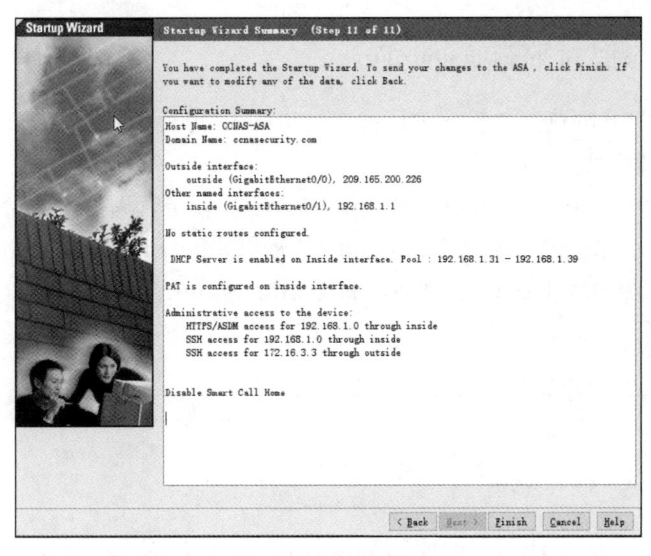

图 4-29　配置摘要

> **注意：**如果 GUI 对话框在重新加载过程中停止响应，请将其关闭，退出 ASDM，然后重新启动浏览器和 ASDM。如果系统提示将配置保存到闪存，请回复 **Yes**。即使 ASDM 似乎没有重新加载配置，也会传递命令。如果在 ASDM 传递命令时遇到错误，将通知你成功的命令列表和失败的命令列表。

b. 重新启动 ASDM 并提供没有用户名的新启用密码 **cisco12345**。返回**设备控制面板**，然后选中 **Interface Status** 窗口。你应该会看到内部和外部接口以及 IP 地址和状态。内部接口应显示多个 Kbps。**Traffic Status** 窗口可能会将 ASDM 访问显示为 TCP 流量高峰，如图 4-30 所示。

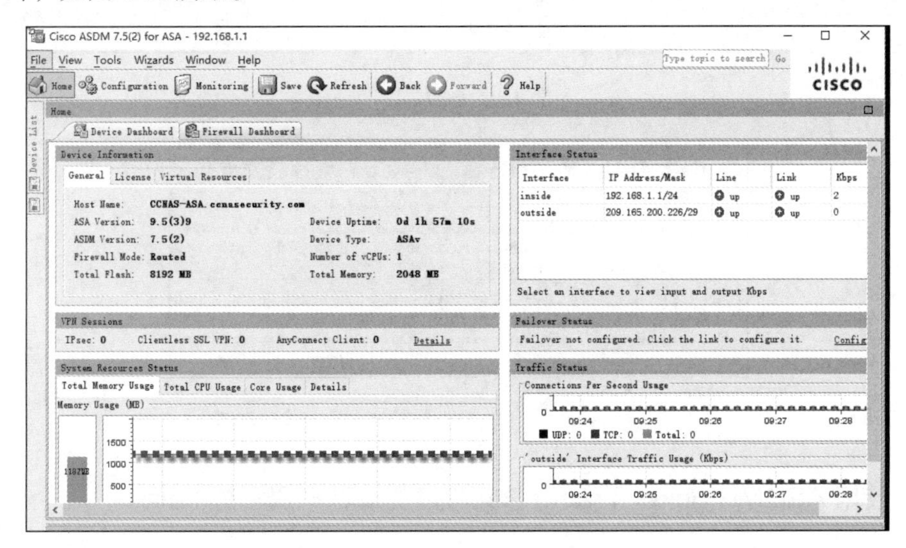

图 4-30　ASDM 主屏幕

第 7 步：从 PC-B 测试对外部网站的访问。

a. 在 PC-B 上打开浏览器并输入 R1 e0/0 接口的 IP 地址（**209.165.200.225**）以模拟对外部网站的访问。

b. 在上述部分中启用了 R1 HTTP 服务器。R1 GUI 设备管理器应该会通过用户认证登录对话框来提示你。输入用户名 **admin01** 和密码 **admin01pass**。退出浏览器，你应该会在主页上的 **ASDM Device** 控制面板的 **Traffic Status** 窗口中看到 TCP 活动，如图 4-31 和图 4-32 所示。

图 4-31 登录 ASDM

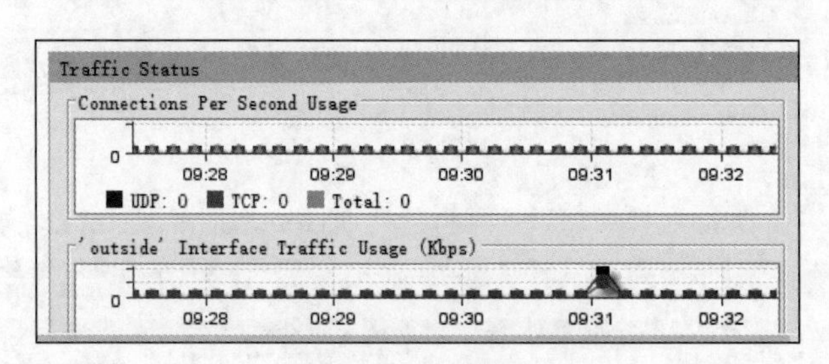

图 4-32 流量状态

第 8 步：使用 ASDM Packet Tracer 实用程序测试对外部网站的访问。

a. 选择 **Tools > Packet Tracer**。

b. 从 **Interface** 下拉列表中选择 **inside** 接口，然后在 **Packet Type** 单选按钮中单击 **TCP**。从 **Source** 下拉列表中选择 **IP Address**，然后输入地址 **192.168.1.3**（PC-B）和源端口 **1500**。从 **Destination** 下拉列表中选择 **IP Address**，然后输入 **209.165.200.225**（R1 e0/0）和目的端口 **HTTP**。单击 **Start** 按钮以开始跟踪数据包。应允许此数据包，如图 4-33 所示。

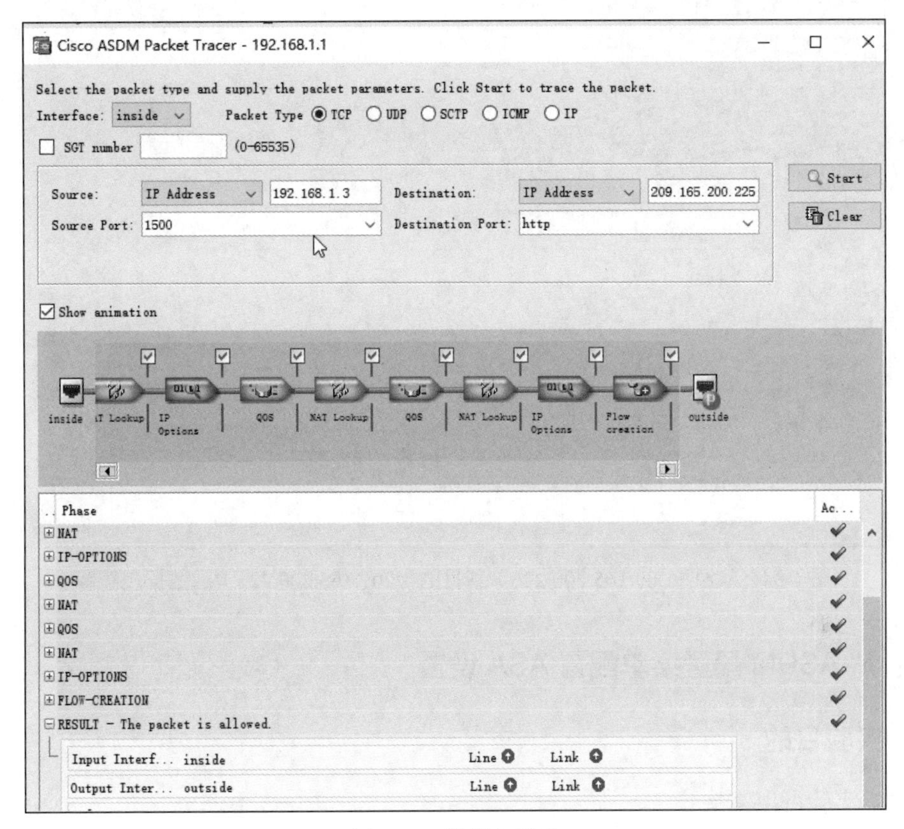

图 4-33　数据包跟踪

c. 单击 **Clear** 按钮以重置条目。尝试另一个跟踪，从 **Interface** 下拉列表中选择 **outside** 并将 TCP 保留为数据包类型。从 **Source** 下拉列表中选择 **IP Address**，然后输入 **209.165.200.225**（R1 e0/0）和源端口 **1500**。从 **Destination** 下拉列表中选择 **IP Address**，然后输入地址 **209.165.200.226**（ASA 外部接口）和目的端口 **telnet**。单击 **Start** 按钮以开始跟踪数据包。应丢弃此数据包。单击 **Close** 按钮继续操作，如图 4-34 所示。

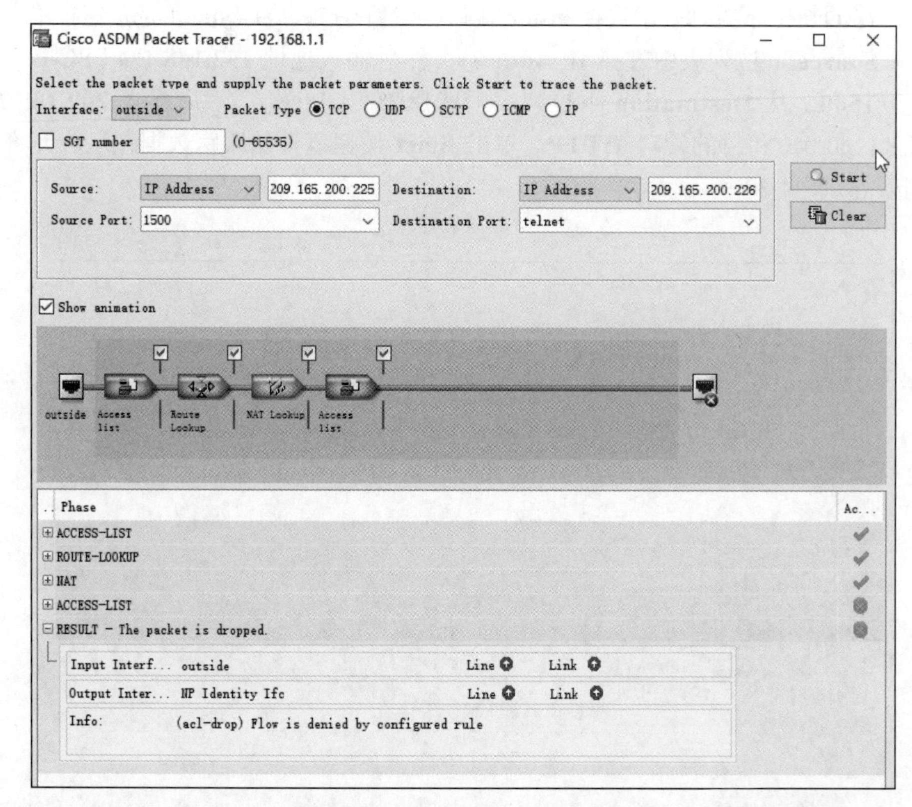

图 4-34　从源（209.165.200.225）到目的（209.165.200.226）的数据包跟踪

实验 3：从 ASDM 配置菜单配置 ASA 设置

1. 实验目的

通过本实验可以掌握：

- 设置 ASA 日期和时间；
- 配置 ASA 的静态默认路由；
- 使用本地 ASA 数据库配置 AAA 用户认证；
- 测试 ASA 的 SSH 访问；
- 使用 ASDM Ping 和 Traceroute 测试连接；
- 修改 MPF 应用检查策略。

2. 实验拓扑

本实验所用的拓扑如图 4-4 所示。

3. 实验步骤

第 1 步：设置 ASA 日期和时间。

a. 在 **Configuration** 屏幕的 **Device Setup** 菜单上，单击 **System Time** > **Clock**。

b. 从下拉列表中选择 **Time Zone**，并在所提供的字段中输入当前日期和时间（时钟为 24 小时制）。单击 **Apply** 按钮，以将命令发送至 ASA，如图 4-35 所示。

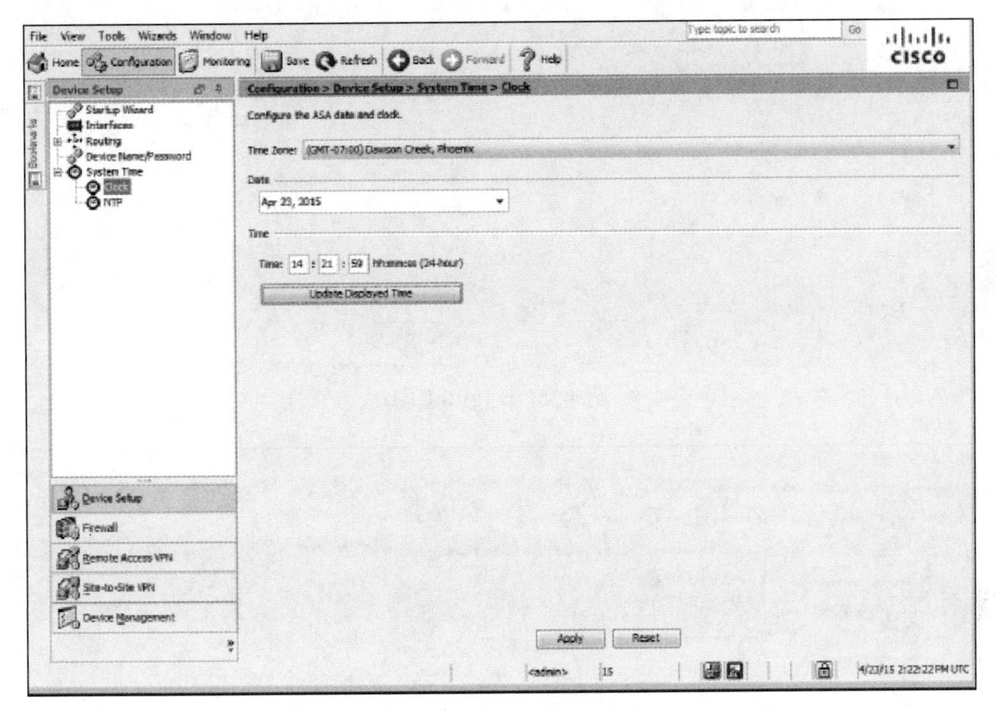

图 4-35 时间设置

第 2 步：配置 ASA 的静态默认路由。

a. 在 **ASDM Tools** 菜单中，选择 **Ping**，然后输入路由器 R1 s1/0 的 IP 地址（**10.1.1.1**）。ASA 没有通往未知外部网络的默认路由。ping 操作应该会失败，因为 ASA 没有通往 10.1.1.1 的路由。单击 **Close** 按钮继续操作，如图 4-36 所示。

b. 在 **Configuration** 屏幕的 **Device Setup** 菜单中，单击 **Routing** > **Static Routes**。单击 **IPv4 Only**，然后单击 **Add** 按钮以添加新的静态路由，如图 4-37 所示。

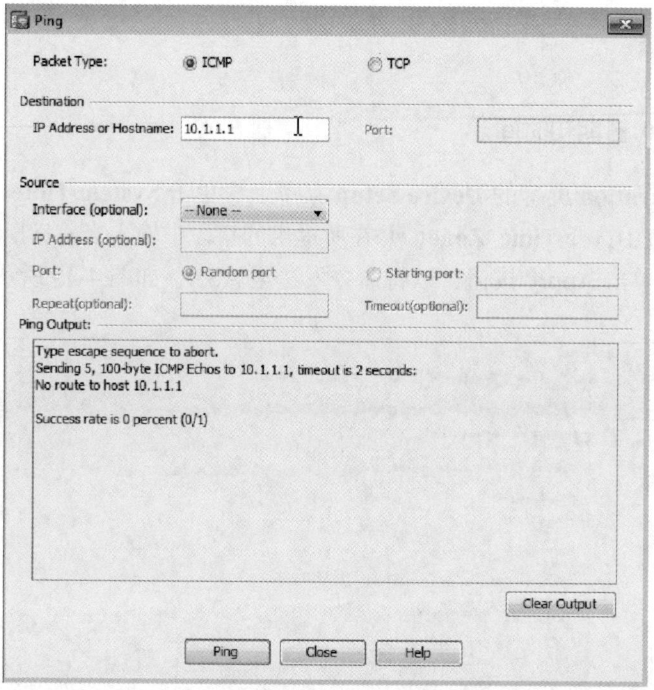

图 4-36 ping 10.1.1.1

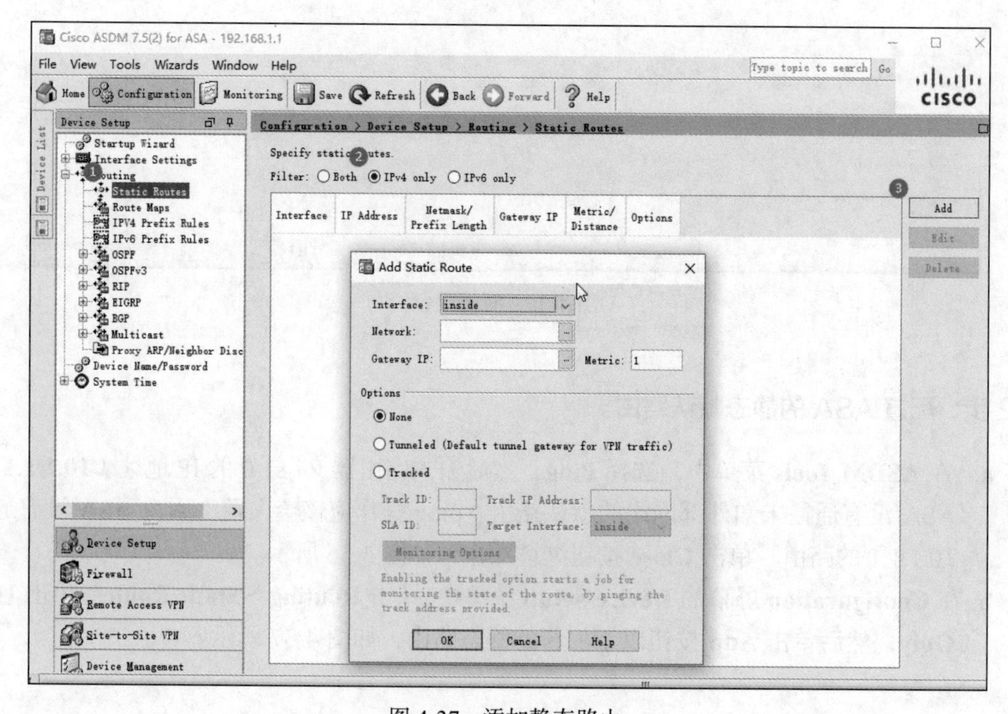

图 4-37 添加静态路由

c. 在 **Add Static Route** 对话框中，从 **Interface** 下拉列表中选择 **outside** 接口。单击 **Network** 右侧的省略号按钮，从中选择 **any4**（选择 **any4** 将转换为“全零”路由），然后单击 **OK** 按钮。对于 **Gateway IP**，请输入 **209.165.200.225**（R1 e0/0），如图 4-38 所示。

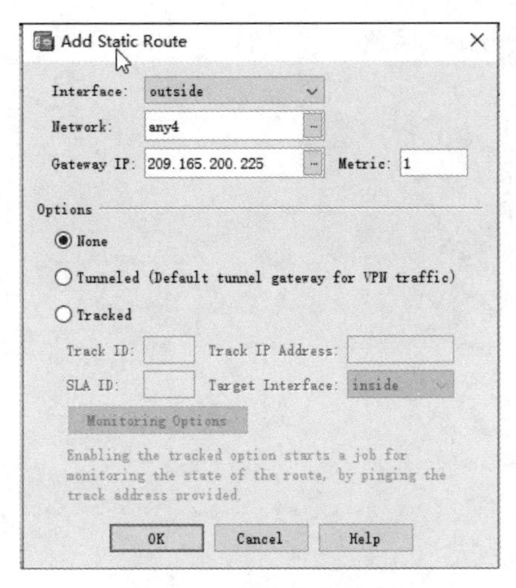

图 4-38　添加静态路由

d. 单击 **Apply** 按钮，将命令发送至 ASA，如图 4-39 所示。

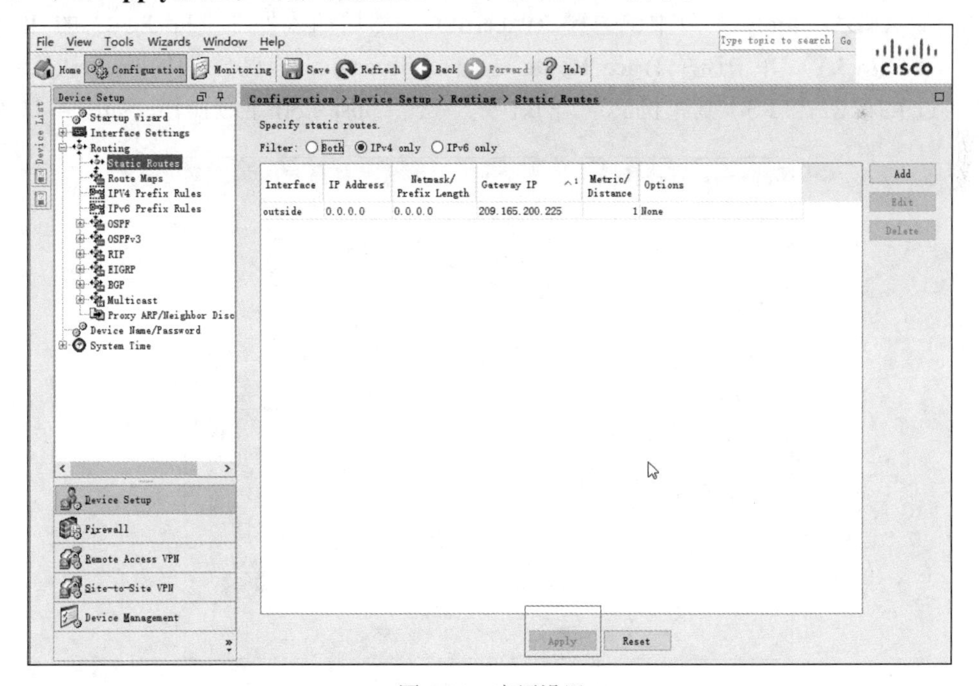

图 4-39　应用设置

e. 在 **ASDM Tools** 菜单中，选择 **Ping**，然后输入路由器 R1 S1/0 的 IP 地址（**10.1.1.1**）。此次 ping 操作应该会成功。单击 **Close** 按钮继续操作，如图 4-40 所示。

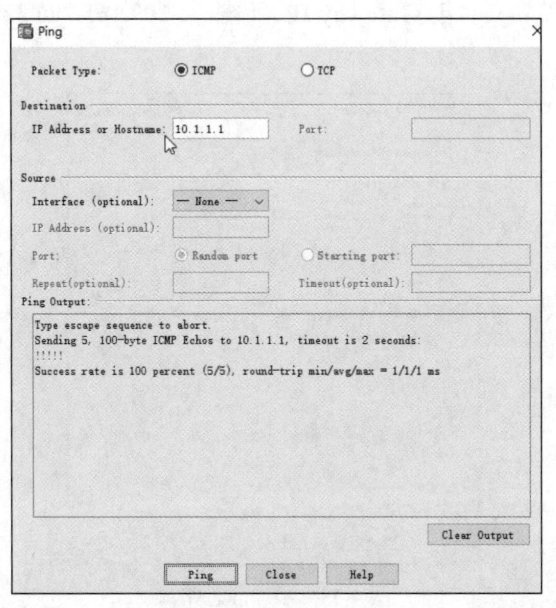

图 4-40 ping 10.1.1.1

f. 在 **ASDM Tools** 菜单中，选择 **Traceroute**，然后输入外部主机 PC-C 的 IP 地址（**172.16.3.3**）。单击选择 **Trace Route** 复选框。Traceroute 应该会成功并显示从 ASA（通过 R1、R2 和 R3）到主机 PC-C 的跳数。单击 **Close** 按钮继续操作，如图 4-41 所示。

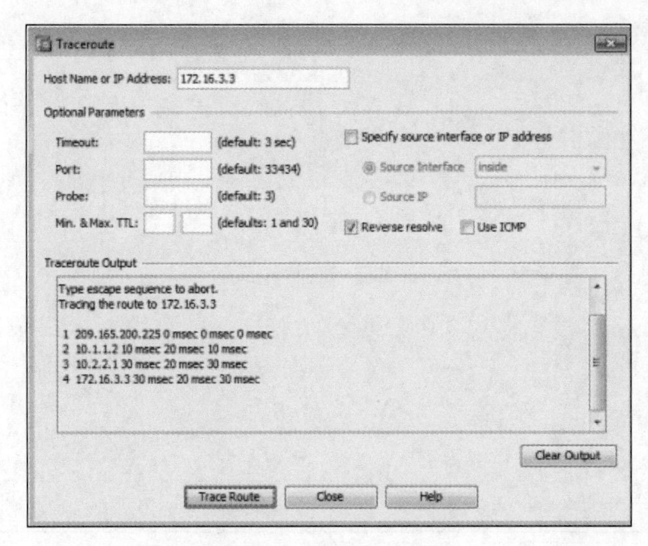

图 4-41 ping 172.16.3.3

第 3 步：使用本地数据库配置 AAA 用户认证。

启用 AAA 用户认证以使用 SSH 访问 ASA。运行 **Startup Wizard** 时，你已经允许从内部网络和外部主机 PC-C 对 ASA 进行 SSH 访问。要允许管理员具有对 ASA 的 SSH 访问权限，需要在本地数据库中创建用户。

a. 在 **Configuration** 屏幕的 **Device Management** 区域中，单击 **Users/AAA**。
选择 **User Accounts** > **Add**。创建一个名为 **admin01** 的新用户，密码为 **admin01pass**，然后再次输入密码进行确认。允许此用户完全访问（ASDM、SSH、Telnet 和控制台）并将权限级别设为 **15**。单击 **OK** 按钮添加用户，如图 4-42 所示，然后单击 **Apply** 按钮，以将命令发送至 ASA。

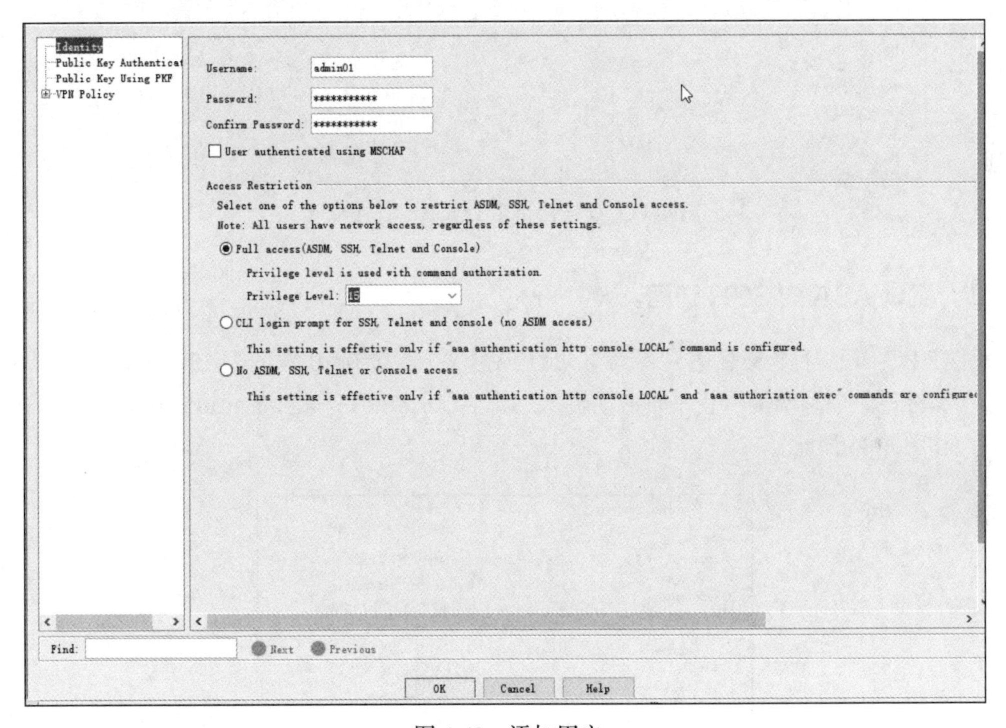

图 4-42　添加用户

b. 在 **Configuration** 屏幕的 **Device Management** 区域中，单击 **Users/AAA**，然后单击 **AAA Access**。在 **Authentication** 选项卡中，单击复选框以要求对 HTTP/ASDM 和 SSH 连接进行认证，并为每种连接类型指定 LOCAL 服务器组。单击 **Apply** 按钮，将命令发送至 ASA，如图 4-43 所示。

注意：在 ASDM 中尝试的下一项操作将要求你以 **admin01** 身份使用密码 **admin01pass** 登录。

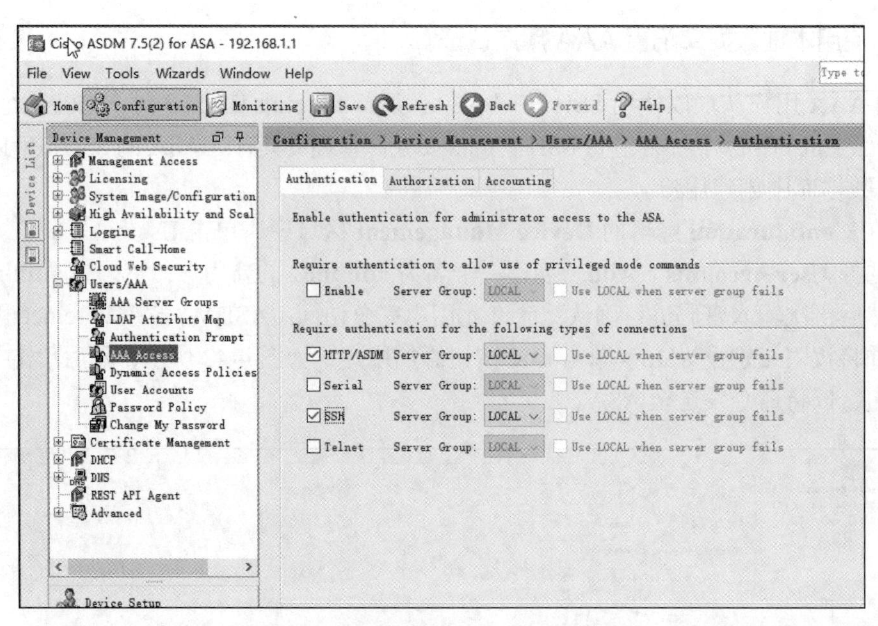

图 4-43　为连接指定 LOCAL 服务器组

第 4 步：测试 ASA 的 SSH 访问。

a. 在 PC-B 上打开 SSH 客户端（如 PuTTY），并连接到 IP 地址为 **192.168.1.1** 的 ASA 内部接口。当系统提示登录时，请输入用户名 **admin01** 和密码 **admin01pass**，如图 4-44 和图 4-45 所示。

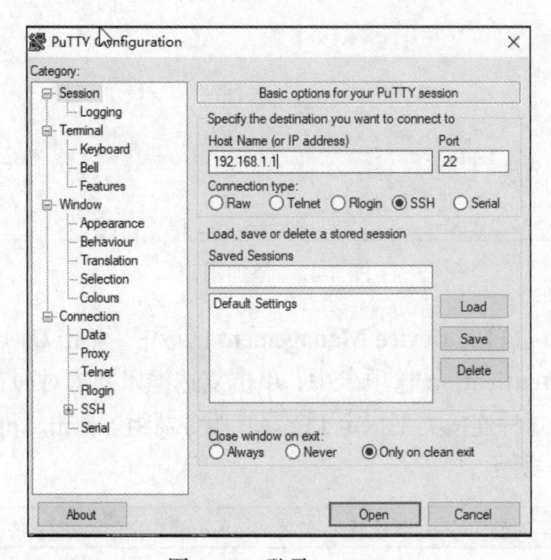

图 4-44　登录 PuTTY

```
192.168.1.1 - PuTTY
login as: admin01
admin01@192.168.1.1's password:
Type help or '?' for a list of available commands.
CCNAS-ASA>
```

图 4-45 输入用户名和密码

b. 从 PC-C 打开 SSH 客户端（例如 PuTTY），并尝试访问位于 **209.165.200.226** 的 ASA 外部接口。当系统提示登录时，请输入用户名 **admin01** 和密码 **admin01pass**。

c. 使用 SSH 登录 ASA 后，输入 **enable** 命令并提供密码 **cisco12345**。发出 **show run** 命令以显示你使用 ASDM 创建的当前配置，如图 4-46 所示。

```
192.168.1.1 - PuTTY
CCNAS-ASA# show run
: Saved

:
: Serial Number: 9A3M9RBBBSC
: Hardware:   ASAv, 2048 MB RAM, CPU Pentium II 2000 MHz
:
ASA Version 9.5(3)9
!
hostname CCNAS-ASA
domain-name ccnasecurity.com
enable password 9D8jmmmgkfNZLETh encrypted
xlate per-session deny tcp any4 any4
xlate per-session deny tcp any4 any6
xlate per-session deny tcp any6 any4
xlate per-session deny tcp any6 any6
xlate per-session deny udp any4 any4 eq domain
xlate per-session deny udp any4 any6 eq domain
xlate per-session deny udp any6 any4 eq domain
xlate per-session deny udp any6 any6 eq domain
names
!
interface GigabitEthernet0/0
 nameif outside
 security-level 0
<--- More --->
```

图 4-46 show run

注意： 可以修改 SSH 的空闲超时。可以使用 CLI **logging synchronous** 命令或转至 **Device Management** > **Management Access** > **ASDM/HTTP/Telnet/SSH** 来更改此设置。

第 5 步：修改 MPF 应用检查策略。

a. 对于应用层检查和其他高级选项，可在 ASA 上使用思科模块化策略框架（MPF）。默认全局检查策略不检查 ICMP。要使内部网络上的主机能够对外部主机执行 ping 操作并接收回复，必须检查 ICMP 流量。在 **Configuration** 屏幕的 **Firewall** 区域中，单击 **Service Policy Rules**，如图 4-47 所示。

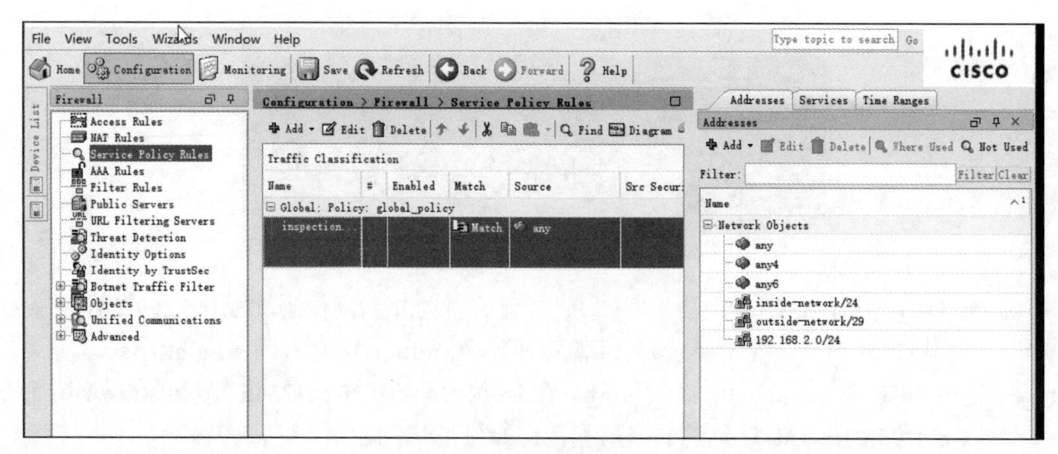

图 4-47 服务策略规则

b. 选择 **inspection_default** 策略，然后单击 **Edit** 以修改默认检查规则。在 **Edit Service Policy Rule** 窗口中，单击 **Rule Actions** 选项卡并选中 **ICMP** 复选框。请勿更改已检查的其他默认协议。单击 **OK** 按钮后再单击 **Apply** 按钮，以将命令发送至 ASA。系统提示时，请以 **admin01** 身份使用密码 **admin01pass** 登录，如图 4-48 和图 4-49 所示。

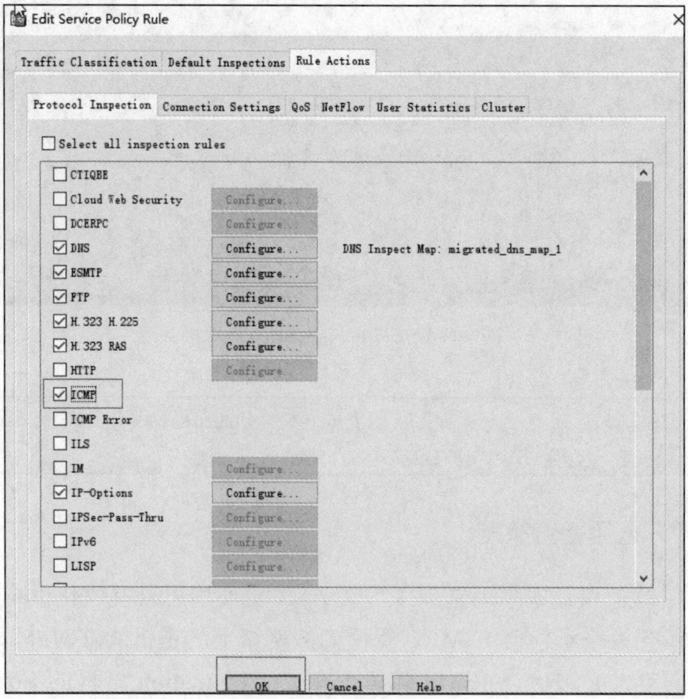

图 4-48 勾选 ICMP

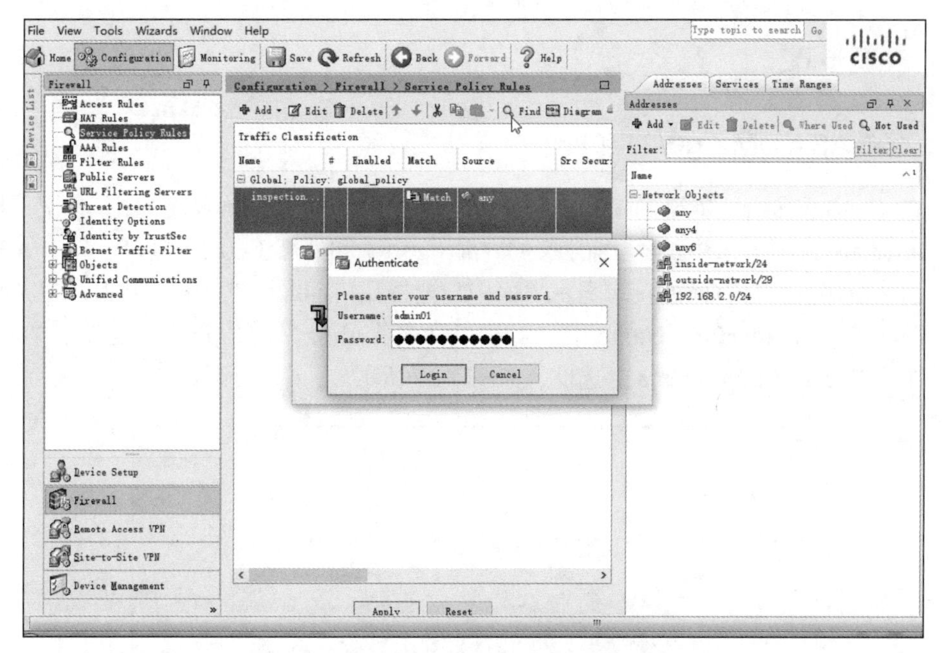

图 4-49　输入用户名和密码

c. 从 PC-B 对 R1 s1/0（**10.1.1.1**）的外部接口执行 ping 操作。ping 应当能成功，如图 4-50 所示。

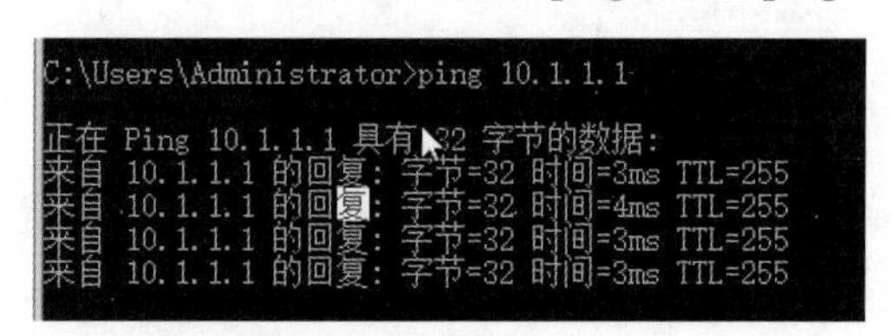

图 4-50　从 PC-B ping R1

实验 4：配置 DMZ、静态 NAT 和 ACL

1. 实验目的

通过本实验可以掌握：

- 配置 ASA DMZ g0/2 接口；
- 配置 DMZ 服务器和静态 NAT；
- 查看 ASDM 生成的 DMZ 访问规则；
- 从外部网络对 DMZ 服务器的访问进行测试。

2. 实验拓扑

本实验所用的拓扑如图 4-4 所示。

3. 实验步骤

第1步：配置ASA DMZ g0/2接口。

a. 在 **Configuration** 屏幕的 **Device Setup** 菜单上，单击 **Interfaces**。默认情况下将显示 **Interface** 选项卡，并列出当前定义的内部（g0/1）和外部（g0/0）接口。单击 **Add**，以创建新接口。在右面的接口显示界面中，选择端口 **g0/2**，然后单击 **Edit**。在 **General** 选项卡下的 **Interface Name** 中，将接口命名为 **dmz**，为其分配安全级别 **70**，并确保选中 **Enable Interface** 复选框，如图4-51所示。

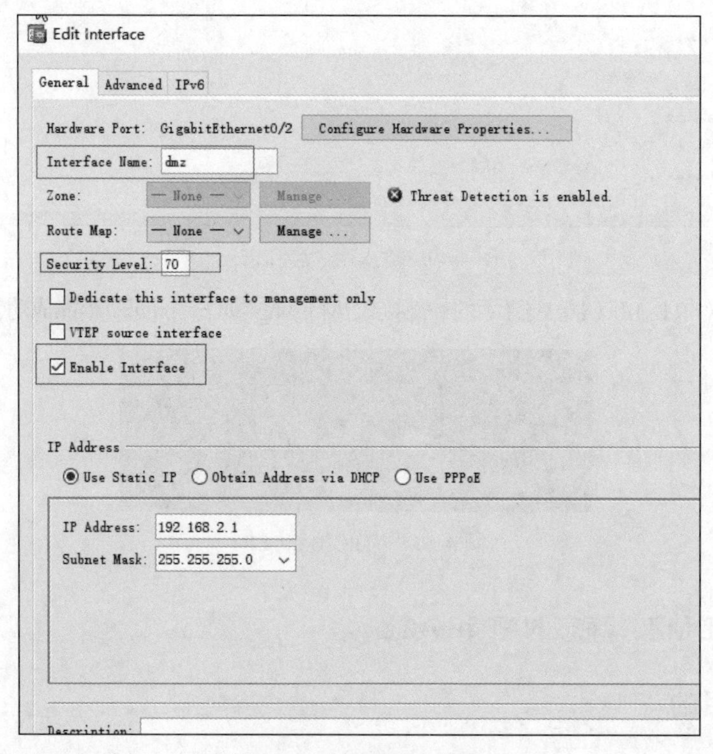

图4-51 添加DMZ接口

b. 除内部和外部接口之外，你应该还会看到名为 dmz 的新接口。选中 **Enable traffic between two or more interfaces which are configured with the same security levels** 框。单击 **Apply** 按钮，以将命令发送至ASA，结果如图4-52所示。

第2步：配置DMZ服务器和静态NAT。

为了容纳添加的DMZ和Web服务器，你需要使用分配的ISP范围（209.165.200.224/29

(.224～.231)）中的另一个地址。R1 e0/0 和 ASA 外部接口已使用 209.165.200.225 和.226。你需要使用公共地址 209.165.200.227 和静态 NAT，提供对服务器的地址转换访问。

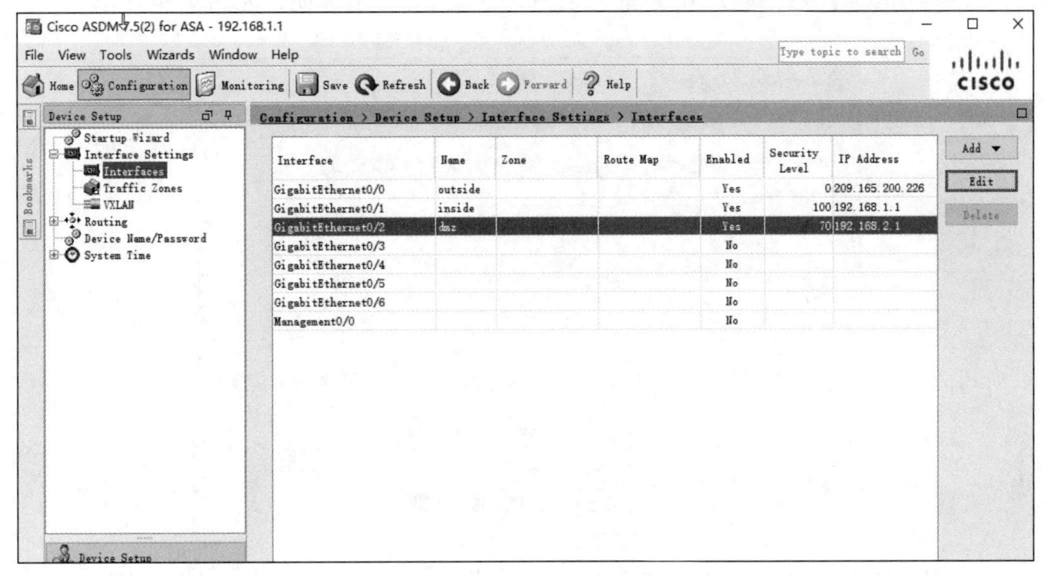

图 4-52 应用设置

a. 在 **Firewall** 菜单中，单击 **Public Servers** 选项，然后单击 **Add** 按钮，以定义 DMZ 服务器和所提供的服务。在 **Add Public Server** 对话框中，将专用接口指定为 **dmz**，将公共接口指定为 **outside**，将公共 IP 地址指定为 **209.165.200.227**，如图 4-53 所示。

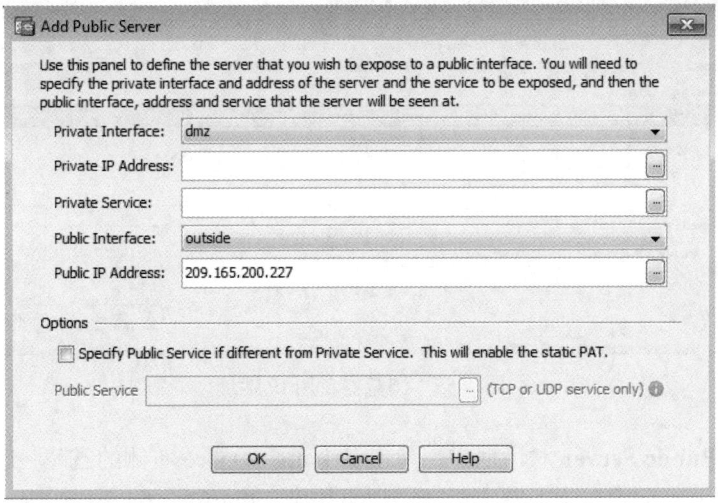

图 4-53 添加公共服务

b. 单击 **Private IP Address** 右侧的省略号按钮。在 **Browse Private IP Address** 窗口中，单击 **Add** 按钮以将该服务器定义为网络对象。输入名称 **DMZ-Server**，从 **Type** 下拉菜单中选择 **Host**，输入 IP 地址 **192.168.2.3** 及 PC-A 的说明，如图 4-54 所示。

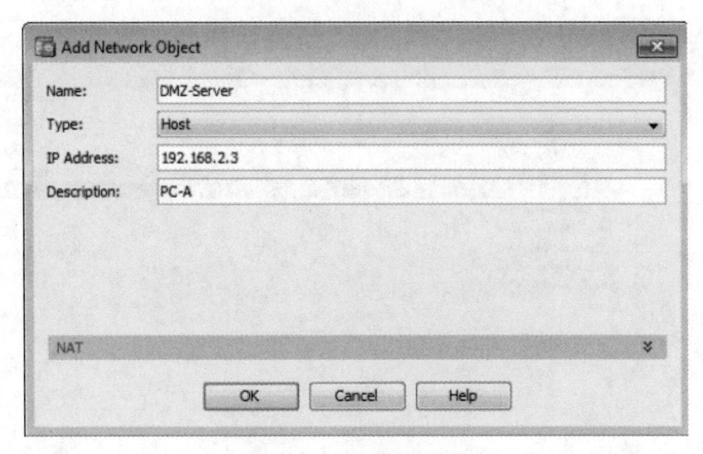

图 4-54 添加网络对象

c. 在 **Browse Private IP Address** 窗口中，验证 **DMZ-Server** 是否出现在 **Selected Private IP Address** 字段中，然后单击 **OK** 按钮。你将返回到 **Add Public Server** 对话框，如图 4-55 所示。

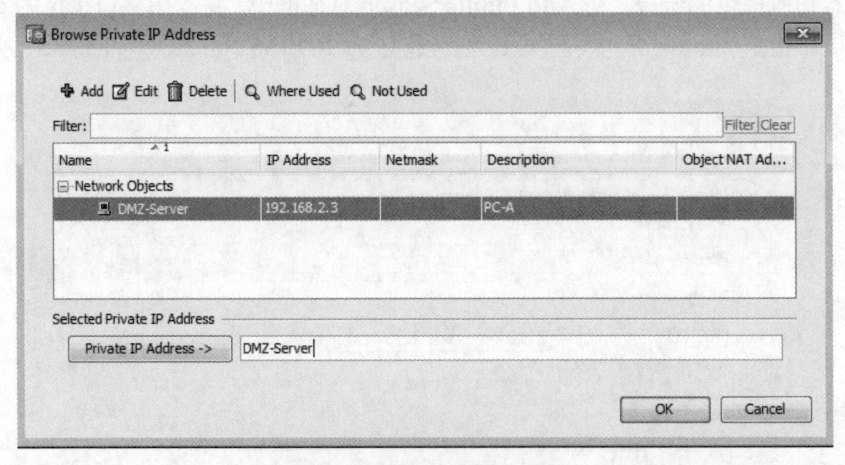

图 4-55 浏览器专用 IP 地址

d. 在 **Add Public Server** 对话框中，单击 **Private Service** 右侧的省略号按钮。在 **Browse Private Service** 窗口中，双击以选择以下服务：**tcp/ftp**、**tcp/http**、**icmp/echo** 和 **icmp/echo-reply**（向下滚动可查看所有服务）。单击 **OK** 按钮继续并返回到 **Add Public Server**

对话框，如图 4-56 所示。

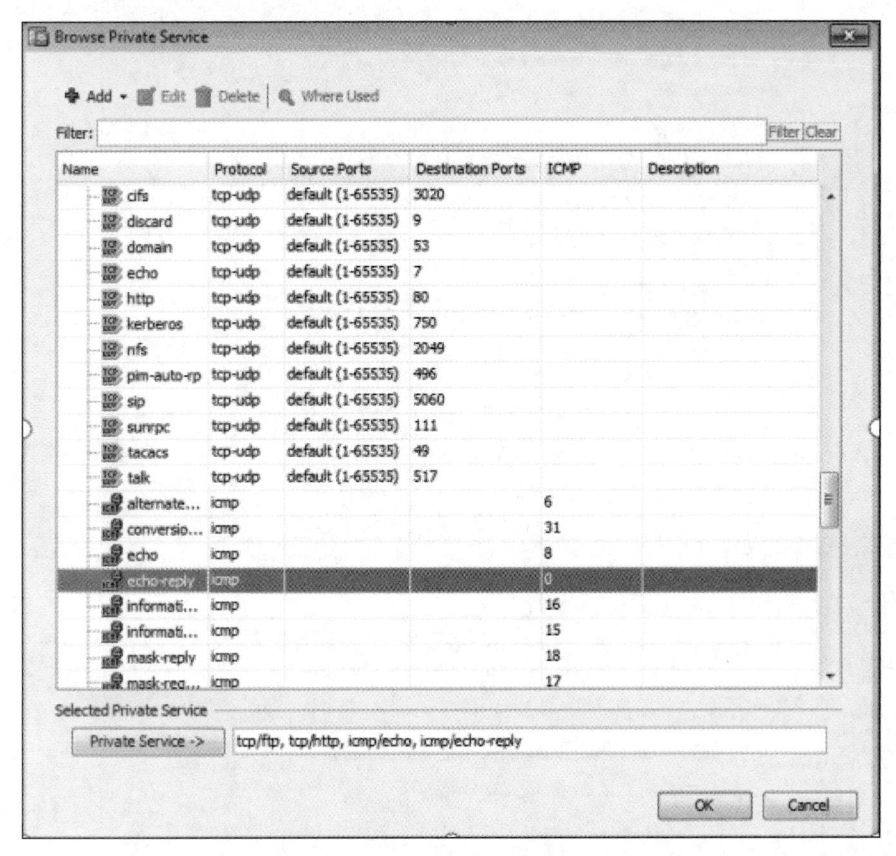

图 4-56 添加私有服务

注意：如果公共服务与私有服务不同，则可以使用此屏幕上的选项指定公共服务。

e. 填写好 **Add Public Server** 对话框中的所有信息后，单击 **OK** 按钮。添加该服务器。在 **Public Servers** 屏幕中，单击 **Apply** 按钮以将命令发送至 ASA，如图 4-57 所示。

第 3 步：查看 ASDM 生成的 DMZ 访问规则。

a. 创建 DMZ 服务器对象和选择服务后，ASDM 会自动生成访问规则（ACL）以允许对服务器的适当访问，并将该规则应用于传入方向的外部接口。

b. 要在 ASDM 中查看此 ACL，请依次单击 **Configuration** > **Firewall** > **Access Rules**。它显示为外部传入规则。你可以选择此规则并使用水平滚动条查看所有组件，如图 4-58 所示。

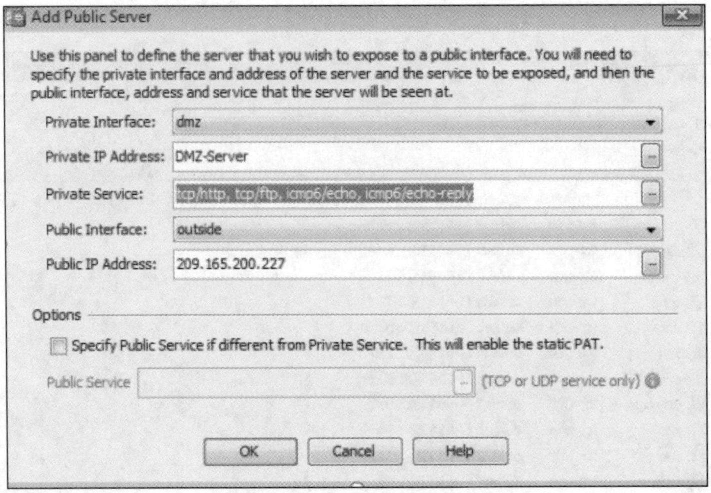

Add Public Server
Use this panel to define the server that you wish to expose to a public interface. You will need to specify the private interface and address of the server and the service to be exposed, and then the public interface, address and service that the server will be seen at.
Private Interface: dmz
Private IP Address: DMZ-Server
Private Service: tcp/http, tcp/ftp, icmp6/echo, icmp6/echo-reply
Public Interface: outside
Public IP Address: 209.165.200.227
Options
Specify Public Service if different from Private Service. This will enable the static PAT.
Public Service
(TCP or UDP service only)
OK
Cancel
Help

图 4-57　添加公共服务

Cisco ASDM 7.5(2) for ASA - 192.168.1.1
File View Tools Wizards Window Help
Home Configuration Monitoring Save Refresh Back Forward Help
Firewall
Access Rules
NAT Rules
Service Policy Rules
AAA Rules
Filter Rules
Public Servers
URL Filtering Servers
Threat Detection
Identity Options
Identity by TrustSec
Botnet Traffic Filter
Objects
Unified Communications
Advanced
Configuration > Firewall > Access Rules
Add Edit Delete Find Diagram
Enabled
Source Criteria:
Source
User
dmz (1 implicit incoming rule)
inside (1 implicit incoming rule)
outside (1 incoming rule)
Global (1 implicit rule)
any
any4
Addresses Services Time Ranges
Add Edit Delete Where Used Not Used
Filter:
Network Objects
any
any4
any6
dmz-network/24
DMZ.Server
inside-network/24
outside-network/29
209.165.200.227

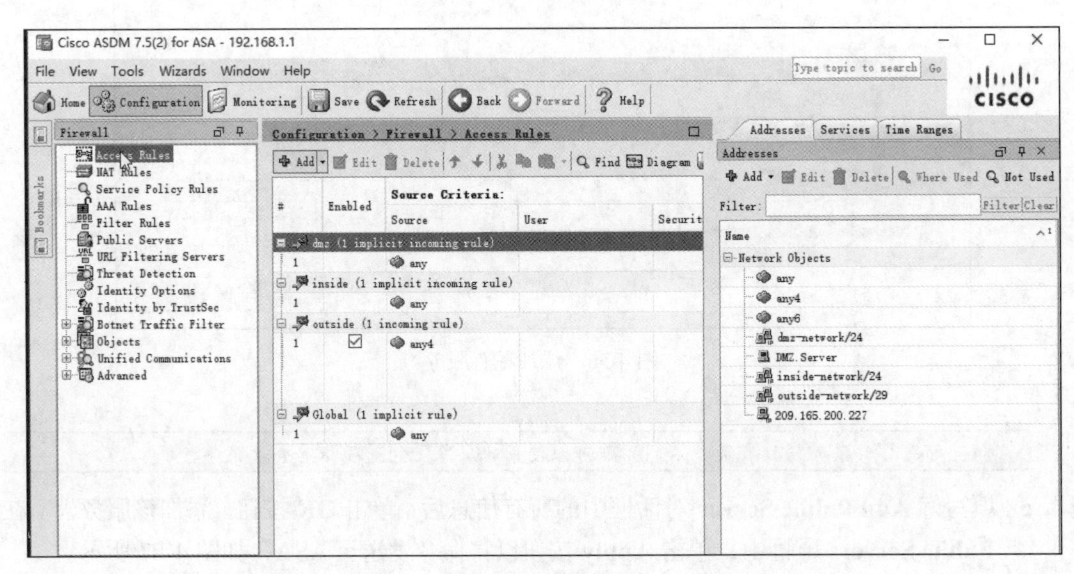

图 4-58　访问规则

注意：你还可以使用 **Tools > Command Line Interface** 并输入 **show run** 命令来查看这些命令。

第 4 步：从外部网络对 DMZ 服务器的访问进行测试。

a. 从 PC-C 对静态 NAT 公共服务器地址（209.165.200.227）的 IP 地址执行 ping 操作。ping 应当能成功，如图 4-59 所示。

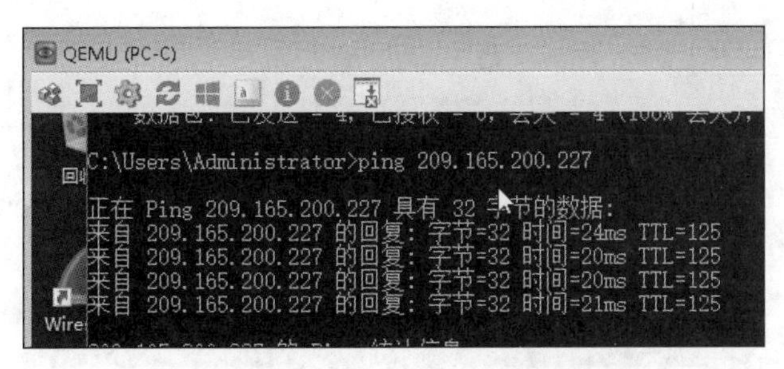

图 4-59　从 PC-C ping 209.165.200.227

b. 因为 ASA 内部接口（g0/1）的安全级别设置为 100（最高），DMZ 接口（g0/2）的安全级别设置为 70，你还可以从内部网络上的主机访问 DMZ 服务器。ASA 的作用类似于两个网络之间的路由器。从内部网络主机 PC-B（192.168.1.X）对 DMZ 服务器（PC-A）内部地址（**192.168.2.3**）执行 ping 操作。由于接口安全级别的设置并且已按照全局检查策略检查了内部接口上的 ICMP，因此 ping 操作应当会成功，如图 4-60 所示。

c. DMZ 服务器无法对内部网上的 PC-B 执行 ping 操作。这是因为 DMZ 接口 g0/2 的安全级别较低并且在创建 g0/2 接口时有必要指定 **no forward** 命令。尝试从 DMZ 服务器 PC-A 对位于 IP 地址 **192.168.1.X** 处的 PC-B 执行 ping 操作。ping 操作应当不会成功，如图 4-61 所示。

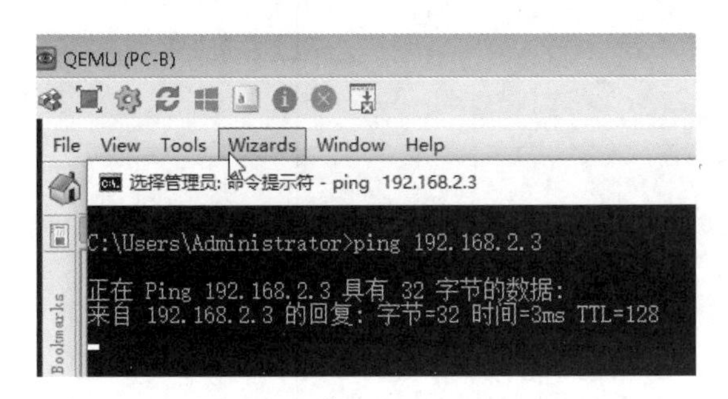

图 4-60　从 PC-B ping PC-A

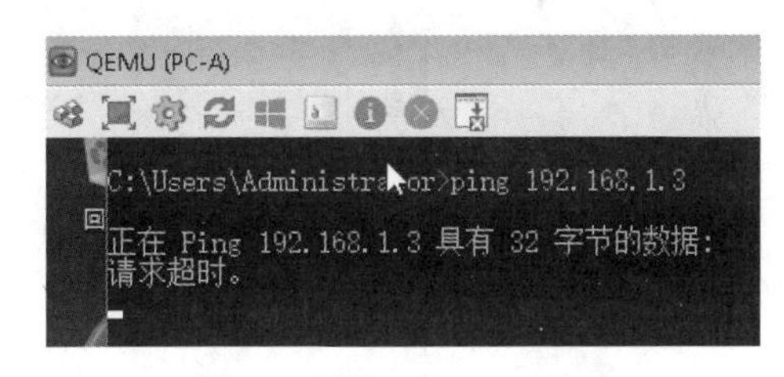

图 4-61　从 PC-A ping PC-B

第 5 步：使用 ASDM 监控功能来绘制数据包活动图。

可以使用 **Monitoring** 屏幕监控 ASA 的方方面面。此屏幕上的主要类别包括接口、VPN、路由、属性和日志记录。在此步骤中，你将创建一个图形来监控外部接口的数据包活动。

a. 在 **Monitoring** 屏幕的 **Interfaces** 菜单中，单击 **Interface Graphs** > **outside**。选择 **Packet Counts**，然后单击 **Add** 按钮以添加图形。图 4-62 所示为已添加数据包计数的情形。

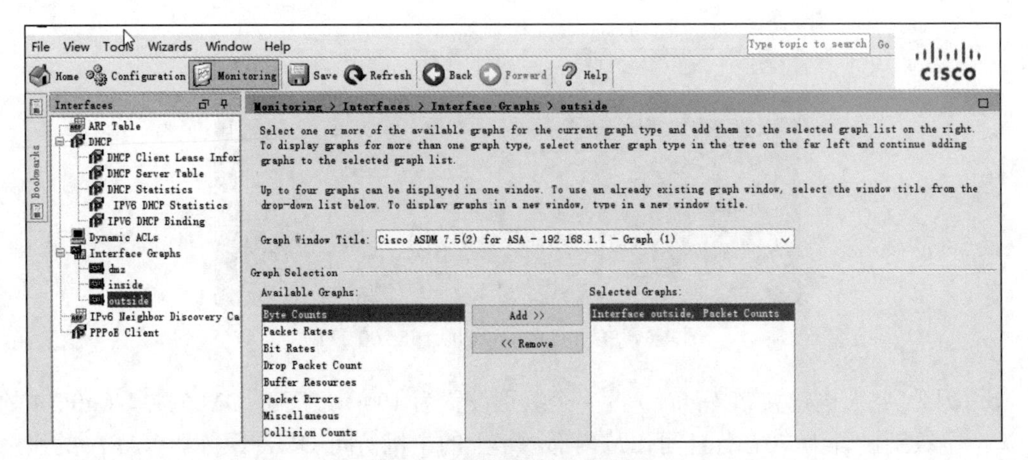

图 4-62 数据包计数的情形

b. 单击 **Show Graphs** 来显示图形。最初，没有显示流量，如图 4-63 所示。

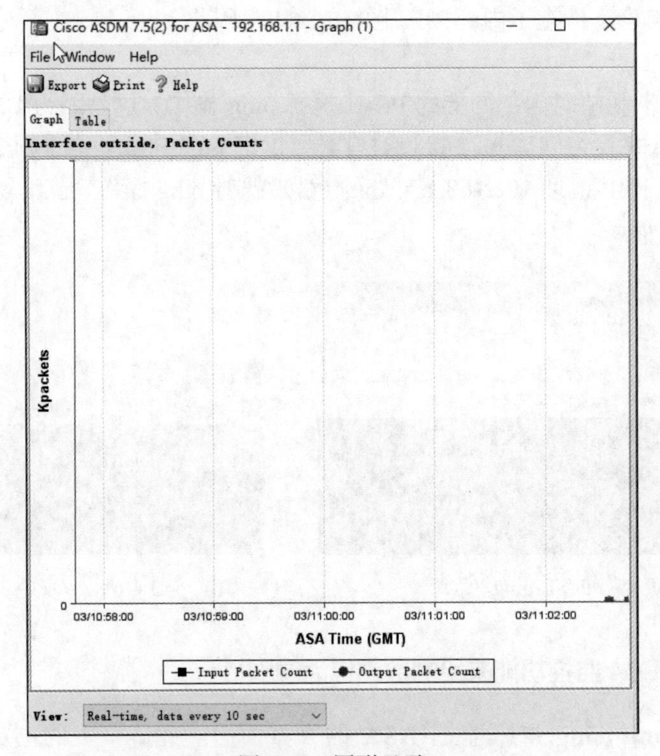

图 4-63 图形显示

c. 根据 R2 上的特权模式命令提示符，通过对重复计数为 1000 的 DMZ 服务器公共地址执行 ping 操作，来模拟 ASA 的互联网流量。如有需要，可以增加 ping 操作的次数。

```
R2# ping 209.165.200.227 repeat 1000
    Type escape sequence to abort.
```

```
Sending 1000, 100-byte ICMP Echos to 209.165.200.227, timeout is 2 seconds:
!!!!!!!!!!!!!!!!!!!!!!!!!!!!!!!!!!!!!!!!!!!!!!!!!!!!!!!!!!!!!!!!!!!!!!
!!!!!!!!!!!!!!!!!!!!!!!!!!!!!!!!!!!!!!!!!!!!!!!!!!!!!!!!!!!!!!!!!!!!!!
<output omitted>
!!!!!!!!!!!!!!!!!!!!!!!!!!!!!!!!!!!!!!!!!!!!!!!!!!!!!!!!!!!!!!!!!!!!!!
!!!!!!!!!!!!!!!!!!!!
Success rate is 100 percent (1000/1000), round-trip min/avg/max = 1/2/12 ms
```

d. 你应该可以在图上看到来自 R2 的 ping 结果，显示为输入数据包计数。图形的比例将自动调整，具体取决于流量。你还可以单击 **Table** 选项卡以表格形式查看数据。请注意，**Graph** 屏幕左下角选择的 **View** 是每 10 秒进行一次更新的数据。单击下拉列表以查看其他可用选项，如图 4-64 所示。

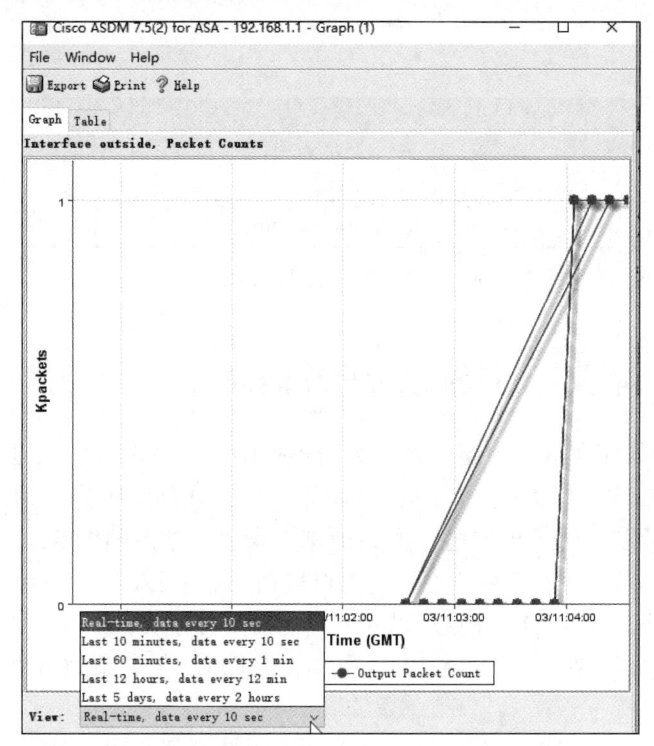

图 4-64　来自 R2 的 ping 结果

e. 使用**–n** 选项（数据包的数量）从 PC-B 对 **10.1.1.1** 处的 R1 s1/0 执行 ping 操作，以指定 100 个数据包，如图 4-65 和图 4-66 所示。

```
C:\Users\Administrator>ping 10.1.1.1 -n 100

正在 Ping 10.1.1.1 具有 32 字节的数据:
来自 10.1.1.1 的回复: 字节=32 时间=3ms TTL=255
来自 10.1.1.1 的回复: 字节=32 时间=6ms TTL=255
来自 10.1.1.1 的回复: 字节=32 时间=4ms TTL=255
```

图 4-65　从 PC-B ping R1

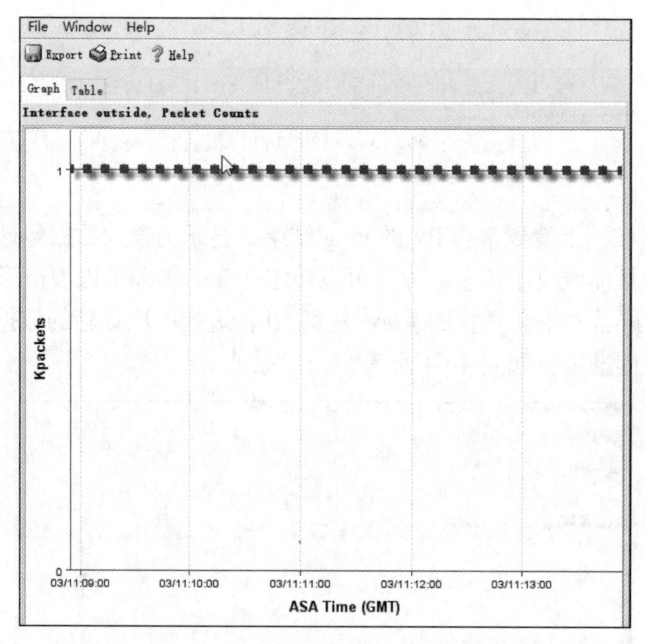

图 4-66　从 PC-B 对 10.1.1.1 的 ping 结果

4.4 硬件防火墙实施 IPSec VPN 概述

第 3 章演示了如何在以两台路由器作为服务提供商边缘设备的站点之间，使用这两台路由器来建立 IPSec VPN 隧道。而在本章前面，ASA 在网络中充当边缘安全设备。实际上，ASA 当然也可以，而且更加适合作为加密点来建立站点间 IPSec VPN 隧道。当然，IPSec VPN 隧道既可以由两台 ASA 建立，也可以由一台 ASA 与另一台支持 IPSec VPN 的设备建立，如本实验中的 ISR。在这一节中，我们需要分别使用 ASA 的命令行界面（CLI）和图形化界面（ASDM）在一台 ASA 和一台 ISR 之间建立起一条站点到站点的 IPSec VPN 隧道。

你的公司有两个位置已连接到 ISP。R1 表示由 ISP 管理的客户端设备（CPE）。R2 表示中间互联网路由器。R3 将远程分支机构的用户连接到 ISP。ASA 是一种边缘安全设备，可将内部企业网络和 DMZ 连接到 ISP，同时为内部主机提供 NAT 服务。

管理层要求你在远程分支机构的 ISR 路由器与公司站点上的 ASA 设备之间提供专用站点间 IPSec VPN 隧道。此隧道将保护分支机构 LAN 与公司 LAN 之间的通信，因为它通过互联网。站点间 VPN 不需要在远程或公司站点主机上部署 VPN 客户端。从 LAN 路由到其他互联网目的地的流量由 ISP 进行路由，不受 VPN 隧道保护。

VPN 隧道将通过 R1 和 R2，两台路由器不知道隧道的存在。

在本实验的任务 1 中，你需要配置拓扑和非 ASA 设备。在任务 2 中，你需要准备用于

ASDM 访问的 ASA。在任务 3 中，你需要使用 CLI 将 R3 ISR 配置为站点间 IPSec VPN 终端。在任务 4 中，你需要使用 ASDM VPN 向导将 ASA 配置为站点间 IPSec VPN 终端。

实验：配置 ISR 与 ASA 之间的站点间 IPSec VPN

1. 实验目的

通过本实验可以掌握：

- 配置基本 VPN 连接信息设置；
- 指定 IKE 策略参数；
- 配置转换集；
- 指定要保护的流量；
- 查看配置摘要；
- 查看站点间 VPN 隧道配置；
- 配置对等设备标识；
- 指定要保护的流量；
- 配置认证；
- 配置其他设置；
- 查看配置摘要并将命令传递给 ASA；
- 验证 ASDM VPN 连接配置文件；
- 测试 R3 的 VPN 配置；
- 使用 ASDM 监控功能验证隧道。

2. 实验拓扑

本实验所用的拓扑如图 4-4 所示。

3. 实验步骤

任务 1：基本路由器、交换机、PC 配置

在任务 1 中，你将建立网络拓扑并配置路由器的基本设置，如接口 IP 地址和静态路由。

> 注意：此时不要配置 ASA 设置。

第 1 步：为网络布线并清除之前的设备设置。

按照拓扑所示连接设备，并根据需要布线。确保已经清除路由器和交换机的启动配置。

第2步：使用CLI脚本配置R1。

在此步骤中，你需要使用以下CLI脚本在R1上配置基本设置。复制并粘贴下面列出的基本配置脚本命令。在应用命令时观察消息，以确保没有警告或错误。

注意：根据路由器型号不同，接口的编号可能与列出的编号有所不同。你可能需要相应地更改名称。

注意：此任务中的最小密码长度设置为10个字符，但为了执行实验，密码相对较为简单。建议在生产网络中使用更复杂的密码。

```
hostname R1
security passwords min-length 10
enable algorithm-type scrypt secret cisco12345
username admin01 algorithm-type scrypt secret admin01pass
ip domain name ccnasecurity.com
line con 0 login local
exec-timeout 0 0
logging synchronous
exit
line vty 0 4
login local
transport input ssh
exec-timeout 0 0
logging synchronous
exit
interface Ethernet 0/0
ip address 209.165.200.225 255.255.255.248
no shut
exit
int serial 1/0
ip address 10.1.1.1 255.255.255.252
clock rate 2000000
no shut
exit
ip route 0.0.0.0 0.0.0.0 Serial1/0
crypto key generate rsa general-keys modulus 1024
```

第3步：使用CLI脚本配置R2。

在此步骤中，你需要使用以下CLI脚本在R2上配置基本设置。复制并粘贴下面列出的基本配置脚本命令。在应用命令时观察消息，以确保没有警告或错误。

```
hostname R2
security passwords min-length 10
enable algorithm-type scrypt secret cisco12345
username admin01 algorithm-type scrypt secret admin01pass
ip domain name ccnasecurity.com
line con 0 login local
```

```
exec-timeout 0 0
logging synchronous
exit
line vty 0 4
login local
transport input ssh
exec-timeout 5 0
logging synchronous
exit
interface serial 1/0
ip address 10.1.1.2 255.255.255.252
no shut
exit
interface serial 1/1
ip address 10.2.2.2 255.255.255.252
clock rate 2000000
no shut
exit
ip route 209.165.200.224 255.255.255.248 s1/0
ip route 172.16.3.0 255.255.255.0 s1/1
crypto key generate rsa general-keys modulus 1024
```

第 4 步：使用 CLI 脚本配置 R3。

在此步骤中，你需要使用以下 CLI 脚本在 R3 上配置基本设置。复制并粘贴下面列出的基本配置脚本命令。在应用命令时观察消息，以确保没有警告或错误。

```
hostname R3
security passwords min-length 10
enable algorithm-type scrypt secret cisco12345
username admin01 algorithm-type scrypt secret admin01pass
ip domain name ccnasecurity.com
line con 0
login local
exec-timeout 5 0
logging synchronous
exit
line vty 0 4
login local
transport input ssh
exec-timeout 5 0
logging synchronous
exit
interface ethernet 0/1
ip address 172.16.3.1 255.255.255.0
no shut
exit
int serial 1/1
ip address 10.2.2.1 255.255.255.252
no shut
```

```
exit
ip route 0.0.0.0 0.0.0.0 s1/1
crypto key generate rsa general-keys modulus 1024
```

第5步：配置PC主机IP设置。

如IP地址分配表所示，为PC-A、PC-B和PC-C配置静态IP地址、子网掩码和默认网关。

第6步：验证连接。

由于ASA是网络区域的关键，并且尚未配置，因此连接到ASA的设备之间将没有连接。但是，PC-C应能够ping通R1接口e0/0。从PC-C对R1 e0/0 IP地址（**209.165.200.225**）执行ping操作，如图4-67所示。若ping操作不成功，则需要排除设备基本配置故障才能继续。

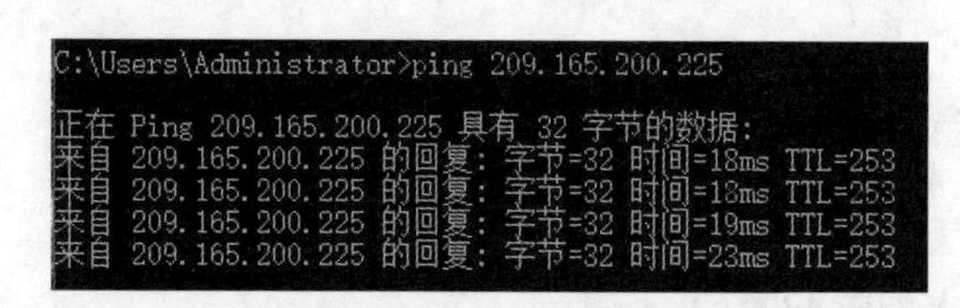

图4-67 从PC-C ping R1

> 注意：如果可以从PC-C ping通R1 e0/0和s1/0，则表明静态路由已配置且运行正常。保存每台路由器的运行配置。

任务2：访问ASA控制台和ASDM

第1步：清除之前的ASA配置设置。

a. 使用**write erase**命令从闪存中删除启动配置文件。

> 注意：ASA不支持**erase startup-config** IOS命令。

b. 使用**reload**命令重新启动ASA。这会导致ASA以CLI设置模式显示。如果看到**System config has been modified. Save? [Y]es/[N]o:**消息，键入**n**，然后按**Enter**键。

第2步：绕过设置模式。

当ASA完成重新加载过程时，它应检测到缺少启动配置文件并进入设置模式。如果进入设置模式，请重复第2步。

a. 当系统通过交互式提示（设置模式）来提示预配置防火墙时，请回复**no**。

b. 使用**enable**命令进入特权EXEC模式。密码应为空（无密码）。

第 3 步：使用 CLI 脚本配置 ASA。

在此步骤中，你需要使用 CLI 脚本配置基本设置、防火墙和 DMZ。

a. 除了 ASA 自动插入的默认值之外，使用 **show run** 命令确认 ASA 中没有任何先前的配置。

b. 进入全局配置模式。当系统提示你启用匿名回拨报告时，请回复 **no**。

c. 在 ASA 全局配置模式提示符后复制并粘贴下面列出的预 VPN 配置脚本命令，以开始配置 SSL VPN。

d. 在应用命令时观察消息，以确保没有警告或错误。如果系统提示你更换 RSA 密钥对，请回复 **yes**。

```
hostname CCNAS-ASA
domain-name ccnasecurity.com
enable password cisco12345
!
interface GigabitEthernet0/0
 nameif outside
 security-level 0
 ip address 209.165.200.226 255.255.255.248
!
interface GigabitEthernet0/1
 nameif inside
 security-level 100
 ip address 192.168.1.1 255.255.255.0
!
interface GigabitEthernet0/2
 nameif dmz
 security-level 70
 ip address 192.168.2.1 255.255.255.0
!
object network inside-net
subnet 192.168.1.0 255.255.255.0
!
object network dmz-server
host 192.168.2.3
!
access-list OUTSIDE-DMZ extended permit ip any host 192.168.2.3
!
object network inside-net
nat (inside,outside) dynamic interface
!
object network dmz-server
nat (dmz,outside) static 209.165.200.227
!
access-group OUTSIDE-DMZ in interface outside
!
route outside 0.0.0.0 0.0.0.0 209.165.200.225 1
```

```
!
username admin01 password admin01pass
!
aaa authentication ssh console LOCAL
aaa authentication http console LOCAL
!
http server enable
http 192.168.1.0 255.255.255.0 inside
ssh 192.168.1.0 255.255.255.0 inside
ssh timeout 10
!
class-map inspection_default
match default-inspection-traffic
policy-map global_policy class inspection_default
inspect icmp
!
crypto key generate rsa modulus 1024
```

e. 在特权 EXEC 模式提示符后，发出 **write mem**（或 **copy run start**）命令，将运行配置保存到启动配置中并将 RSA 密钥保存到非易失性存储器中。

任务 3：使用 CLI 将 ISR 配置为站点间 IPSec VPN 终端

在本实验的任务 3 中，将 R3 配置为 R3 与 ASA 之间的 IPSec VPN 隧道终端。R1 和 R2 不知道是否存在隧道。

第 1 步：验证从 R3 LAN 到 ASA 的连接。

在此步骤中，你需要验证 R3 LAN 上的 PC-C 是否可以 ping 通 ASA 外部口。从 PC-C 对 ASA IP 地址 **209.165.200.226** 执行 ping 操作，如图 4-68 所示。

```
PC-C:\> ping 209.165.200.226
```

若 ping 操作不成功，则需要排除设备基本配置故障才能继续。

```
C:\Users\Administrator>ping 209.165.200.226

正在 Ping 209.165.200.226 具有 32 字节的数据:
来自 209.165.200.226 的回复: 字节=32 时间=26ms TTL=252
来自 209.165.200.226 的回复: 字节=32 时间=19ms TTL=252
来自 209.165.200.226 的回复: 字节=32 时间=19ms TTL=252
```

图 4-68 从 PC-C 对 ASA IP 地址 209.165.200.226 执行 ping 操作

第 2 步：在 R3 上启用 IKE 策略。

IPSec 是一个开放式框架，允许随着新技术和加密算法的开发交换安全协议。

IPSec VPN 的实施有两个中心配置元素：

- 实施互联网密钥交换（IKE）参数；
- 实施 IPSec 参数。

a. 验证是否支持并启用 IKE。

IKE 第 1 阶段定义用于在对等体之间传递和验证 IKE 策略的密钥交换方法。在 IKE 第 2 阶段，对等体交换并匹配 IPSec 策略，以进行数据流量的认证和加密。

必须启用 IKE 才能使 IPSec 正常运行。默认情况下，在具有加密功能集的 IOS 映像上启用 IKE。如果为禁用状态，可以使用 **crypto isakmp enable** 命令启用它。使用此命令验证路由器 IOS 是否支持 IKE 并且已启用 IKE。

```
R3(config)# crypto isakmp enable
```

> **注意：**如果无法在路由器上执行此命令，则必须升级到包含思科加密服务的 IOS 映像。

b. 建立 ISAKMP 策略，并查看可用的选项。

要允许 IKE 第 1 阶段协商，必须创建 ISAKMP 策略并配置涉及此 ISAKMP 策略的对等体关联。ISAKMP 策略定义认证和加密算法，以及用于在两个 VPN 终端之间发送控制流量的散列函数。当 IKE 对等体接受 ISAKMP 安全关联时，IKE 第 1 阶段完成。IKE 第 2 阶段参数将在稍后配置。

在 R1 上针对策略 10 发出 **crypto isakmp policy** *number* 全局配置模式命令。

```
R1(config)# crypto isakmp policy 10
```

c. 键入问号（**?**）使用思科 IOS 帮助，查看各种可用的 IKE 参数。

```
R1(config-isakmp)#?
ISAKMP commands:
authentication Set authentication method for protection suite
default Set a command to its defaults
encryption Set encryption algorithm for protection suite
exit   Exit from ISAKMP protection suite configuration mode
group  Set the Diffie-Hellman group
hash               Set hash algorithm for protection suite
Lifetime     Set lifetime for ISAKMP security association no
Negate a command or set its defaults
```

第 3 步：在 R3 上配置 ISAKMP 策略参数。

加密算法决定终端之间控制通道的保密程度。散列算法控制数据完整性，这将确保从对等体接收的数据在传输过程中未被篡改。认证类型可确保由远程对等体发送和签名数据包。Diffie-Hellman 组用于创建未通过网络发送的对等体共享的密钥。

a. 配置优先级为 **10** 的 ISAKMP 策略。使用 **pre-shared key** 作为认证类型，**3des** 作为加密算法，**sha** 作为散列算法，并使用 Diffie-Hellman 组 **2** 密钥交换。

> **注意：**旧版思科 IOS 不支持将 AES 256 加密和 SHA 作为散列算法。替换路由器支持的任何加密和散列算法。

确保对 R3 进行相同的更改以使其保持同步。

```
R3(config)# crypto isakmp policy 10
R3(config-isakmp)# authentication pre-share
R3(config-isakmp)# encryption 3des
R3(config-isakmp)# hash sha
R3(config-isakmp)# group 2
R3(config-isakmp)# end
```

b. 使用 **show crypto isakmp policy** 命令验证 IKE 策略。

```
R3# show crypto isakmp policy
 Global IKE policy
  Protection suite of priority 10
       encryption algorithm:      Three key triple DES
       hash algorithm:            Secure Hash Standard
       authentication method:     Pre-Shared Key
       Diffie-Hellman group:      #2 (1024 bit)
       lifetime:                  3600 seconds, no volume limit
```

第4步：配置预共享密钥。

由于预共享密钥将用作 IKE 策略中的认证方法，因此必须在指向其他 VPN 终端的每台路由器上配置密钥。这些密钥必须匹配才能成功认证。全局配置模式 **crypto isakmp key** *key-string* **address** *ip-address* 命令用于输入预共享密钥。使用远程对等体的 IP 地址。此 IP 地址是对等体用于将流量路由到本地路由器的远程接口。

在给定拓扑图和 IP 地址分配表的情况下，你应该使用哪些 IP 地址来配置 IKE 对等体?

用于配置 IKE 对等体的每个 IP 地址也称为远程 VPN 终端的 IP 地址。在 R3 上配置预共享密钥 SECRET-KEY。生产网络应使用复杂的密钥。此命令指向远程 ASA 外部 IP 地址。

```
R3(config)# crypto isakmp key SECRET-KEY address 209.165.200.226
```

第5步：配置 IPSec 转换集和使用期限。

a. IPSec 转换集是路由器协商以形成安全关联的另一个加密配置参数。它使用 **crypto ipsec transform-set** *tag* 全局配置命令进行配置。使用标记 **ESP-TUNNEL** 配置转换集。使用**?** 查看可用参数。

```
R3(config)# crypto ipsec transform-set ESP-TUNNEL ?
  ah-md5-hmac       AH-HMAC-MD5 transform
  ah-sha-hmac       AH-HMAC-SHA transform

  ah-sha256-hmac    AH-HMAC-SHA256 transform on R3
  ah-sha384-hmac    AH-HMAC-SHA384 transform
  ah-sha512-hmac    AH-HMAC-SHA512 transform
  comp-lzs          IP Compression using the LZS compression algorithm
  esp-3des          ESP transform using 3DES(EDE) cipher (168 bits)
  esp-aes           ESP transform using AES cipher
  esp-des           ESP transform using DES cipher (56 bits)
  esp-gcm           ESP transform using GCM cipher
  esp-gmac          ESP transform using GMAC cipher
  esp-md5-hmac      ESP transform using HMAC-MD5 auth
  esp-null          ESP transform w/o cipher
  esp-seal          ESP transform using SEAL cipher (160 bits)
  esp-sha-hmac      ESP transform using HMAC-SHA auth
  esp-sha256-hmac   ESP transform using HMAC-SHA256 auth
  esp-sha384-hmac   ESP transform using HMAC-SHA384 auth
  esp-sha512-hmac   ESP transform using HMAC-SHA512 auth
```

b. 在使用 ASA 的站点间 VPN 中，我们将使用两个突出显示的参数。输入两个突出显示的参数完成命令。

```
R3(config)# crypto ipsec transform-set ESP-TUNNEL esp-3des esp-sha-hmac
```

第 6 步：定义需要关注的流量。

要使用 VPN 进行 IPSec 加密，必须定义扩展访问列表，以告知路由器要加密哪些流量。如果 IPSec 会话已正确配置，则会加密用于定义 IPSec 流量的访问列表所允许的数据包。其中一个访问列表拒绝的数据包不会被丢弃。此数据包将以未加密的方式发送。此外，与任何其他访问列表一样，最后会有隐式拒绝，这意味着默认操作是不加密流量。如果没有正确配置 IPSec 安全关联，则不会对流量进行加密，并且会以未加密的方式转发流量。

在此场景中，从 R3 的角度来看，要加密的流量是 R3 以太网 LAN 流向 ASA 内部 LAN 的流量；反之从 ASA 的角度来看，要加密的流量是 ASA 内部 LAN 流向 R3 以太网 LAN 的流量。

在 R3 上配置 IPSec VPN 需要关注的流量 ACL。

```
R3(config)# ip access-list extended VPN-ACL
R3(config-ext-nacl)# remark Link to the CCNAS-ASA
R3(config-ext-nacl)# permit ip 172.16.3.0 0.0.0.255 192.168.1.0 0.0.0.255
R3(config-ext-nacl)# exit
```

在协商安全关联的要求当中，IPSec 是否会评估是否镜像访问列表？

第 7 步：创建并应用加密映射。

加密映射将与访问列表匹配的流量和对等体，以及各种 IKE 和 IPSec 设置相关联。创建加密映射后，可以将其应用于一个或多个接口。它所应用的接口应该是面向 IPSec 对等体的接口。

要创建加密映射，请使用 **crypto map** *name sequence-num type* 全局配置命令，以进入此序列号的加密映射配置模式。多个加密映射语句可以属于同一个加密映射，并以数字升序的顺序进行评估。

a. 在 R3 上创建加密映射，将其命名为 **S2S-MAP**，并使用 **10** 作为序列号。使用一种 **ipsec-isakmp**，这意味着 IKE 用于建立 IPSec 安全关联。发出此命令后，系统将显示一条消息。

```
R3(config)# crypto map S2S-MAP 10 ipsec-isakmp
% NOTE: This new crypto map will remain disabled until a peer and a valid
       access list have been configured.
  R3(config-crypto-map)#
```

b. 使用 **match address** *access-list* 命令指定由哪个访问列表定义要加密的流量。

```
R3(config-crypto-map)# match address VPN-ACL
```

c. 必须设置对等体 IP 地址或主机名。使用以下命令将其设置为 ASA 远程 VPN 终端接口。

```
R3(config-crypto-map)# set peer 209.165.200.226
```

d. 使用 **set transform-set** *tag* 命令对此对等体要使用的转换集进行硬编码。

```
R3(config-crypto-map)# set transform-set ESP-TUNNEL
R3(config-crypto-map)# exit
```

e. 将加密映射应用于接口。

> **注意**：在需要关注的流量激活加密映射之前，不会建立SA。路由器将生成通知，提示加密现已开启。将加密映射应用于R3串行接口1/1。

```
R3(config)#interface s1/1
R3(config-if)# crypto map S2S-MAP
R3(config-if)# end
R3#
*Mar  9 06:23:03.863: %CRYPTO-6-ISAKMP_ON_OFF: ISAKMP is ON R3#
```

任务4：使用ASDM将ASA配置为站点间IPSec VPN终端

在本实验的任务4中，将ASA配置为IPSec VPN隧道终端。ASA与R3之间的隧道通过R1和R2。

第1步：访问ASDM。

a. 在PC-B上打开浏览器，输入https://192.168.1.1以测试对ASA的HTTPS访问。输入https://192.168.1.1 URL后，应该会看到有关网站安全证书的安全警告。单击**高级 > 添加例外**，如图4-8所示。在**添加安全例外**对话框，单击**确认安全例外**按钮，如图4-9所示。

> **注意**：在URL中指定HTTPS协议。

b. 在ASDM欢迎页面中，可以看到有两种方式运行ASDM，**Install ASDM Launcher**和**Install Java Web Start**，这里我们使用**Install ASDM Launcher**，如图4-10所示。

c. 单击**Install ASDM Launcher**，会弹出**正在打开dm-launcher.msi**对话框，选择保存路径后单击**保存文件**按钮，如图4-11所示。

d. 右键单击**dm-launcher.msi**文件，选择安装，安装完成后会在桌面出现ASDM启动器，如图4-12所示。

第2步：双击ASDM启动器，在弹出的对话框中的地址一栏输入192.168.1.1，如图4-13所示。

a. 在弹出的**安全警告**对话框单击**继续**按钮，如图4-14所示。

b. 在弹出的认证对话框输入**admin01**、**admin01pass**。

第3步：查看ASDM主屏幕，如图4-69所示。

系统将显示主屏幕，并显示当前的ASA设备配置和流量统计信息。请注意本实验任务2中配置的内部、外部和DMZ接口。

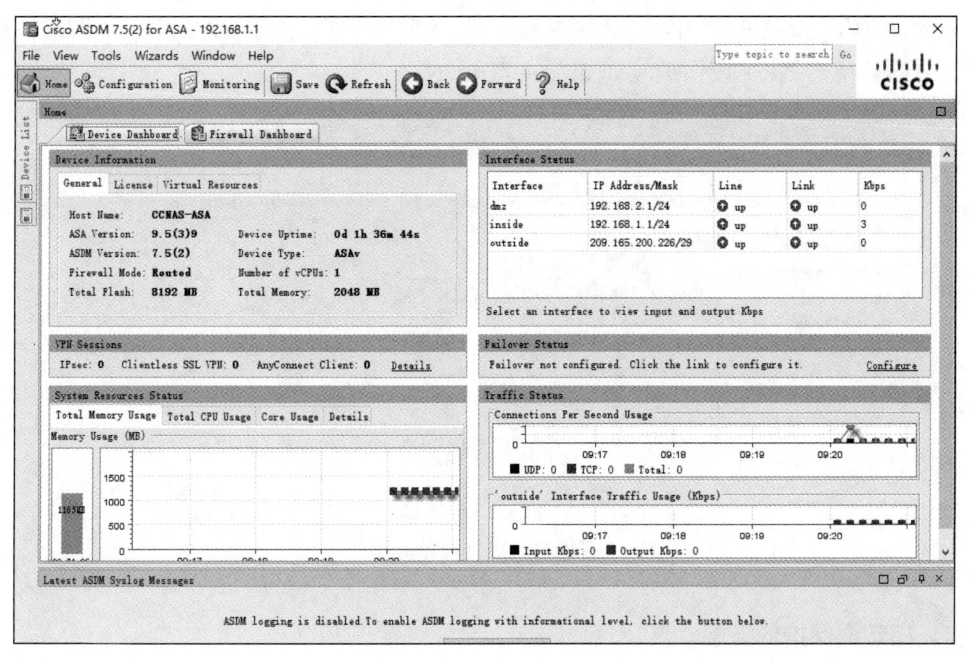

图 4-69　ASDM 主屏幕

第 4 步：启动 VPN 向导。

a. 在 ASDM 主菜单中，单击 **Wizards** > **VPN Wizards** > **Site-to-Site VPN Wizard** 以打开 **Site-to-Site VPN Connection Setup Wizard Introduction** 窗口，如图 4-70 所示。

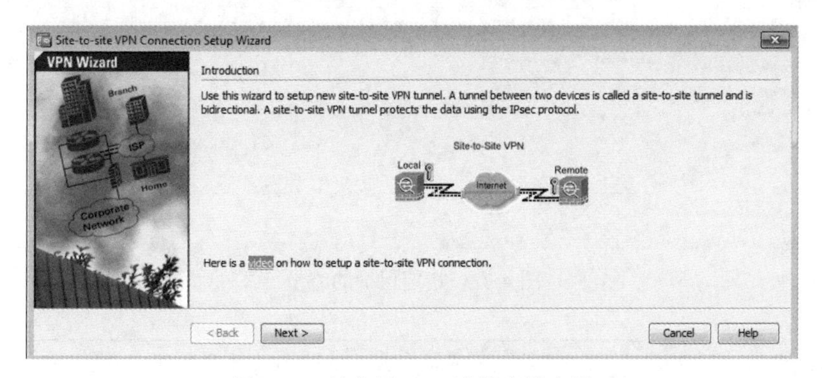

图 4-70　站点间 VPN 连接安装向导

b. 查看屏幕上的文本和拓扑，然后单击 **Next** 按钮继续。

第 5 步：配置对等设备标识。

在 **Peer Device Identification** 窗口中，输入 R3 串行接口 1/1 的 IP 地址（**10.2.2.1**）作为对

等体 IP 地址。将默认 VPN 访问接口设置为外部。VPN 隧道将位于 R3 s1/1 与 ASA 外部接口（g0/0）之间。单击 **Next** 按钮继续，如图 4-71 所示。

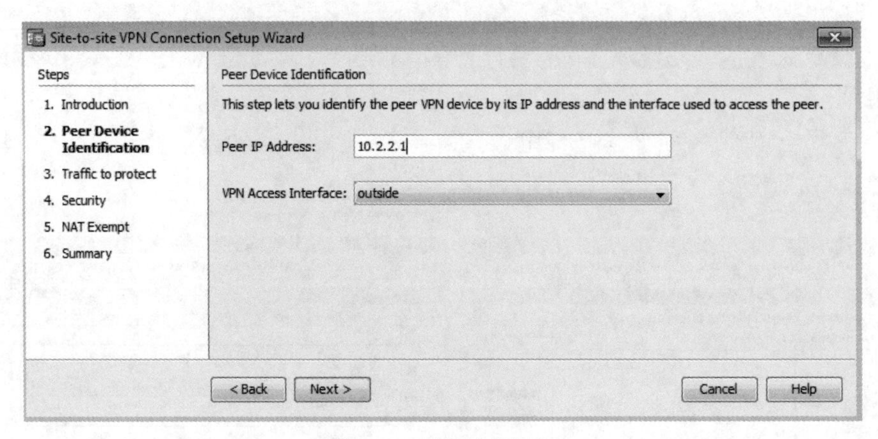

图 4-71　对等设备标识

第 6 步：指定要保护的流量。

在 **Traffic to protect** 窗口中，输入 **inside-network/24**（192.168.1.0/24）作为本地网络，输入类型 **172.16.3.0/24** 将 R3 LAN 添加为远程网络。单击 **Next** 按钮继续，如图 4-72 所示。系统可能会显示一条消息，表明正在检索证书信息。

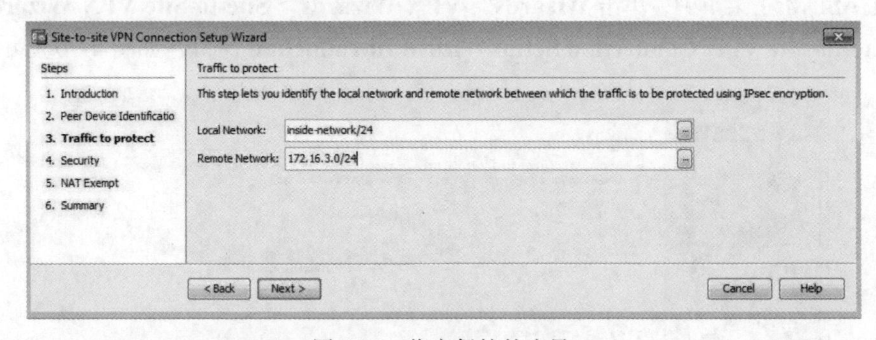

图 4-72　指定保护的流量

> **注意：**如果 ASA 没有响应，可能需要关闭窗口并继续下一步。如果系统提示进行认证，请以 **admin01** 身份使用密码 **admin01pass** 再次登录。

第 7 步：配置认证。

在 **Security** 窗口中，输入预共享密钥 **SECRET-KEY**。你无须使用设备证书。单击 **Next** 按钮继续，如图 4-73 所示。

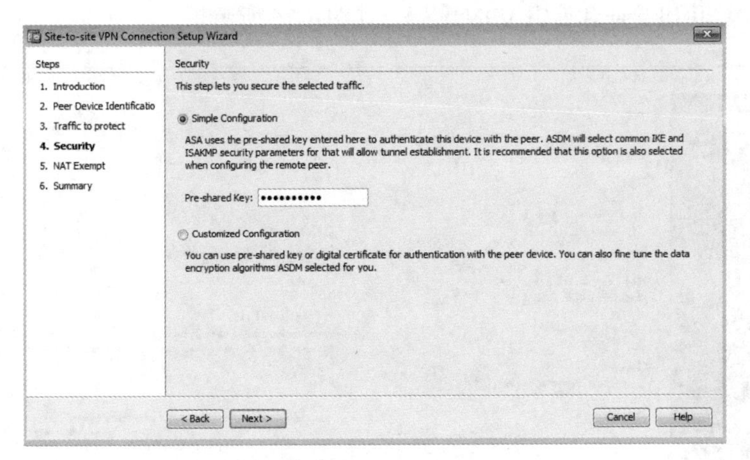

图 4-73　安全窗口

第 8 步：配置其他设置。

在 **NAT Exempt** 窗口中，单击内部接口的 **Exempt ASA side host/network from address translation** 复选框。单击 **Next** 按钮继续，如图 4-74 所示。

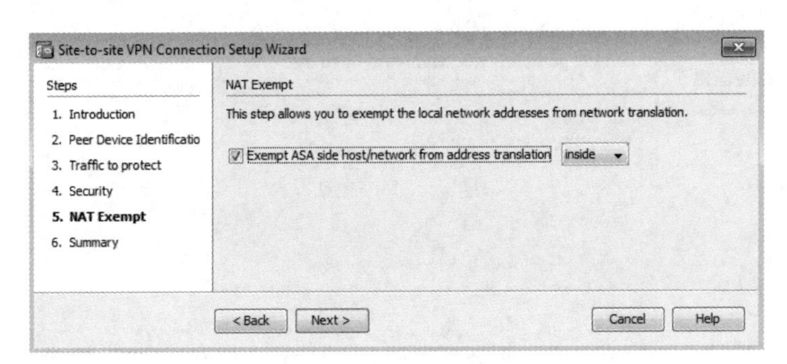

图 4-74　NAT Exempt

第 9 步：查看配置摘要并将命令传递给 ASA。

接下来系统将显示 Summary 页面。验证所配置的信息是否正确。你可以单击 **Back** 按钮进行更改，或单击 **Cancel** 按钮并重新启动 VPN 向导（推荐）。单击 **Finish** 按钮以完成此过程并将命令传递给 ASA，如图 4-75 所示。

> **注意**：如果系统提示进行认证，请以 **admin01** 身份使用密码 **admin01pass** 再次登录。

第 10 步：验证 ASDM VPN 连接配置文件。

ASDM Configurations > **Site-to-Site VPN** > **Connection Profiles** 屏幕将显示你配置的设

置。在此窗口中，可以验证和编辑 VPN 配置，如图 4-76 所示。

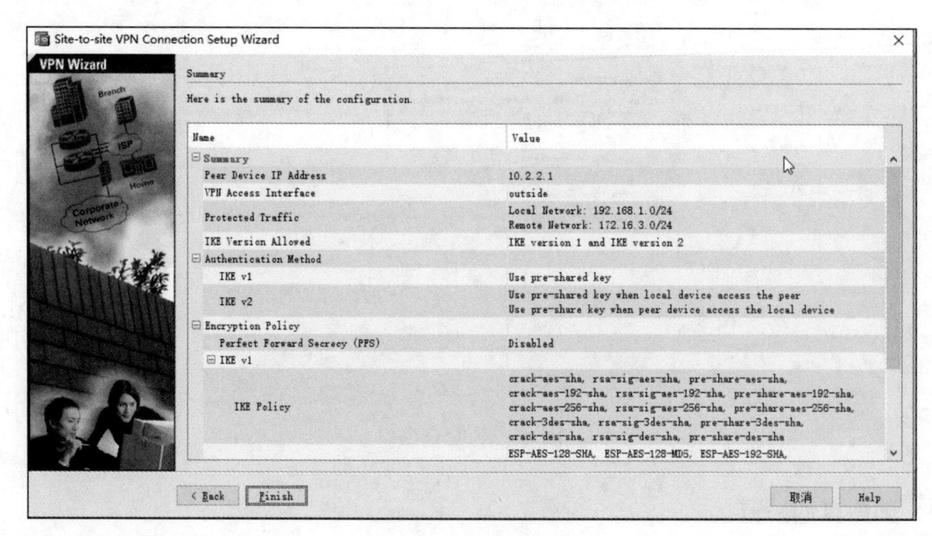

图 4-75 摘要页面

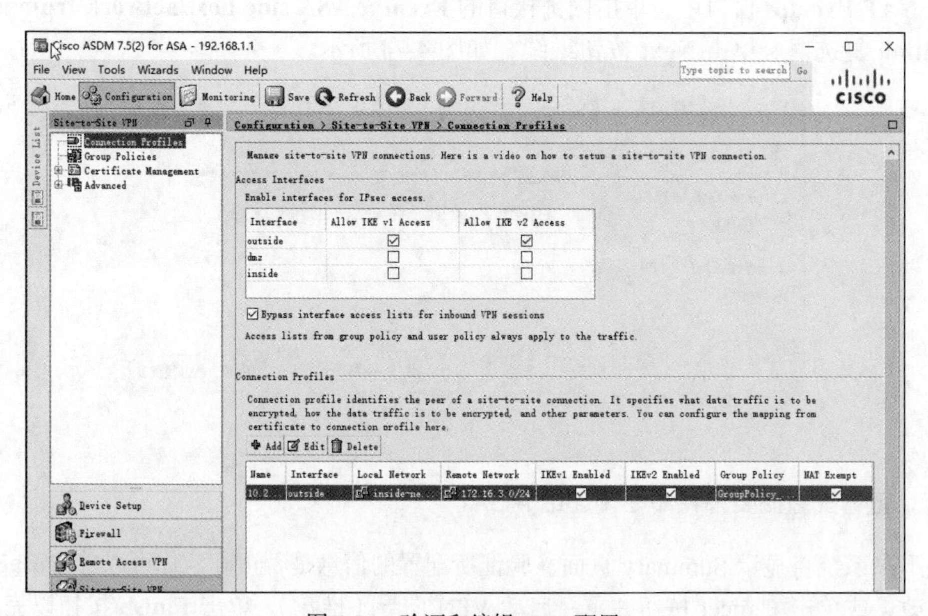

图 4-76 验证和编辑 VPN 配置

第 11 步：使用 ASDM 监控功能验证隧道。

在 ASDM 菜单栏中，单击屏幕左下方面板中的 **Monitoring** > **VPN**。单击 **VPN Statistics** > **Sessions**。注意，此时没有活动会话。这是因为尚未建立 VPN 隧道，如图 4-77 所示。

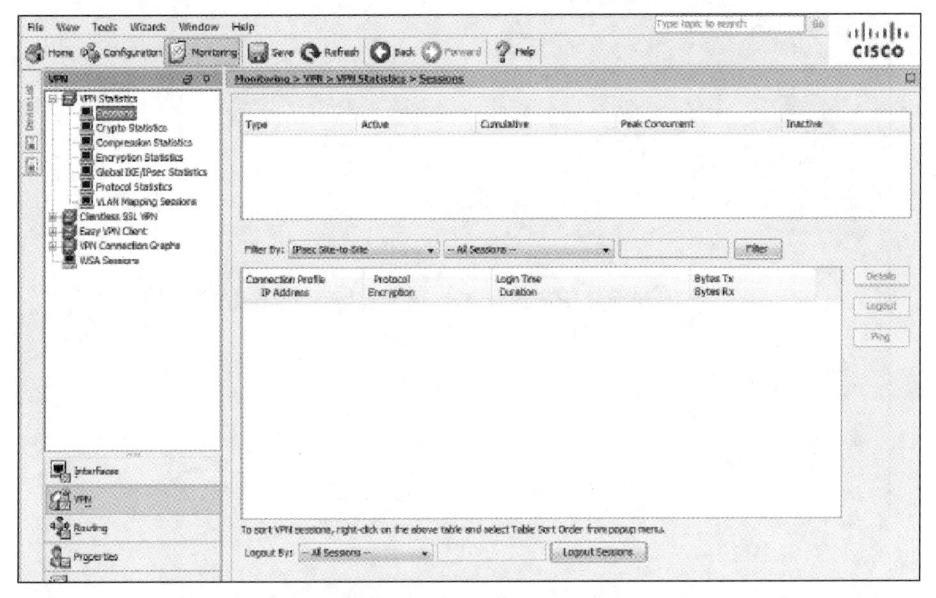

图 4-77　VPN 统计信息会话

第 12 步：测试 PC-B 的 VPN 配置。

a. 要建立 VPN 隧道，必须生成需要关注的流量。从 PC-B 对 PC-C 执行 ping 操作，如图 4-78 所示。

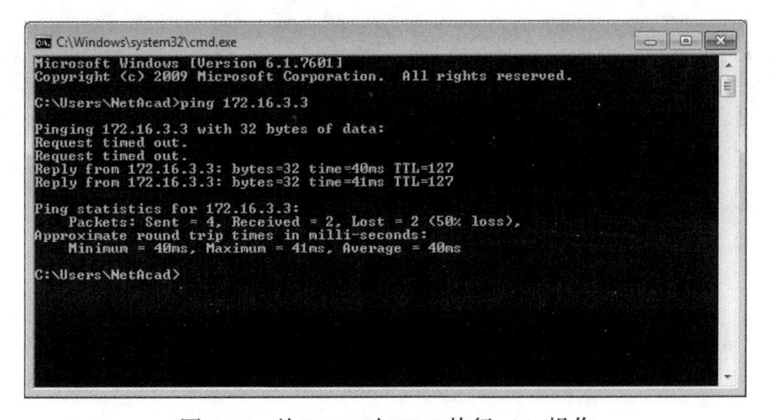

图 4-78　从 PC-B 对 PC-C 执行 ping 操作

b. 这将生成需要关注的流量。注意两次 ping 操作在成功之前是如何失败的。这是因为首先必须在 ICMP 数据包成功之前协商和建立隧道。

c. 此时，VPN 信息显示在 ASDM **Monitoring** > **VPN** > **VPN Statistics** > **Sessions** 页面上，如图 4-79 所示。

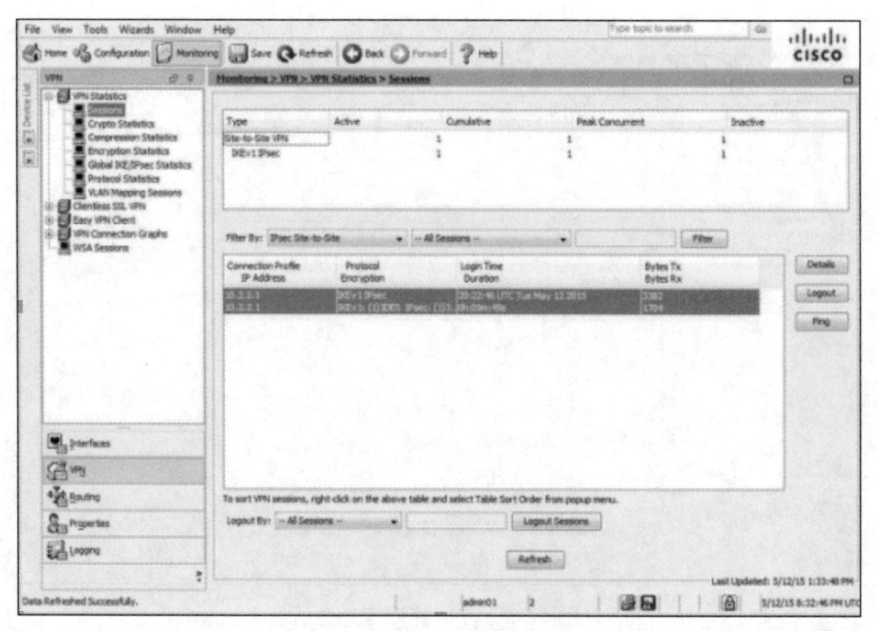

图 4-79 VPN 统计信息会话

注意：在显示统计信息之前，你可能需要单击 Refresh。

d. 单击 **Encryption Statistics**。你应该会看到使用 3DES 加密算法的一个或多个会话，如图 4-80 所示。

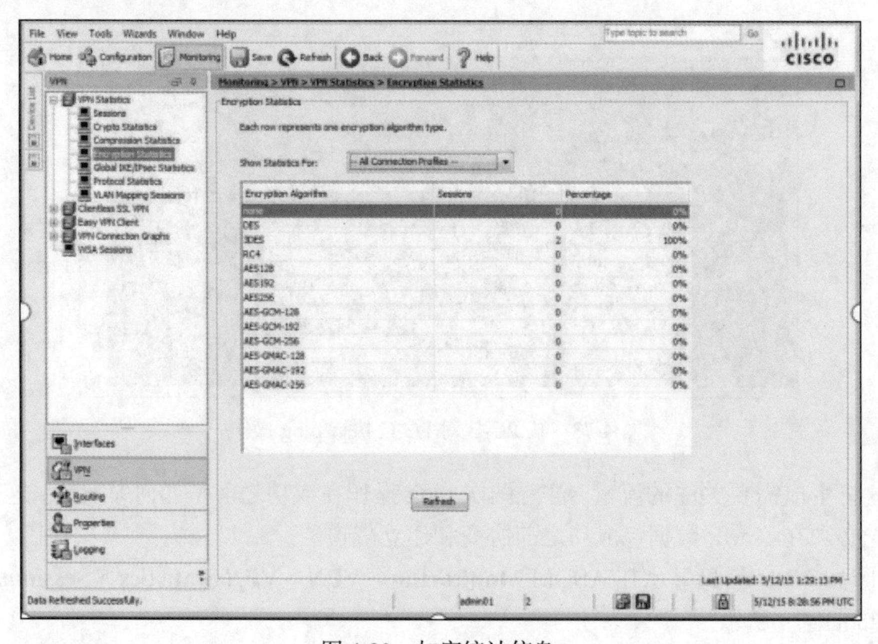

图 4-80 加密统计信息

e. 单击 **Crypto Statistics**。你应该会看到已加密和已解密的数据包数量、安全关联（SA）请求等，如图 4-81 所示。

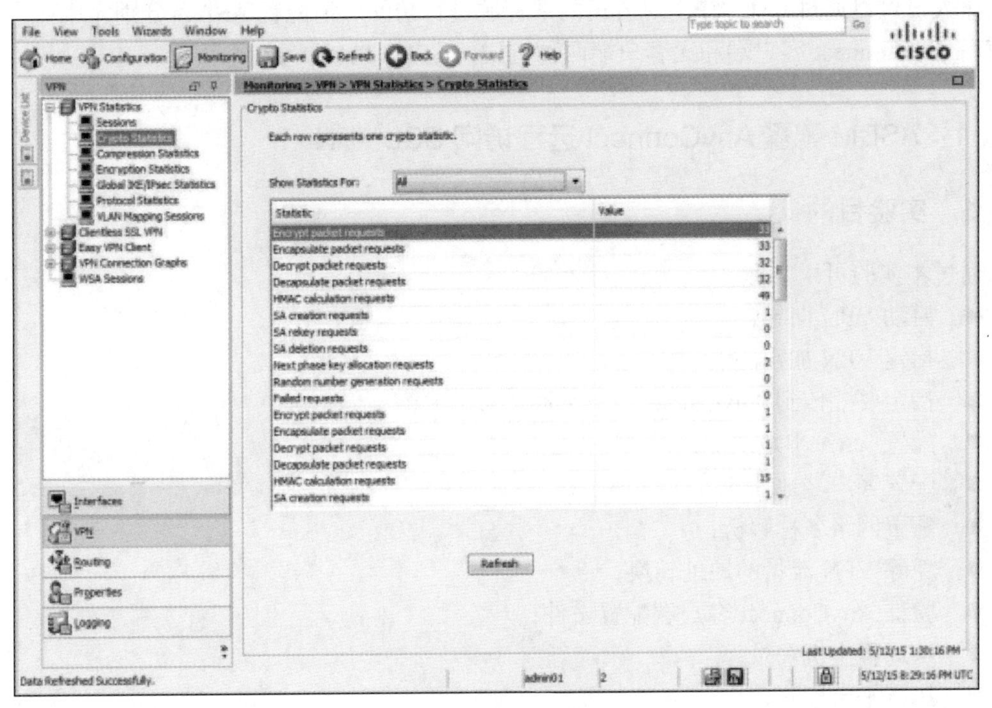

图 4-81 加密统计信息

4.5 硬件防火墙实施 SSL VPN 概述

除了状态防火墙和其他安全功能，ASA 还可提供站点间和远程访问 VPN 功能。ASA 提供思科 SSL 远程访问 VPN 解决方案中的两种主要部署模式。

- 基于客户端的 SSL VPN：提供全隧道 SSL VPN 连接，但需要在远程主机上安装 VPN 客户端应用。通过认证后，用户可以访问任何内部资源，就好像这些资源是放在本地网络上一样。ASA 支持 SSL 和 IPSec 基于客户端的 VPN。
- 无客户端 SSL VPN：基于浏览器的无客户端 VPN，允许用户使用 Web 浏览器和内置 SSL 与 ASA 建立安全的远程访问 VPN 隧道，以保护 VPN 流量。通过认证后，用户将看到门户页面，并且可以从该门户访问预定义的特定内部资源。

本节需要使用 ASDM 在 ASA 上完成基于客户端的 SSL VPN 配置，以及无客户端的 SSL VPN 配置。

你的公司有两个位置已连接到 ISP。路由器 R1 代表由 ISP 管理的 CPE 设备。路由器 R2 代表中间互联网路由器。路由器 R3 将远程分支机构的用户连接到 ISP。ASA 是一台边缘安全设备，可将内部企业网络和 DMZ 连接到 ISP，同时为内部主机提供 NAT 服务。

管理层要求你使用 ASA 作为 VPN 集中器，为远程工作人员提供 VPN 访问。他们希望远程工作人员可以通过 SSL VPN 对公司内部资源进行访问。请配置 ASA，分别完成允许客户端使用 AnyConnect 客户端和无客户端两种方式的 SSL VPN 访问。

实验 1：ASDM 配置 AnyConnect 远程访问 SSL VPN

1. 实验目的

通过本实验可以掌握：

- 启动 VPN 向导；
- 指定 VPN 加密协议；
- 指定要上传到 AnyConnect 用户的客户端映像；
- 配置 AAA 本地认证；
- 配置客户端地址的分配；
- 配置网络名称解析；
- 免除 VPN 流量的地址转换；
- 验证 AnyConnect 客户端配置文件；
- 从远程主机登录；
- 执行平台检测；
- 执行 AnyConnect VPN 客户端的自动安装；
- 手动安装 AnyConnect VPN 客户端。

2. 实验拓扑

本实验所用的拓扑如图 4-4 所示。

3. 实验步骤

任务 1：基本路由器、交换机、PC 配置

在任务 1 中，你将建立网络拓扑结构并配置接口 IP 地址和静态路由等基本路由器设置。

> 注意：此时不要配置任何 ASA 设置。

第 1 步：为网络布线并清除之前的设备设置。

按照拓扑所示连接设备，并根据需要布线。确保已经清除路由器和交换机的启动配置。

第 2 步：使用 CLI 脚本配置 R1。

在此步骤中，你需要使用以下 CLI 脚本在 R1 上配置基本设置。复制并粘贴下面列出的基本配置脚本命令。在应用命令时观察消息，以确保没有警告或错误。

> **注意：**根据路由器型号不同，接口的编号可能与列出的编号有所不同。你可能需要相应地修改标识。

> **注意：**此任务中的最小密码长度设置为 10 个字符，但为了方便执行实验，密码相对较为简单。建议在生产网络中使用更复杂的密码。

```
hostname R1
security passwords min-length 10
enable algorithm-type scrypt secret cisco12345
username admin01 algorithm-type scrypt secret admin01pass
ip domain name ccnasecurity.com
line con 0
login local
exec-timeout 5 0
logging synchronous
exit
line vty 0 4
login local
transport input ssh
exec-timeout 5 0
logging synchronous
exit
interface e0/0
ip address 209.165.200.225 255.255.255.248
no shut
exit
int serial 1/0
ip address 10.1.1.1 255.255.255.252
clock rate 2000000
no shut
exit
ip route 0.0.0.0 0.0.0.0 Serial1/0
crypto key generate rsa general-keys modulus 1024
```

第 3 步：使用 CLI 脚本配置 R2。

在此步骤中，你需要使用以下 CLI 脚本在 R2 上配置基本设置。复制并粘贴下面列出的基本配置脚本命令。在应用命令时观察消息，以确保没有警告或错误。

```
hostname R2
security passwords min-length 10
enable algorithm-type scrypt secret cisco12345
username admin01 algorithm-type scrypt secret admin01pass
ip domain name ccnasecurity.com
line con 0
```

```
login local
exec-timeout 5 0
logging synchronous exit
line vty 0 4 login local
transport input ssh exec-timeout 5 0 logging synchronous
exit
interface serial 1/0
ip address 10.1.1.2 255.255.255.252
no shut exit
interface serial 1/1
ip address 10.2.2.2 255.255.255.252
clock rate 2000000
no shut
exit
ip route 209.165.200.224 255.255.255.248 Serial1/0
ip route 172.16.3.0 255.255.255.0 Serial1/1
crypto key generate rsa general-keys modulus 1024
```

第 4 步：使用 CLI 脚本配置 R3。

在此步骤中，你需要使用以下 CLI 脚本在 R3 上配置基本设置。复制并粘贴下面列出的基本配置脚本命令。在应用命令时观察消息，以确保没有警告或错误。

```
hostname R3
security passwords min-length 10
enable algorithm-type scrypt secret cisco12345
username admin01 algorithm-type scrypt secret admin01pass
ip domain name ccnasecurity.com
line con 0 login local
exec-timeout 5 0 logging synchronous
exit
line vty 0 4 login local
transport input ssh exec-timeout 5 0 logging synchronous
exit
interface e0/1
ip address 172.16.3.1 255.255.255.0
no shut exit
int serial1/1
ip address 10.2.2.1 255.255.255.252
no shut exit
ip route 0.0.0.0 0.0.0.0 Serial1/1
crypto key generate rsa general-keys modulus 1024
```

第 5 步：配置 PC 主机 IP 设置。

如 IP 地址分配表所示，为 PC-A、PC-B 和 PC-C 配置静态 IP 地址、子网掩码和默认网关。

第 6 步：验证连接。

ASA 是网络区域的焦点，并且尚未配置。因此与其连接的设备之间没有连接。但是，PC-C

应能够 ping 通 R1 接口 e0/0。从 PC-C 对 R1 e0/0 IP 地址（**209.165.200.225**）执行 ping 操作，如图 4-82 所示。若 ping 操作不成功，则需要排除设备基本配置故障才能继续。

```
C:\Users\Administrator>ping 209.165.200.225

正在 Ping 209.165.200.225 具有 32 字节的数据:
来自 209.165.200.225 的回复: 字节=32 时间=21ms TTL=253
```

图 4-82 从 PC-C 对 R1 e0/0 IP 地址（**209.165.200.225**）执行 ping 操作

> **注意**：如果可以从 PC-C ping 通 R1 e0/0 和 s1/0，则表明静态路由已配置且运行正常。

第 7 步：保存每台路由器和交换机的基本运行配置。

```
R1#copy running-config startup-config
```

任务 2：访问 ASA 控制台和 ASDM

第 1 步：清除之前的 ASA 配置设置。

a. 使用 **write erase** 命令从闪存中删除 **startup-config** 文件。

> **注意**：ASA 不支持 **erase startup-config** IOS 命令。

b. 使用 **reload** 命令重新启动 ASA。这会导致 ASA 以 CLI 设置模式显示。如果看到 **System config has been modified. Save? [Y]es/[N]o:**消息，键入 **n**，然后按 **Enter** 键。

第 2 步：绕过设置模式。

当 ASA 完成重新加载过程时，它应检测到缺少启动配置文件并进入设置模式。如果没有进入设置模式，请重复步骤 2。

a. 当系统通过交互式提示（设置模式）来提示预配置防火墙时，请回复 **no**。

b. 使用 **enable** 命令进入特权 EXEC 模式。密码应为空（无密码）。

第 3 步：使用 CLI 脚本配置 ASA。

在此步骤中，你需要使用 CLI 脚本配置基本设置、防火墙和 DMZ。

a. 除了 ASA 自动插入的默认值之外，使用 **show run** 命令确认 ASA 中没有任何先前的配置。

b. 进入全局配置模式。当系统提示你启用匿名回拨报告时，请回复 **no**。

c. 在 ASA 全局配置模式提示符后复制并粘贴下面列出的预 VPN 配置脚本命令，以开始配置 SSL VPN。

在应用命令时观察消息，以确保没有警告或错误。如果系统提示你更换 RSA 密钥对，请回复 **yes**。

```
hostname CCNAS-ASA
domain-name ccnasecurity.com enable password cisco12345
!
interface g0/1
nameif inside security-level 100
ip address 192.168.1.1 255.255.255.0
no shutdown
!
interface g0/0 nameif outside security-level 0
ip address 209.165.200.226 255.255.255.248
no shutdown
!
interface g0/2
nameif dmz
security-level 70
ip address 192.168.2.1 255.255.255.0
no shutdown
!
object network inside-net
subnet 192.168.1.0 255.255.255.0
!
object network dmz-server host 192.168.2.3
!
access-list OUTSIDE-DMZ extended permit ip any host 192.168.2.3
!
object network inside-net
nat (inside,outside) dynamic interface
!
object network dmz-server
nat (dmz,outside) static 209.165.200.227
!
access-group OUTSIDE-DMZ in interface outside
!
route outside 0.0.0.0 0.0.0.0 209.165.200.225 1
!
username admin01 password admin01pass
!
aaa authentication telnet console LOCAL
aaa authentication ssh console LOCAL
aaa authentication http console LOCAL
!
http server enable
http 192.168.1.0 255.255.255.0 inside
ssh 192.168.1.0 255.255.255.0 inside
telnet 192.168.1.0 255.255.255.0 inside
telnet timeout 10
ssh timeout 10
!
class-map inspection_default
```

```
match default-inspection-traffic
policy-map global_policy
class inspection_default
inspect icmp
!
crypto key generate rsa modulus 1024
```

d. 在特权 EXEC 模式提示符后，发出 **write mem**（或 **copy run start**）命令将运行配置保存到启动配置中，将 RSA 密钥保存到非易失性存储器中。

第 4 步：访问 ASDM。

a. 在 PC-B 上打开浏览器，输入 **https://192.168.1.1** 以测试对 ASA 的 HTTPS 访问。输入 https://192.168.1.1 URL 后，你会看到有关网站安全证书的安全警告。单击 **Continue to this website**。如果看到任何其他安全警告，请单击 **Yes**。

> 注意：在 URL 中指定 HTTPS 协议。

b. 在 ASDM 欢迎页面中，单击 **Install Java Web Start**，如图 4-83 所示。系统将显示 ASDM-IDM 启动程序。

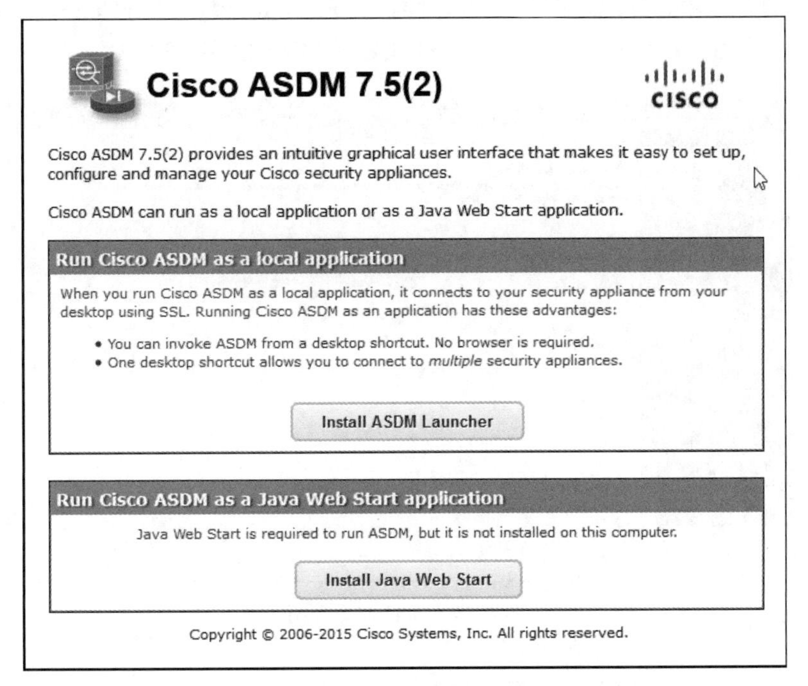

图 4-83 ASDM 欢迎页面

c. 以 **admin01** 用户的身份登录，密码为 **admin01pass**，如图 4-84 所示。

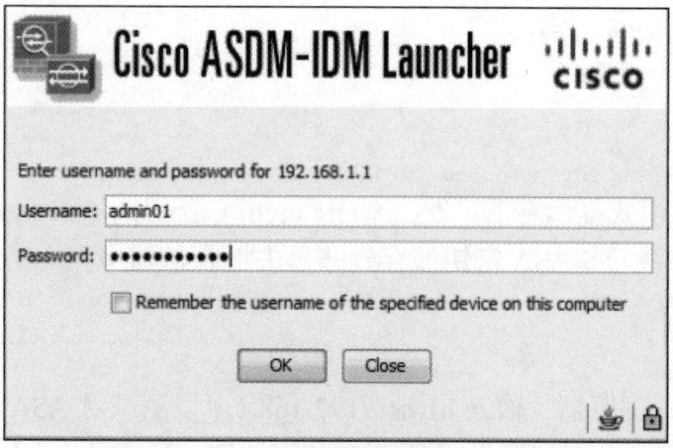

图 4-84 Cisco ASDM-IDM Launcher

任务3：使用ASDM配置AnyConnect SSL VPN远程访问

第1步：启动VPN向导。

a. 在ASDM主菜单中，依次单击 **Wizards** > **VPN Wizards** > **AnyConnect VPN Wizard**。

b. 查看屏幕上的文本和拓扑。单击 **Next** 按钮继续，如图4-85所示。

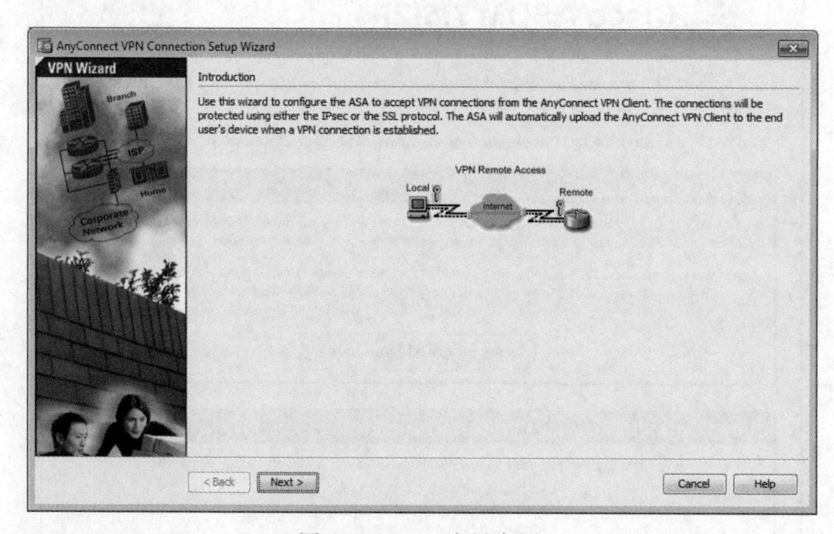

图 4-85 VPN向导介绍

第2步：配置SSL VPN接口连接配置文件。

在 **Connection Profile Identification** 屏幕中，输入 **AnyConnect SSL VPN** 作为连接配置文件的名称，并指定 **outside** 接口作为VPN访问接口。单击 **Next** 按钮继续，如图4-86所示。

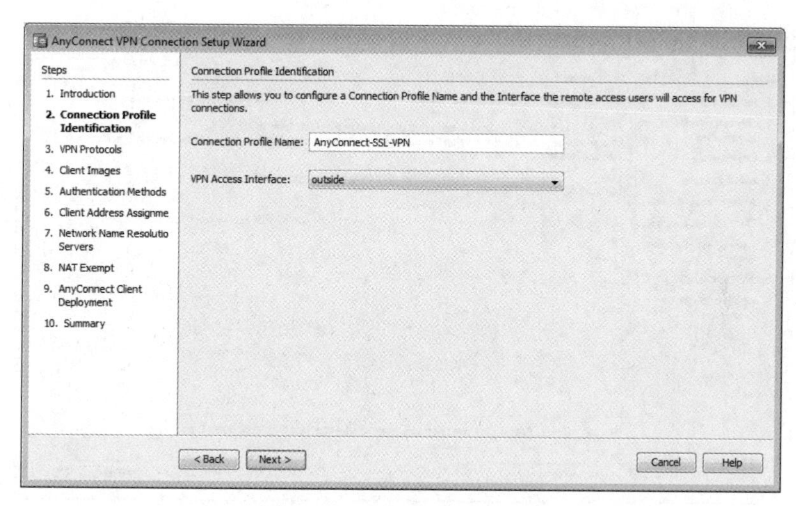

图 4-86　连接配置文件标识

第 3 步：指定 VPN 加密协议。

在 **VPN Protocols** 屏幕上，取消选中 **IPsec** 复选框并选中 **SSL** 复选框。请不要指定设备证书。单击 **Next** 按钮继续，如图 4-87 所示。

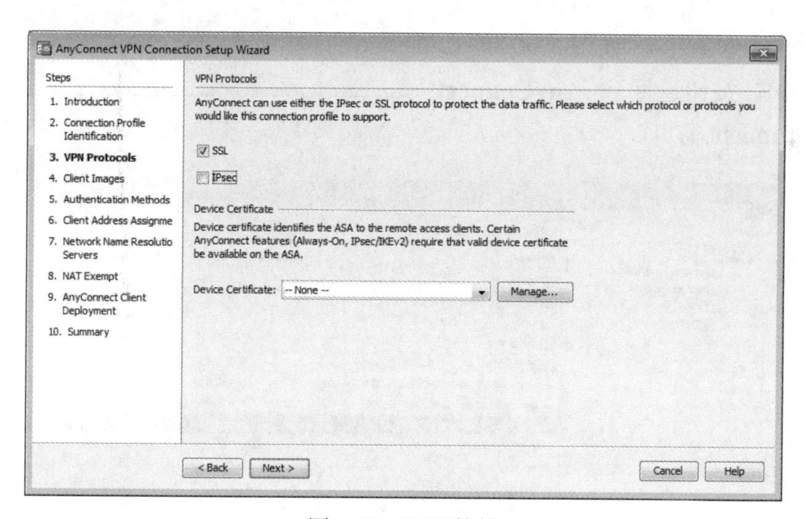

图 4-87　VPN 协议

第 4 步：指定要上传到 AnyConnect 用户的客户端映像。

a. 在 **Client Images** 屏幕上，单击 **Add** 以指定 AnyConnect 客户端映像文件名，如图 4-88 所示。

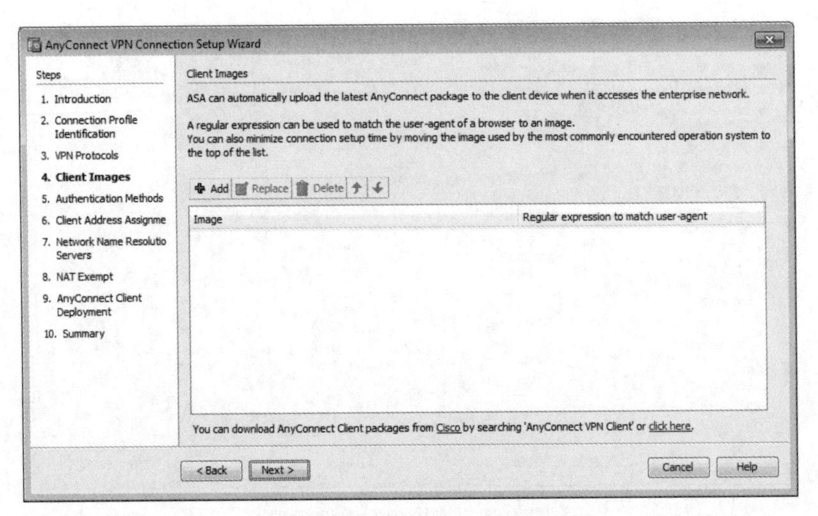

图 4-88　客户端映像

b. 在 **Add AnyConnect Client Image** 窗口中，单击 **Browse Flash** 按钮，如图 4-89 所示。

c. 在 **Browse Flash** 窗口中，选择适用于 Windows 的 AnyConnect 软件包文件（在本例中为 **anyconnect-win-4.1.00028-k9.pkg**），如图 4-90 所示。单击 **OK** 按钮返回到 **AnyConnect Client Image** 窗口。

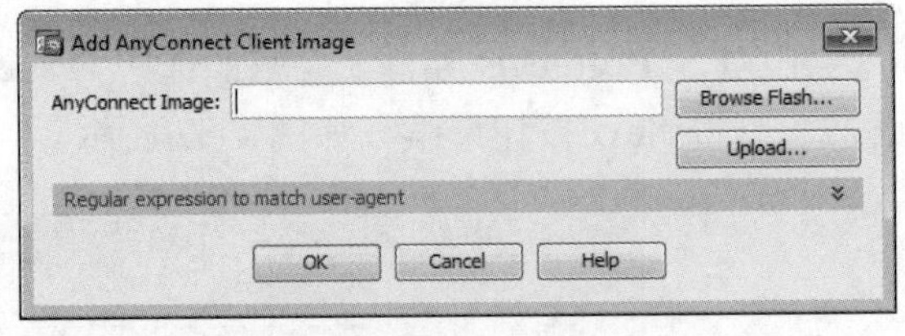

图 4-89　添加 AnyConnect 客户端映像

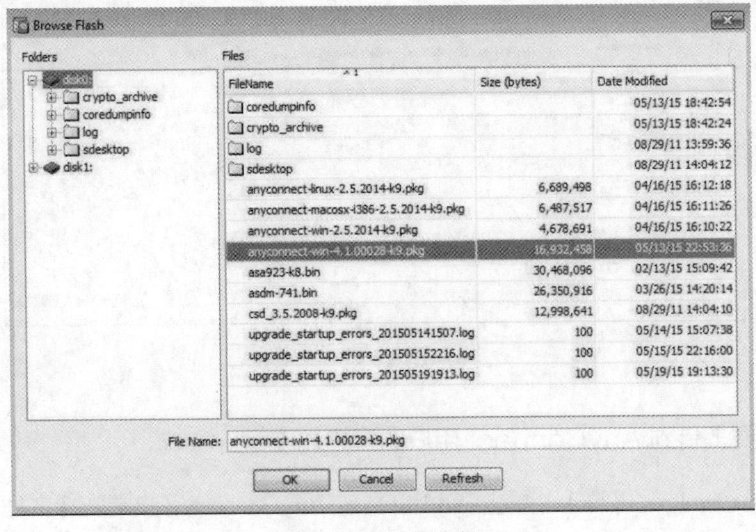

图 4-90　浏览闪存

d. 再次单击 **OK** 按钮返回到 **Client Images** 窗口，如图 4-91 所示。

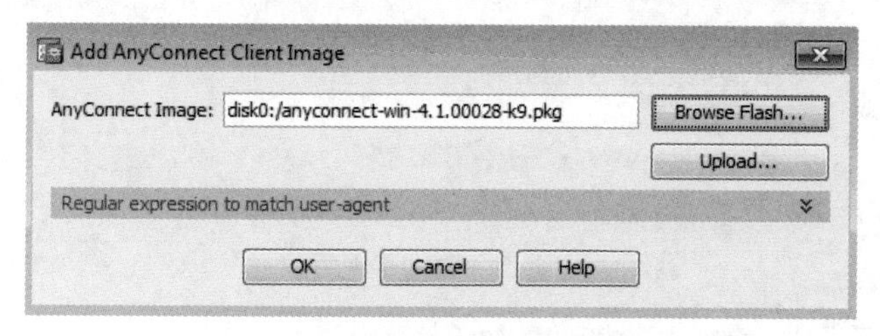

图 4-91　添加客户端映像

e. **Client Images** 窗口中现在会显示所选的映像。单击 **Next** 按钮继续，如图 4-92 所示。

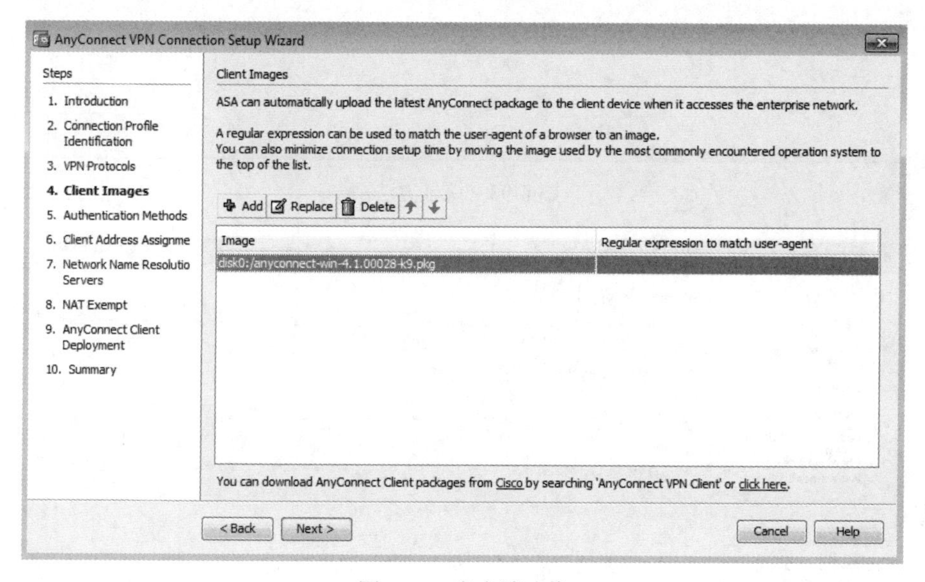

图 4-92　客户端映像

第 5 步：配置 AAA 本地认证。

a. 在 **Authentication Methods** 屏幕上，确保将 AAA 服务器组指定为 **LOCAL**。
b. 输入名为 **REMOTE-USER** 的新用户，密码为 **cisco12345**。单击 **Add** 按钮，如图 4-93 所示。
c. 单击 **Next** 按钮继续。

第 6 步：配置客户端地址的分配。

a. 在 **Client Address Assignment** 窗口中，单击 **New** 按钮以创建 IPv4 地址池，如图 4-94 所示。

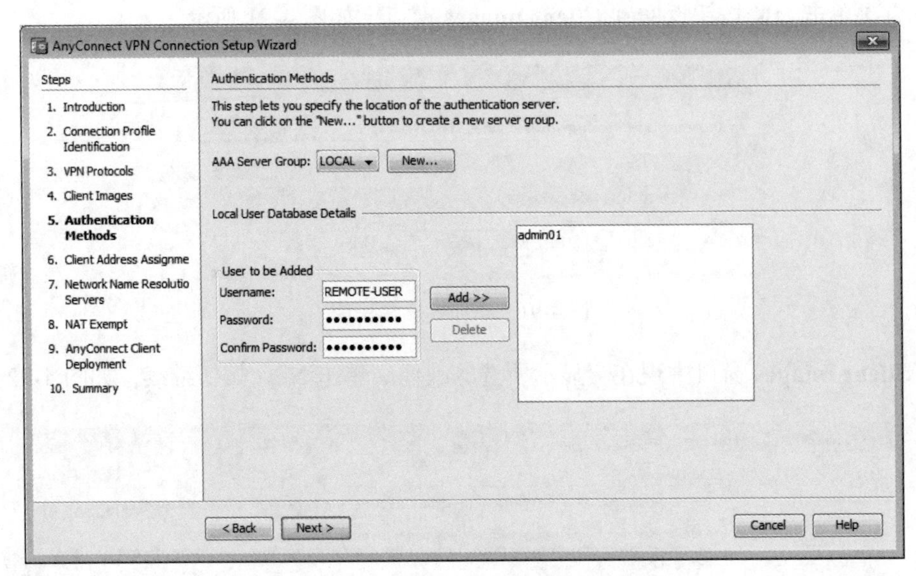

图 4-93 认证方法

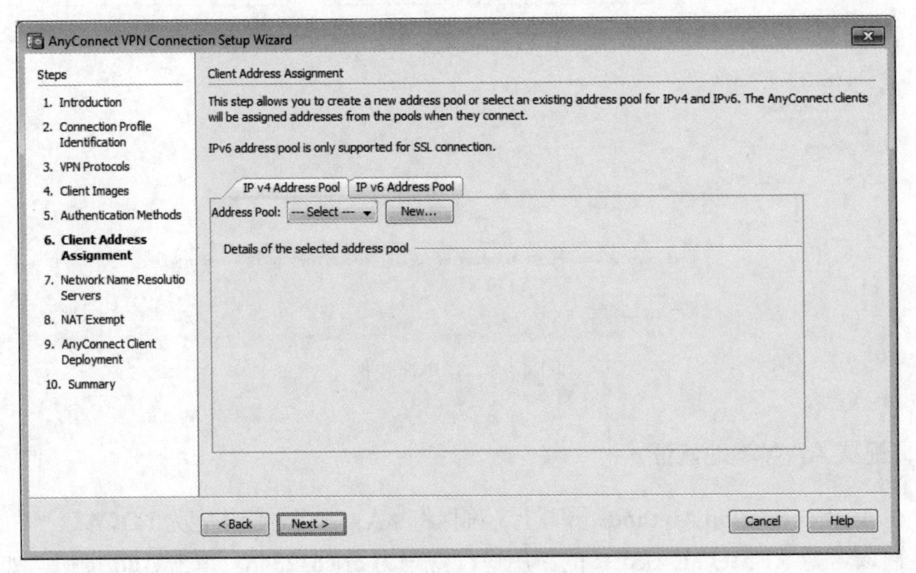

图 4-94 客户端地址分配

b. 在 **Add IPv4 Pool** 窗口中，将该地址池命名为 **Remote-Pool**，指定起始 IP 地址为 **192.168.1.100**，结束 IP 地址为 **192.168.1.125**，子网掩码为 **255.255.255.0**，如图 4-95 所示。单击 **OK** 按钮以返回到 **Client Address Assignment** 窗口，该窗口现在将显示新创建的远程用户 IP 地址池。

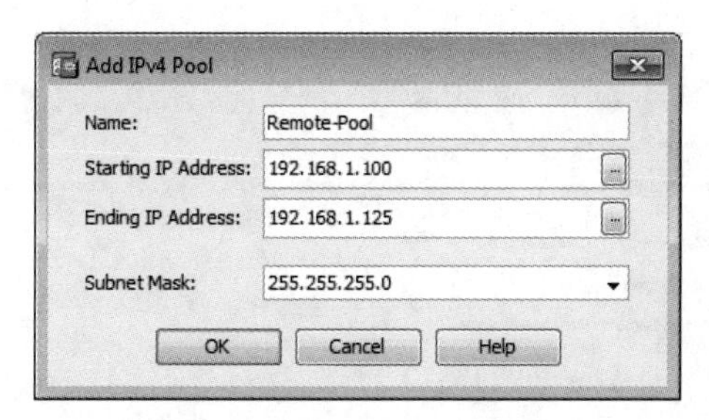

图 4-95　添加 IPv4 地址池

c. **Client Address Assignment** 窗口现在显示新创建的远程用户 IP 地址池。单击 **Next** 按钮继续，如图 4-96 所示。

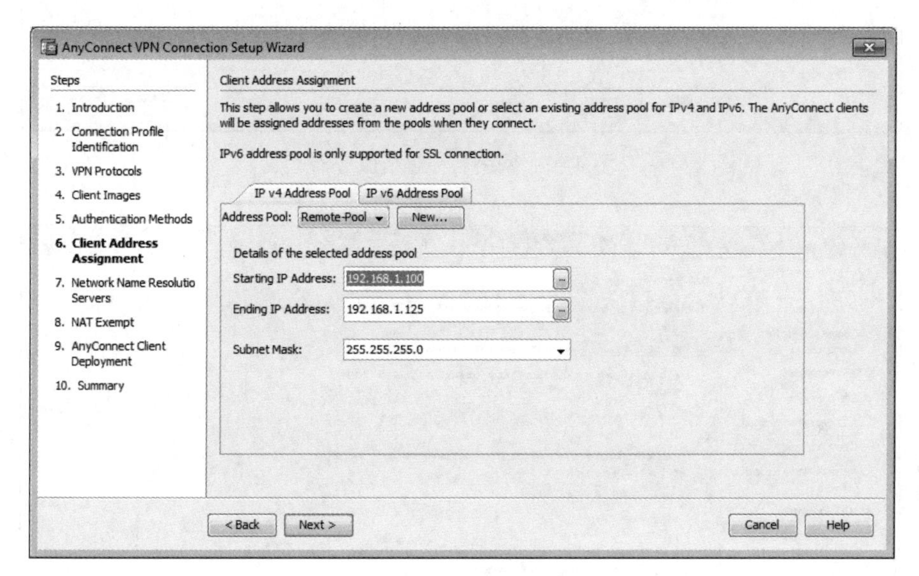

图 4-96　客户端地址分配

第 7 步：配置网络名称解析。

在 **Network Name Resolution Servers** 屏幕上，输入 DNS 服务器的 IP 地址（**192.168.2.3**）。将当前域名保留为 **ccnasecurity.com**。单击 **Next** 按钮继续，如图 4-97 所示。

第 8 步：免除 VPN 流量的地址转换。

在 **NAT Exempt** 屏幕上，单击 **Exempt VPN traffic from network address translation** 复选框。请勿更改内部接口（**inside**）和本地网络（**any4**）的默认条目。单击 **Next** 按钮继续，如图 4-98 所示。

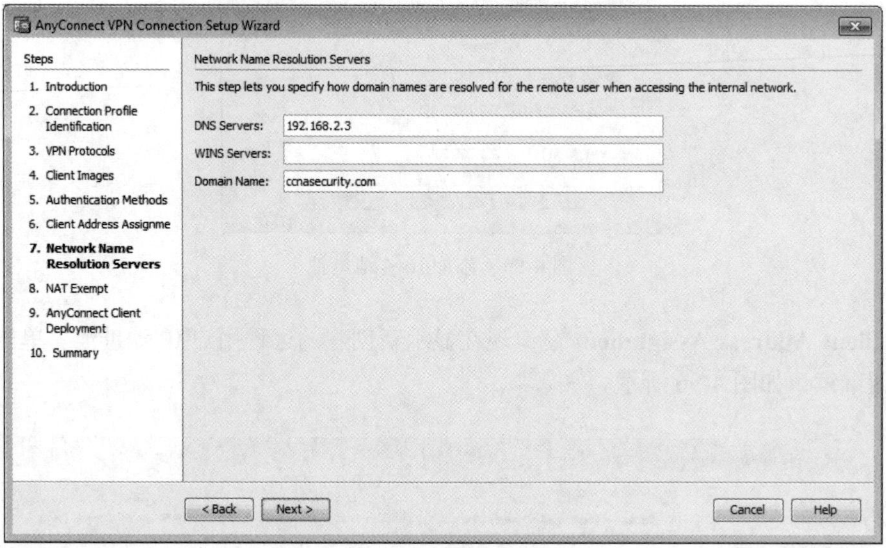

AnyConnect VPN Connection Setup Wizard

Steps
1. Introduction
2. Connection Profile Identification
3. VPN Protocols
4. Client Images
5. Authentication Methods
6. Client Address Assignme
7. **Network Name Resolution Servers**
8. NAT Exempt
9. AnyConnect Client Deployment
10. Summary

Network Name Resolution Servers

This step lets you specify how domain names are resolved for the remote user when accessing the internal network.

DNS Servers: 192.168.2.3
WINS Servers:
Domain Name: ccnasecurity.com

< Back Next > Cancel Help

图 4-97 网络名称解析服务器

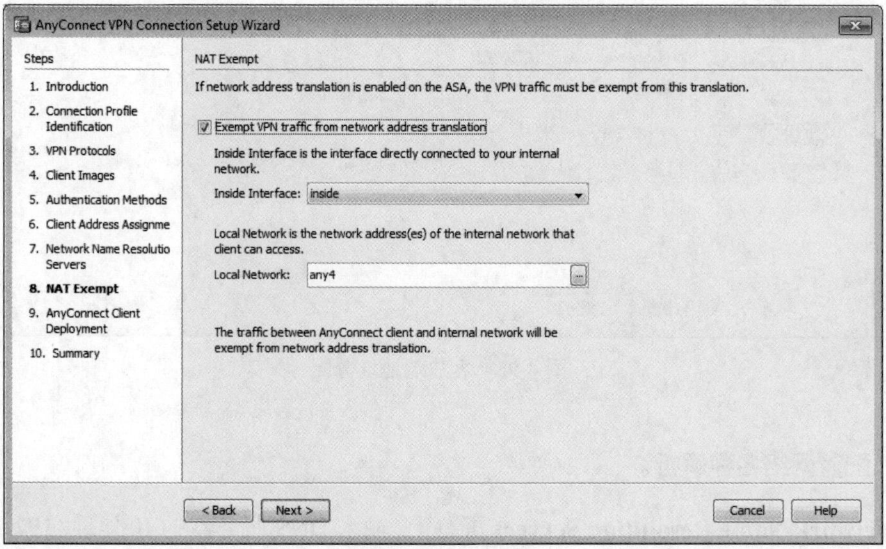

AnyConnect VPN Connection Setup Wizard

Steps
1. Introduction
2. Connection Profile Identification
3. VPN Protocols
4. Client Images
5. Authentication Methods
6. Client Address Assignme
7. Network Name Resolutio Servers
8. **NAT Exempt**
9. AnyConnect Client Deployment
10. Summary

NAT Exempt

If network address translation is enabled on the ASA, the VPN traffic must be exempt from this translation.

Exempt VPN traffic from network address translation

Inside Interface is the interface directly connected to your internal network.
Inside Interface: inside

Local Network is the network address(es) of the internal network that client can access.
Local Network: any4

The traffic between AnyConnect client and internal network will be exempt from network address translation.

< Back Next > Cancel Help

图 4-98 NAT 免除

第9步：查看 AnyConnect 客户端部署详细信息。

在 **AnyConnect Client Deployment** 屏幕上，阅读描述选项的文本，然后单击 **Next** 按钮继续，如图 4-99 所示。

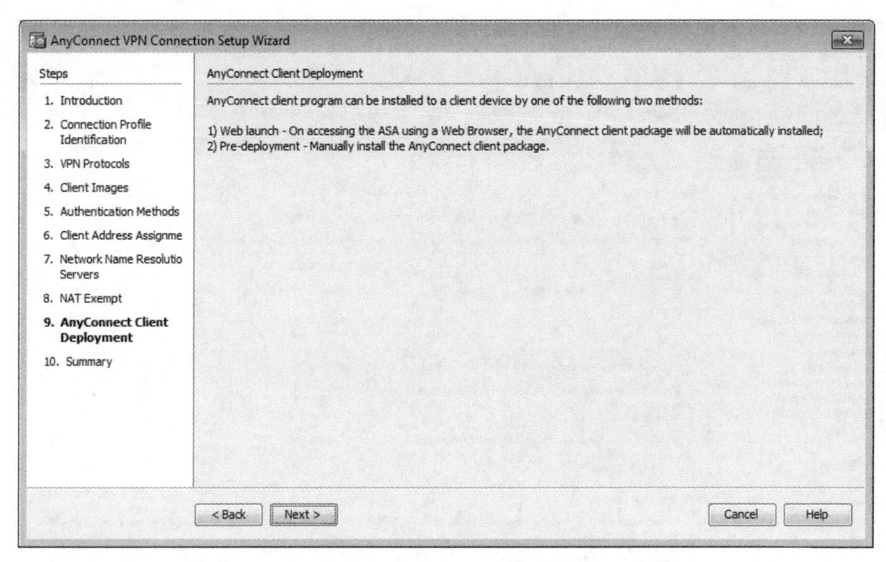

图 4-99　AnyConnect 客户端部署

第 10 步：查看 Summary 屏幕，并将配置应用到 ASA 中。

在 **Summary** 屏幕上，查看配置说明，然后单击 **Finish** 按钮，如图 4-100 所示。

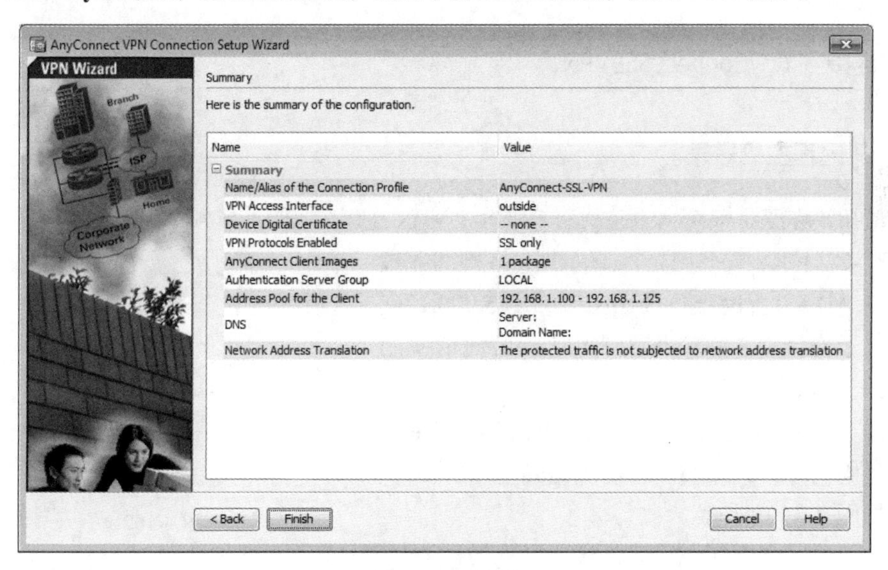

图 4-100　摘要

第 11 步：验证 AnyConnect 客户端配置文件。

将配置传送到 ASA 后，系统将显示 **AnyConnect Connection Profiles** 屏幕，如图 4-101 所示。

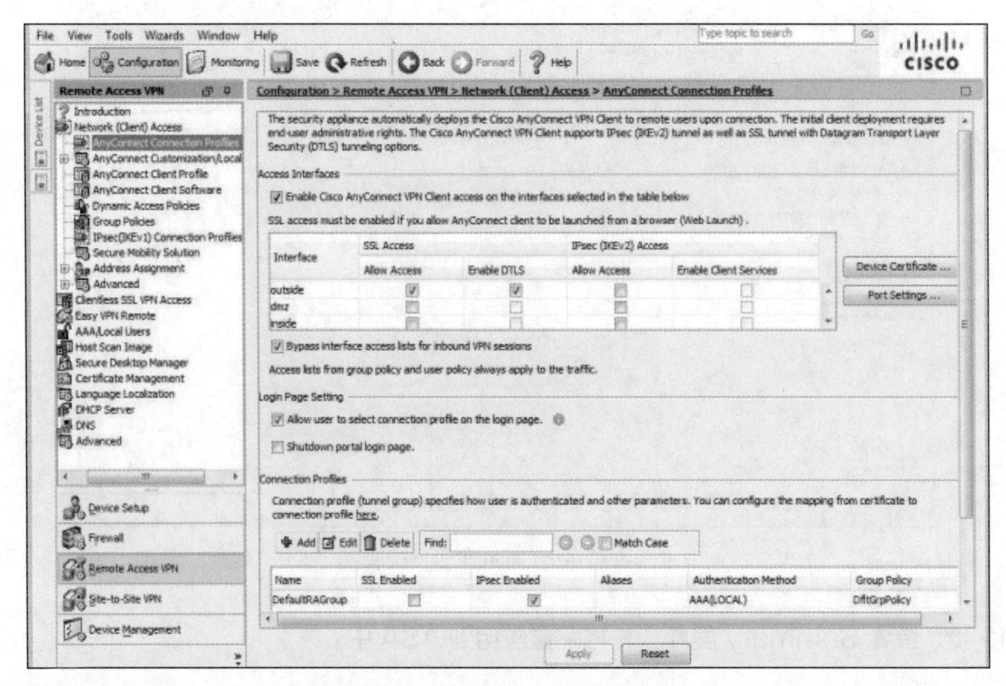

图 4-101 AnyConnect 连接配置文件

任务 4：连接到 AnyConnect SSL VPN

第 1 步：从远程主机登录。

a. 最初，你需要与 ASA 建立无客户端 SSL VPN 连接，以便下载 AnyConnect 客户端软件。在 PC-C 上打开 Web 浏览器。在浏览器的地址字段中，为 SSL VPN 输入 **https://209.165.200.226**。由于连接 ASA 需要用到 SSL，因此请使用安全 HTTP (HTTPS)。

b. 输入先前创建的用户名 **REMOTE-USER**，密码为 **cisco12345**。单击 **Logon** 按钮继续，如图 4-102 所示。

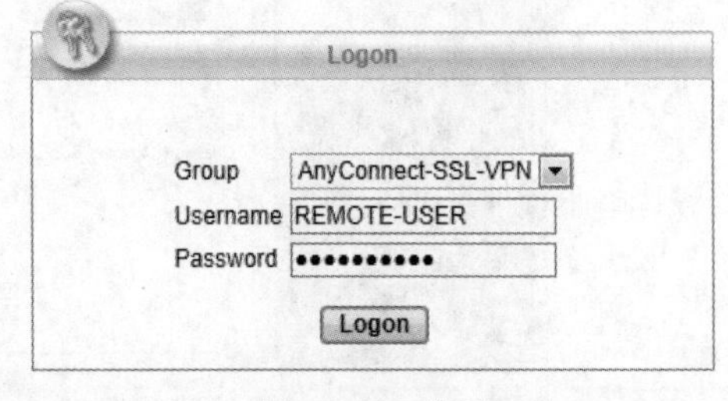

图 4-102 登录

注意：ASA 可能会请求确认这是受信任的站点。如果收到此请求，请单击 **Yes** 按钮以继续操作。

第 2 步：执行平台检测（如果需要）。

如果必须下载 AnyConnect 客户端，远程主机上将显示安全警告。ASA 将检测主机系统上是否有 ActiveX。为了使 ActiveX 能够在思科 ASA 上正常运行，需要将安全设备添加为受信任的网络站点，这一点非常重要。

> **注意**：如果未检测到 ActiveX，必须手动下载并安装 AnyConnect 客户端软件。请跳至**第 3 步**，了解有关手动下载 AnyConnect 客户端软件的说明。

a. ASA 将开始软件的自动下载过程，包括对目标系统的一系列合规性检查。ASA 执行平台检测，通过查询客户端系统，尝试确定连接到安全设备的客户端类型。根据确定的平台，系统会自动下载正确的软件包，如图 4-103 所示。

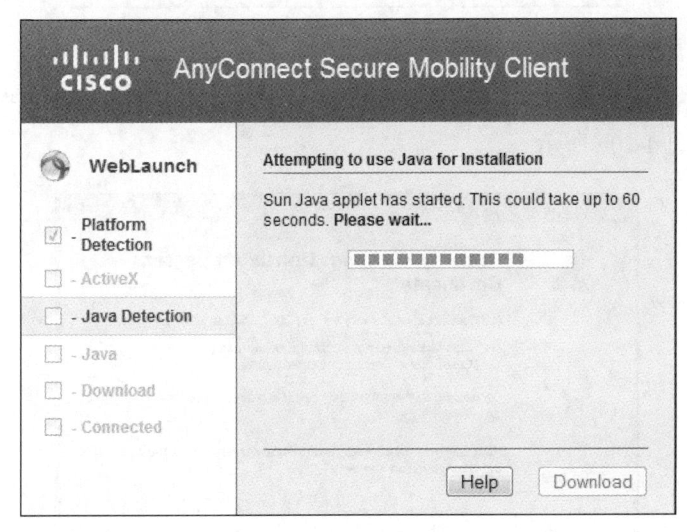

图 4-103　执行平台检测

b. 如果你看到 **AnyConnect Downloader** 窗口指示无法验证 209.165.200.226 AnyConnect 服务器，请单击 **Change Setting** 按钮，如图 4-104 所示。

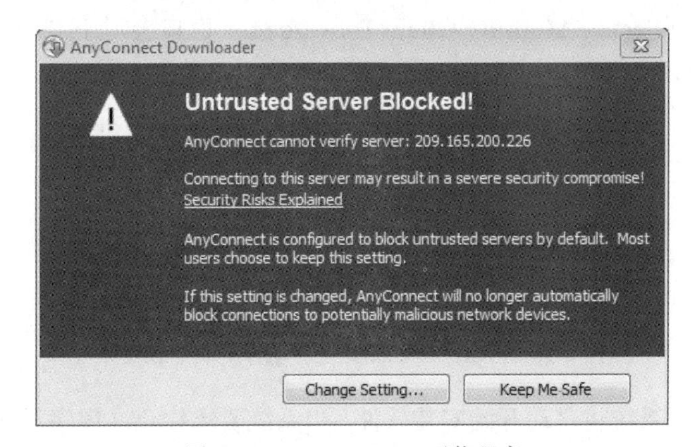

图 4-104　AnyConnect 下载程序

c. AnyConnect 下载程序将显示验证窗口，以更改阻止不受信任的连接的设置。单击 **Apply Change** 按钮，如图 4-105 所示。

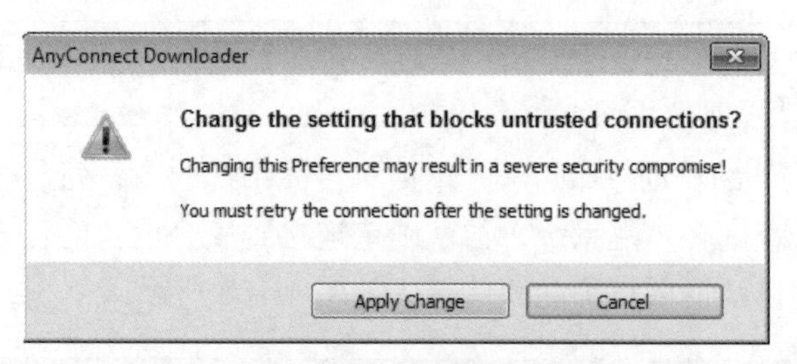

图 4-105 应用更改

d. 如果收到 **Security Warning: Untrusted Server Certificate** 消息，请单击 **Connect Anyway** 按钮，如图 4-106 所示。

图 4-106 安全警告：不受信任的服务器证书

e. **AnyConnect Secure Mobility Client Downloader** 窗口会对下载时间进行倒计时，如图 4-107 所示。

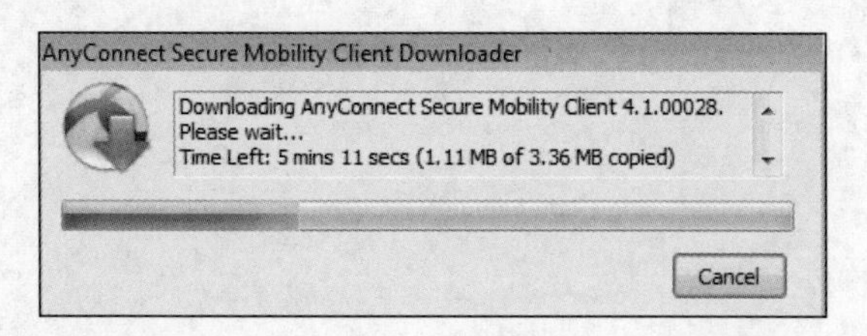

图 4-107 AnyConnect 安全移动客户端下载程序

f. 下载完成后，系统将自动开始安装软件。当系统要求你允许程序对计算机进行更改时，单击 **Yes** 按钮，如图 4-108 所示。

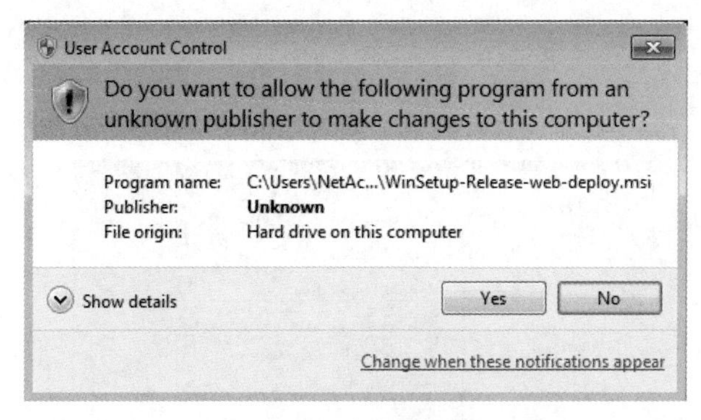

图 4-108 安装软件

g. 安装完成后，AnyConnect 客户端将建立 SSL VPN 连接，如图 4-109 所示。

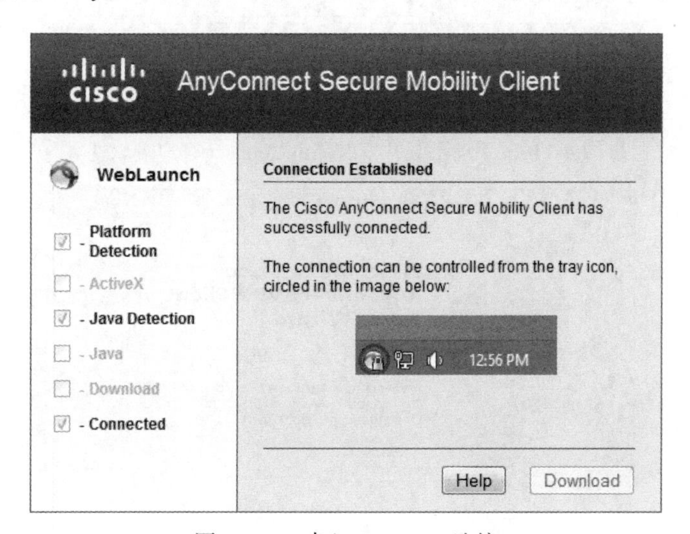

图 4-109 建立 SSL VPN 连接

h. 如果已选中左侧面板中的 **Connected** 复选框，请跳至**第 5 步**。如果未选中 **Connect** 复选框，继续执行**第 3 步**。

第 3 步：安装 AnyConnect VPN 客户端（如果需要）。

如果未检测到 ActiveX，必须手动下载并安装 AnyConnect 客户端软件，如图 4-110 所示。

a. 在 **Manual Installation** 屏幕上，点击 **Windows 7/Vista/64/XP**。

b. 单击 **Run** 按钮以安装 AnyConnect VPN 客户端。

c. 下载完成后，系统将启动思科 AnyConnect VPN 客户端的安装。单击 **Next** 按钮继续，如图 4-111 所示。

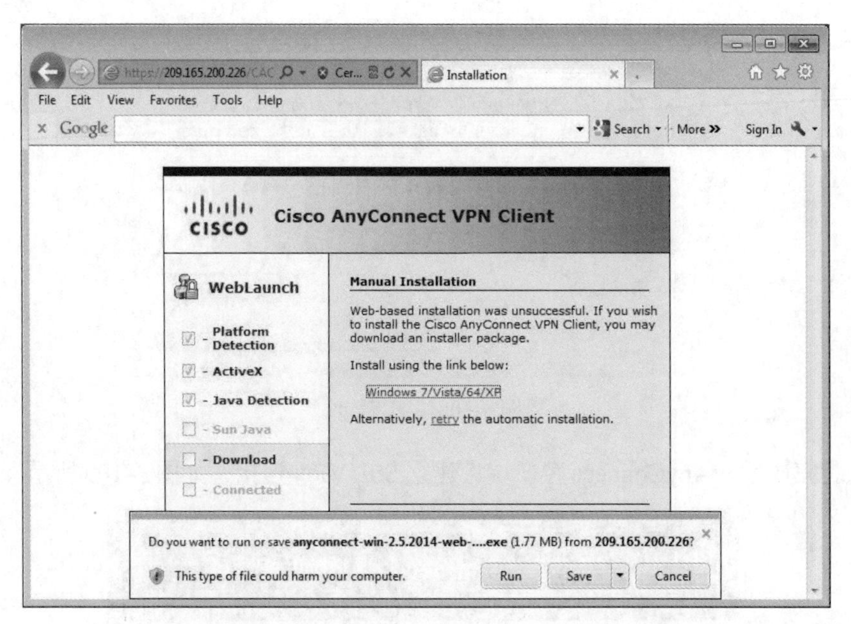

图 4-110　手动下载并安装 AnyConnect 客户端软件

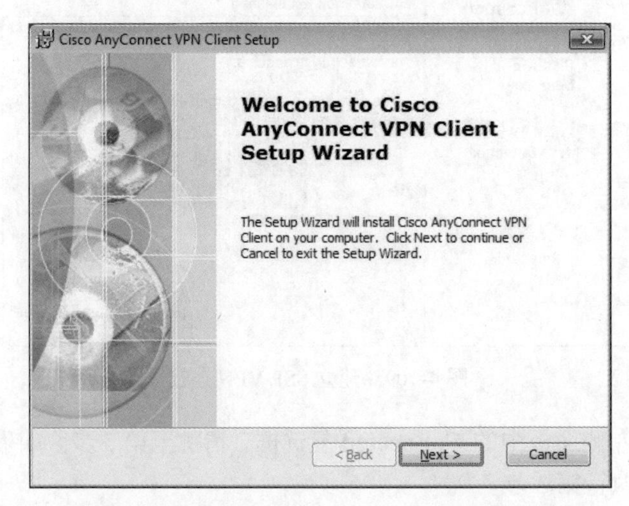

图 4-111　启动思科 AnyConnect VPN 客户端的安装

d. 阅读最终用户许可协议。选择 **I accept the terms in the License Agreement**，然后单击 **Next** 按钮，如图 4-112 所示。

e. 系统显示 **Ready to Install** 窗口。单击 **Install** 按钮继续，如图 4-113 所示。

注意：如果显示安全警告，请单击 **Yes** 按钮以继续。

f. 单击 **Finish** 按钮完成安装，如图 4-114 所示。

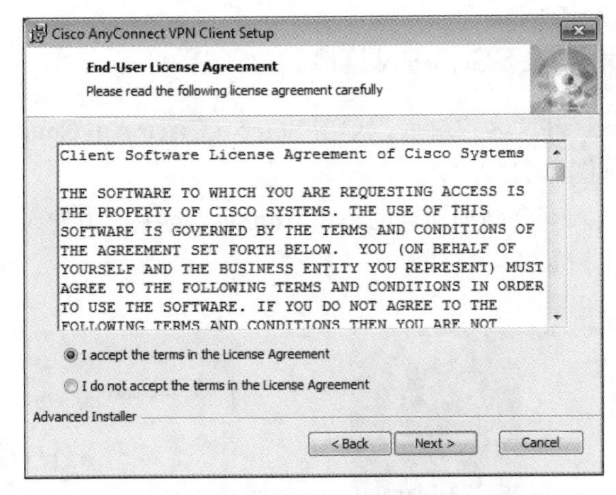

图 4-112　最终用户许可协议

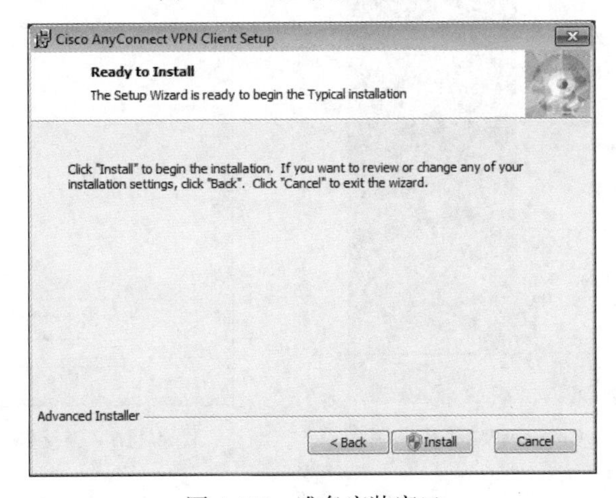

图 4-113　准备安装窗口

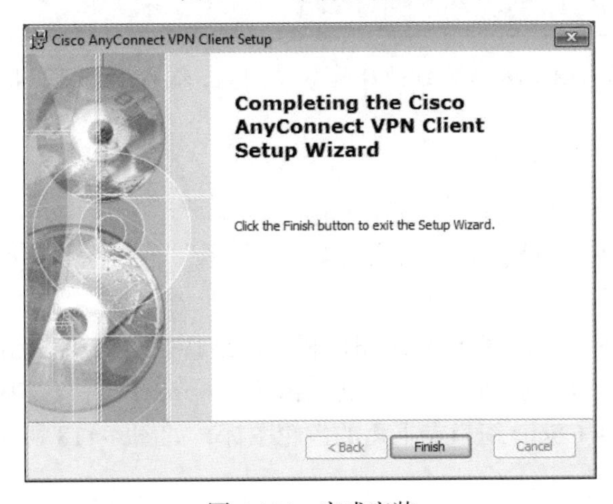

图 4-114　完成安装

第4步：建立 AnyConnect SSL VPN 连接。

a. 安装 AnyConnect VPN 客户端后，单击 **Start > Cisco AnyConnect VPN Client** 以手动启动该程序，如图 4-115 所示。

b. 当系统提示你输入安全网关地址时，在 **Connect to** 字段中输入 **209.165.200.226**，然后单击 **Select** 按钮，如图 4-116 所示。

图 4-115　启动 AnyConnect VPN 客户端

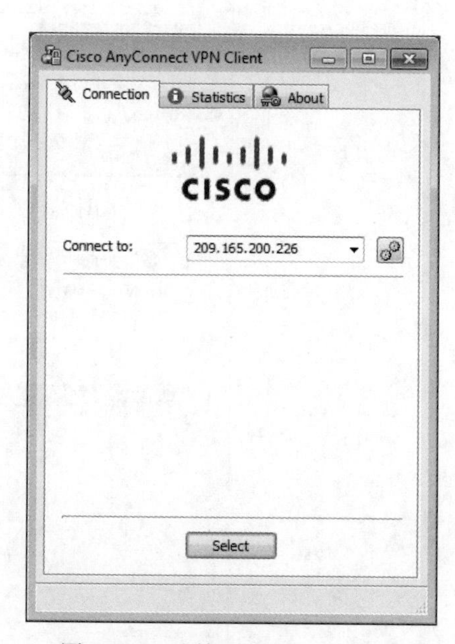

图 4-116　连接到 209.165.200.226

> **注意**：如果显示安全警告，请单击 **Yes** 按钮以继续。

c. 出现提示时，输入 **REMOTE-USER** 作为用户名，输入 **cisco12345** 作为密码，如图 4-117 所示。

第5步：确认 VPN 连接。

建立全隧道 SSL VPN 连接后，系统托盘中将显示一个图标，指示客户端已成功连接到 SSL VPN 网络。

a. 双击系统托盘中的 **AnyConnect** 图标将显示连接统计数据和相关信息。你将能够从这里断开 SSN VPN 会话。此时请勿单击 **Disconnect** 按钮。单击 **Cisco AnyConnect Secure Mobility Client** 窗口左下角的齿轮图标，如图 4-118 所示。

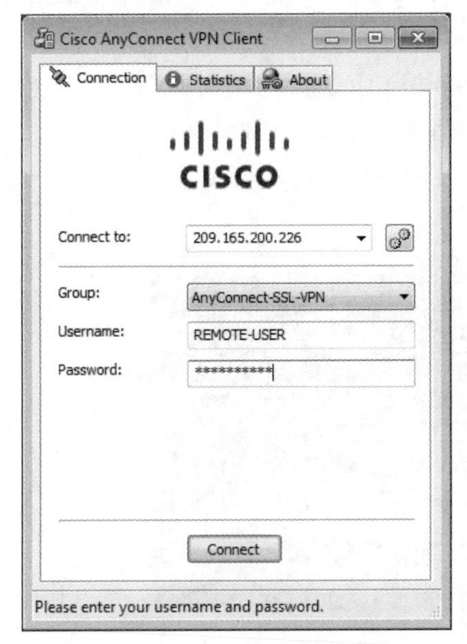

图 4-117 输入用户名和密码

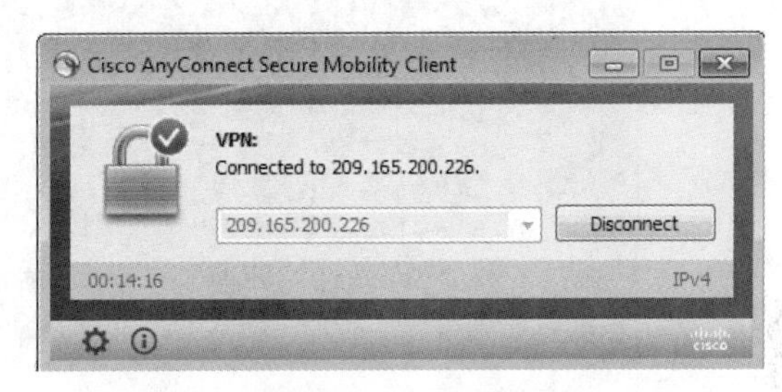

图 4-118 思科 AnyConnect 安全移动客户端

b. 使用 **Virtual Private Network (VPN)**下的 **Statistics** 选项卡右侧的滚动条获取其他连接信息，如图 4-119 所示。

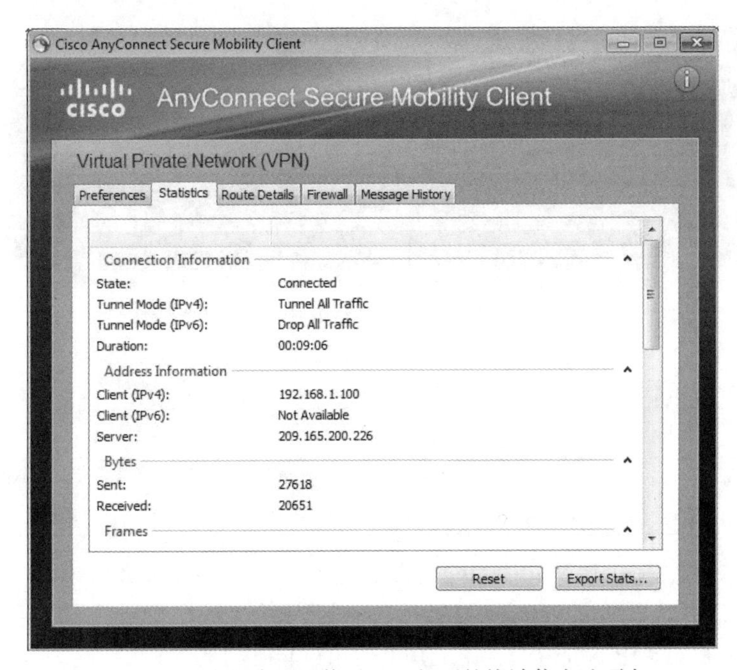

图 4-119 虚拟专用网络（VPN）下的统计信息选项卡

注意： 从 VPN 地址池分配给客户端的内部 IP 地址是 192.168.1.100～125。

c. 在远程主机 PC-C 上的命令提示符后，使用 **ipconfig** 命令验证 IP 地址分配。注意，系统列出了两个 IP 地址。其中一个用作 PC-C 远程主机本地 IP 地址（**172.16.3.3**），另一个是分配给 SSL VPN 隧道的 IP 地址（**192.168.1.100**），如图 4-120 所示。

```
C:\Windows\system32\cmd.exe
C:\Users\NetAcad>ipconfig

Windows IP Configuration


Ethernet adapter Local Area Connection 3:

   Connection-specific DNS Suffix  . : ccnasecurity.com
   IPv4 Address. . . . . . . . . . . : 192.168.1.100
   Subnet Mask . . . . . . . . . . . : 255.255.255.0
   Default Gateway . . . . . . . . . : 192.168.1.1

Ethernet adapter Local Area Connection:

   Connection-specific DNS Suffix  . :
   Link-local IPv6 Address . . . . . : fe80::70f5:f35c:59de:53a7%11
   IPv4 Address. . . . . . . . . . . : 172.16.3.3
   Subnet Mask . . . . . . . . . . . : 255.255.255.0
   Default Gateway . . . . . . . . . : 172.16.3.1

C:\Users\NetAcad>_
```

图 4-120 验证 IP 地址分配

d. 在远程主机 PC-C 上，对 PC-B（**192.168.1.3**）执行 ping 操作以验证连接，如图 4-121 所示。

```
C:\Windows\system32\cmd.exe
C:\Users\NetAcad>ping 192.168.1.3

Pinging 192.168.1.3 with 32 bytes of data:
Reply from 192.168.1.3: bytes=32 time=4ms TTL=128
Reply from 192.168.1.3: bytes=32 time=4ms TTL=128
Reply from 192.168.1.3: bytes=32 time=9ms TTL=128
Reply from 192.168.1.3: bytes=32 time=4ms TTL=128

Ping statistics for 192.168.1.3:
    Packets: Sent = 4, Received = 4, Lost = 0 (0% loss),
Approximate round trip times in milli-seconds:
    Minimum = 4ms, Maximum = 9ms, Average = 5ms

C:\Users\NetAcad>
```

图 4-121 对 PC-B（192.168.1.3）执行 ping 操作

第 6 步：使用 ASDM 监视器查看 AnyConnect 远程用户会话。

注意： 未来的 SSL VPN 会话可以通过 Web 门户或安装的思科 AnyConnect SSL VPN 客户端启动。当 PC-C 上的远程用户使用 AnyConnect 客户端登录时，你可以使用 ASDM 监视器查看会话统计信息。

在 ASDM 菜单栏中单击 **Monitoring**，然后选择 **VPN** > **VPN Statistics** > **Sessions**。单击 **Filter By** 下拉列表并选择 **AnyConnect Client**。你应看到从 PC-C 登录的 **VPN-User** 会话，ASA 已向其分配了内部网络 IP 地址 **192.168.1.100**，如图 4-122 所示。

> **注意：你可能需要单击 Refresh 按钮以显示远程用户会话。**

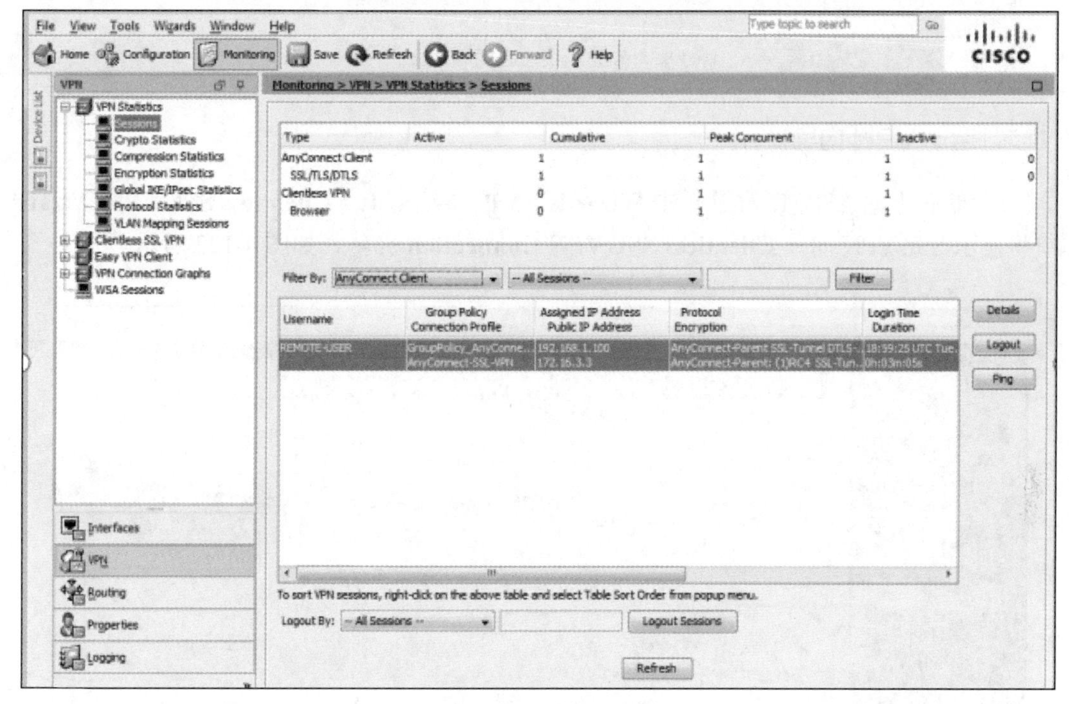

图 4-122 远程用户会话

实验 2：ASDM 配置无客户端 SSL VPN

1. 实验目的

通过本实验可以掌握：

- 启动 VPN 向导；
- 配置 SSL VPN 用户界面；
- 配置 AAA 用户认证；
- 配置 VPN 组策略；
- 配置书签列表；
- 验证远程主机的 VPN 访问；
- 访问 Web 门户窗口。

2. 实验拓扑

本实验所用的拓扑如图 4-4 所示。

3. 实验步骤

> 注意：各个实验路由器和 ASA 的基本配置本实验不再赘述。

第1步：启动 VPN 向导。

使用 PC-B 上的 ASDM，依次单击 **Wizards > VPN Wizards > Clientless SSL VPN Wizard**。系统将显示 SSL VPN 向导 **Clientless SSL VPN Connection** 屏幕，如图 4-123 所示。

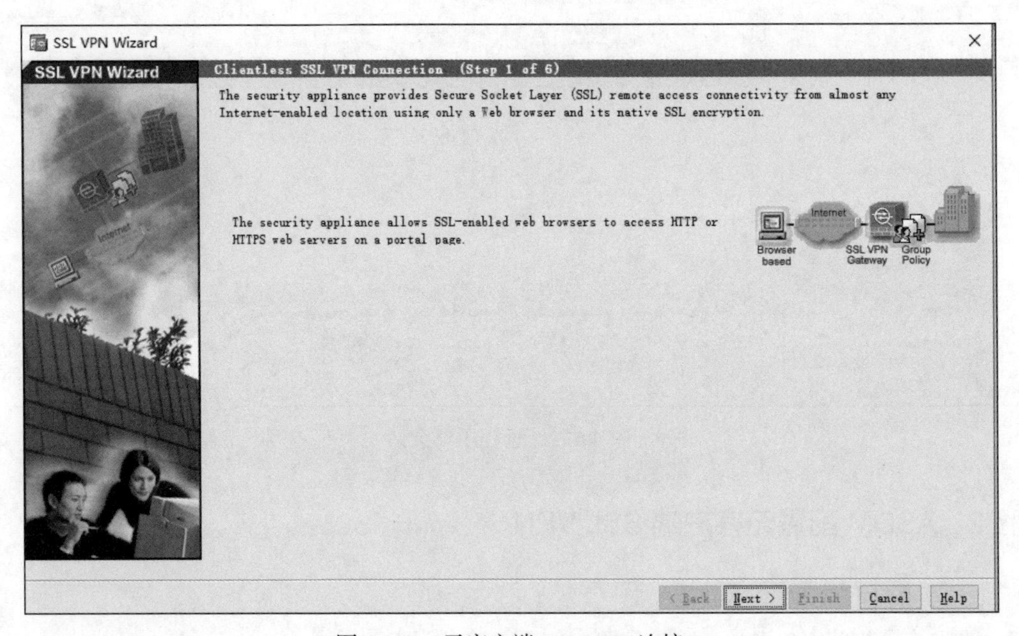

图 4-123 无客户端 SSL VPN 连接

第2步：配置 SSL VPN 用户界面。

在 **SSL VPN Interface** 屏幕上，配置 **VPN-PROFILE** 作为连接配置文件名称，并指定 **outside** 作为外部用户将连接的接口，如图 4-124 所示。

第3步：配置 AAA 用户认证。

在 **User Authentication** 屏幕上，单击 **Authenticate Using the Local User Database**，并输入用户名 **VPNuser** 和密码 **Remotepa55**，如图 4-125 所示。单击 **Add** 按钮以创建新用户。

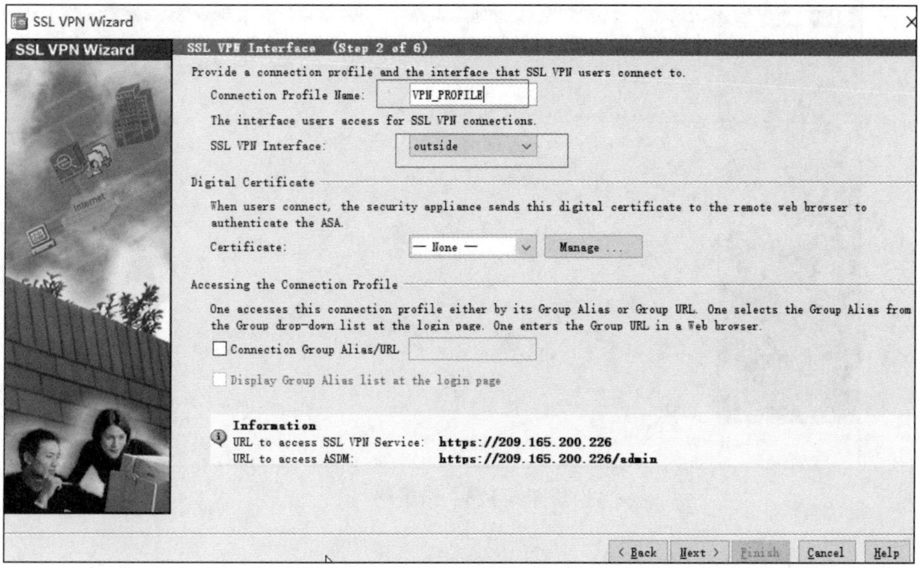

SSL VPN Wizard
SSL VPN Wizard
SSL VPN Interface (Step 2 of 6)
Provide a connection profile and the interface that SSL VPN users connect to.
Connection Profile Name: VPN_PROFILE
The interface users access for SSL VPN connections.
SSL VPN Interface: outside
Digital Certificate
When users connect, the security appliance sends this digital certificate to the remote web browser to authenticate the ASA.
Certificate: — None —
Manage ...
Accessing the Connection Profile
One accesses this connection profile either by its Group Alias or Group URL. One selects the Group Alias from the Group drop-down list at the login page. One enters the Group URL in a Web browser.
Connection Group Alias/URL
Display Group Alias list at the login page
Information
URL to access SSL VPN Service: https://209.165.200.226
URL to access ASDM: https://209.165.200.226/admin
< Back
Next >
Finish
Cancel
Help

图 4-124 SSL VPN 接口

SSL VPN Wizard
SSL VPN Wizard
User Authentication (Step 3 of 6)
The security appliance supports authentication of users by an external AAA server or local user accounts. Specify how the security appliance authenticates users when they login.
Authenticate using a AAA server group
AAA Server Group Name:
New...
Authenticate using the local user database
User to be Added
Username:
Password:
Confirm Password:
Add >>
Delete
admin01
VPNuser
< Back
Next >
Finish
Cancel
Help

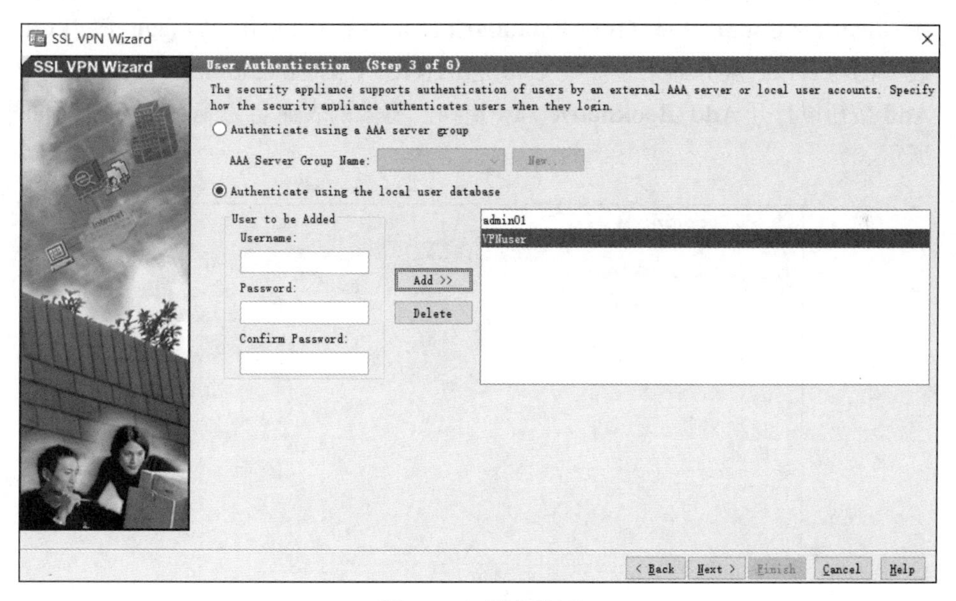

图 4-125 用户认证

第 4 步：配置 VPN 组策略。

在 **Group Policy** 屏幕中，创建名为 **VPN-GROUP** 的新的组策略，如图 4-126 所示。

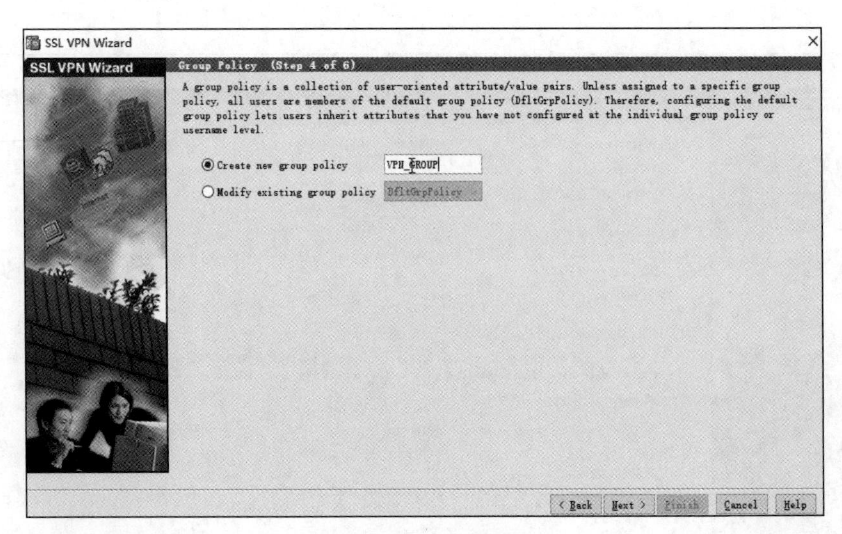

图 4-126　组策略

第 5 步：配置书签列表。

a. 在 **Clientless Connections Only-Bookmark List** 屏幕中，单击 **Manage** 按钮以在书签列表中创建 HTTP 服务器书签。在 **Configure GUI Customization Objects** 窗口中，单击 **Add** 按钮以打开 **Add Bookmark List** 窗口。将该列表命名为 **WebServer**，如图 4-127 所示。

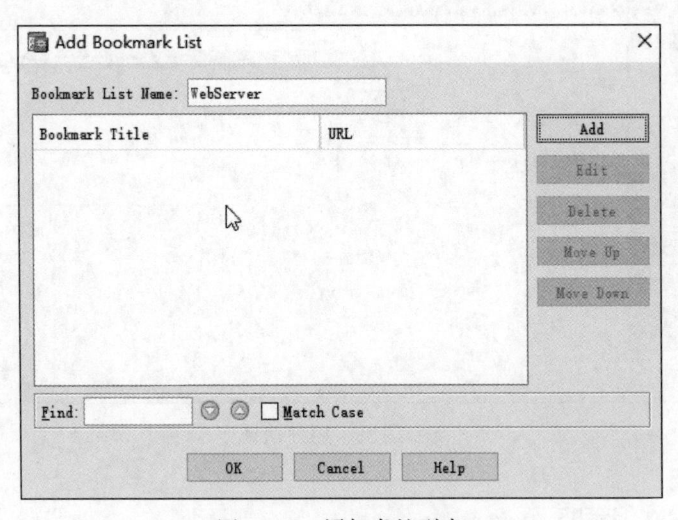

图 4-127　添加书签列表

b. 添加新书签，使用 **Web Mail** 作为书签标题。输入服务器目的 IP 地址 **192.168.1.3**（PC-B 模拟内部 Web 服务器）作为 URL，如图 4-128 所示。

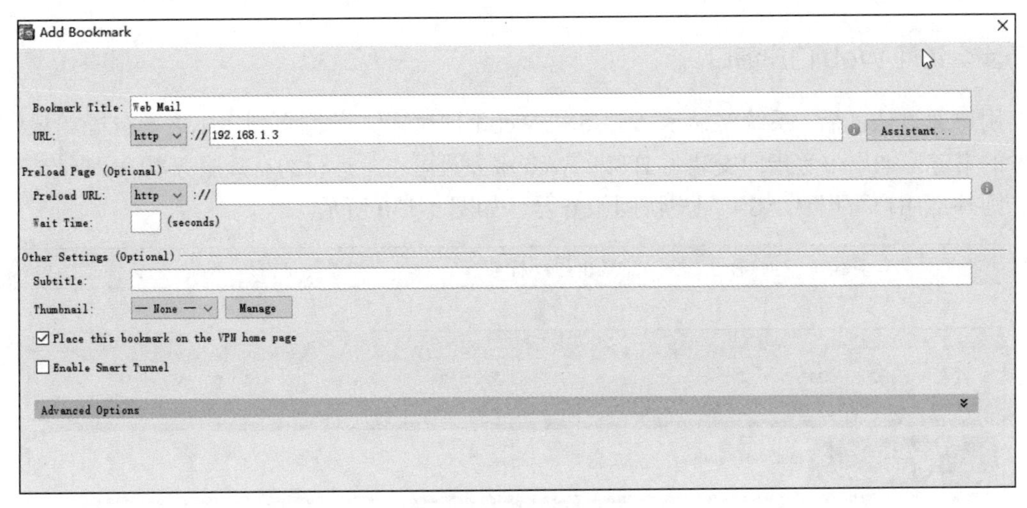

图 4-128　添加新书签

c. 单击 **OK** 按钮完成该向导并应用到 ASA。

第 6 步：验证远程主机的 VPN 访问。

a. 打开 PC-C 上的浏览器，并在地址字段中输入 SSL VPN 的登录 URL（**https://209.165.200.226**）。由于连接 ASA 需要用到 SSL，因此请使用安全 HTTP (HTTPS)。

> **注意：** 接受安全通知警告。

b. 系统应显示 **Login** 窗口。输入之前配置的用户名 **VPNuser** 和密码 **Remotepa55**，然后单击 **Login** 按钮以继续，如图 4-129 所示。

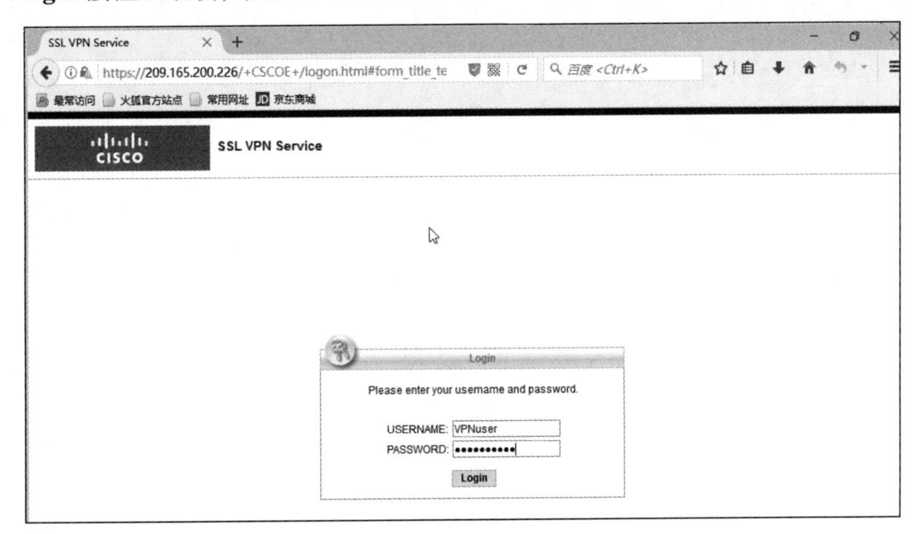

图 4-129　验证远程主机的 VPN 访问

第7步：访问Web门户窗口。

用户通过认证后，系统将显示ASA SSL Web门户网页。此网页列出了之前分配给该配置文件的书签。如果书签指向安装了HTTP Web服务且可正常运行的有效服务器IP地址或主机名，则外部用户可以从ASA门户访问服务器，如图4-130所示。

> **注意**：在本实验中，PC-B上未安装Web邮件服务器。

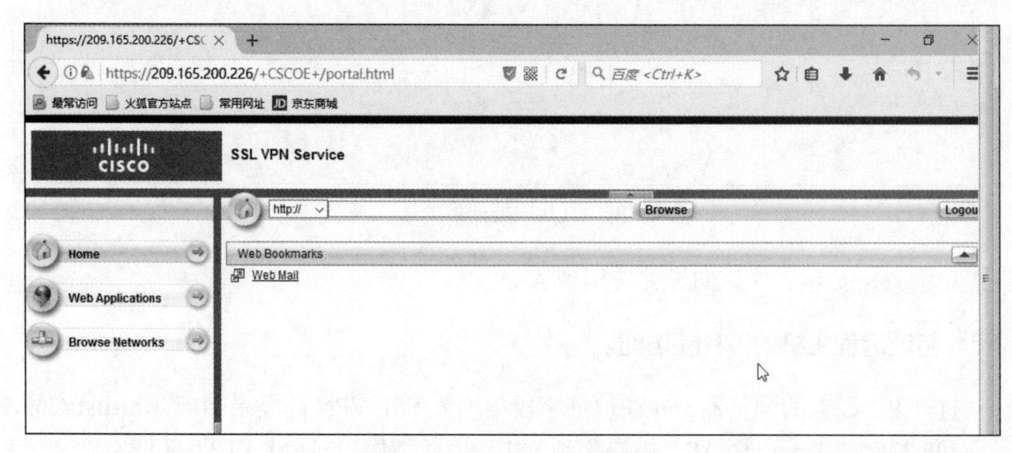

图4-130 访问Web门户窗口

第 5 章

管理安全网络

本章的综合实验分为 9 节，需要你完成一次完整的网络安全环境搭建，内容全面覆盖前面各章练习的内容。各节需要按照顺序完成。在第 1 节中，你需要创建一项基本的技术安全策略。在第 2 节中，你需要配置基本设备设置。在第 3 节中，你需要使用命令行界面（CLI）来配置包括 AAA 和 SSH 在内的 IOS 功能，以保护网络路由器的安全。在第 4 节中，你需要在 ISR 上配置 ZPF。在第 5 节中，你需要使用 CLI 配置网络交换机。在第 6 节中，需要配置 ASA 基本设置和防火墙。在第 7 节和第 8 节中，你需要配置 ASA 防火墙功能和无客户端 SSL VPN 远程访问。在第 9 节中，你需要配置 ASA 和 R3 之间的站点间 VPN。

1. 实验目的

通过本实验可以掌握：

- 配置路由器交换机等基本设备设置；
- 配置安全的路由器管理访问；
- 配置基于区域的策略防火墙；
- 保护网络交换机的安全；
- 配置 ASA 基本设置和防火墙；
- 在 ASA 上配置 DMZ、静态 NAT 和 ACL；
- 使用 ASDM 配置 ASA 无客户端 SSL VPN 远程访问；
- 配置 ASA 和 ISR 之间的站点间 VPN。

2. 实验拓扑

本实验所用的拓扑如图 5-1 所示。

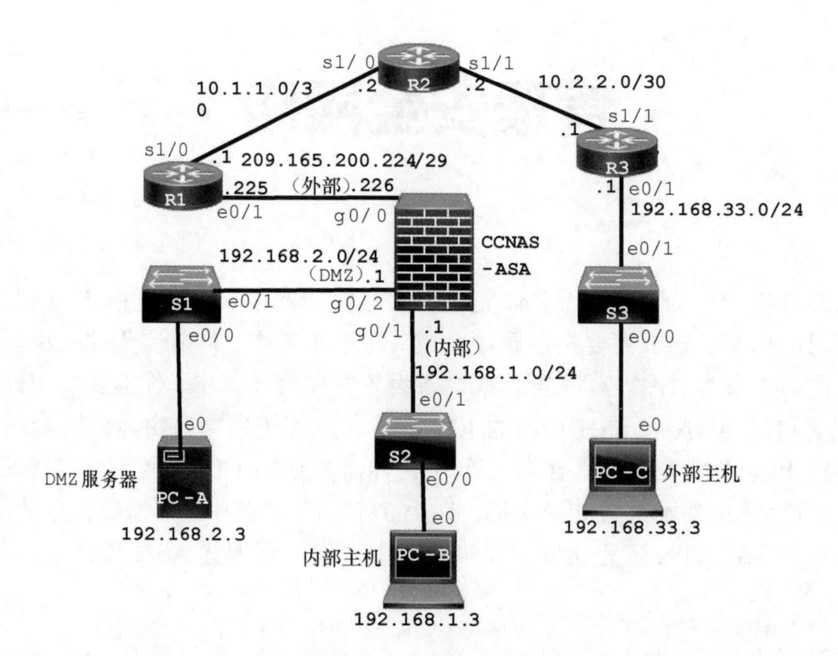

图 5-1　实验拓扑

IP 地址分配表

设备	接口	IP 地址	子网掩码	默认网关	交换机端口
R1	e0/0	209.165.200.225	255.255.255.248	不适用	ASA g0/0
	s1/0	10.1.1.1	255.255.255.252	不适用	不适用
	环回接口 1	172.20.1.1	255.255.255.0	不适用	不适用
R2	s1/0	10.1.1.2	255.255.255.252	不适用	不适用
	s1/1	10.2.2.2	255.255.255.252	不适用	不适用
R3	e0/1	172.16.3.1	255.255.255.0	不适用	S3 e0/1
	s1/1	10.2.2.1	255.255.255.252	不适用	不适用
S1	g0/1	192.168.2.11	255.255.255.0	192.168.2.1	不适用
S2	g0/1	192.168.1.11	255.255.255.0	192.168.1.1	不适用
S3	g0/1	172.16.3.11	255.255.255.0	172.16.3.1	不适用
ASA	g0/1	192.168.1.1	255.255.255.0	不适用	S2 e0/1
	g0/0	209.165.200.226	255.255.255.248	不适用	R1 e0/0
	g0/2	192.168.2.1	255.255.255.0	不适用	S1 e0/1

续表

设备	接口	IP 地址	子网掩码	默认网关	交换机端口
PC-A	e0	192.168.2.3	255.255.255.0	192.168.2.1	S1 e0/0
PC-B	e0	192.168.1.3	255.255.255.0	192.168.1.1	S2 e0/0
PC-C	e0	172.16.3.3	255.255.255.0	172.16.3.1	S3 e0/0

5.1 创建基本的技术安全策略

在第 1 部分中，你将创建网络设备安全指南文档，该文档可用作综合网络安全策略的一部分。该文档介绍特定的路由器和交换机安全措施，并说明要在基础设施设备上实施的安全要求。

任务 1：确定基本网络安全策略的潜在部分

网络安全策略应包括几个关键部分，可以解决用户、网络访问、设备访问和其他方面的潜在问题。列出你认为可构成基本安全策略的一些关键部分。

任务 2：创建“网络设备安全指南”文档作为对基本安全策略的补充内容

第 1 步：回顾之前的 CCNA Security 实验的目标。

a. 打开从第 1 章到第 5 章完成的每项实验，并回顾为每项实验列出的目标。

b. 将这些目标复制到一个单独的文档中，从这些目标着手，重点关注涉及安全实践和设备配置的目标。

第 2 步：为路由器和交换机安全创建“网络设备安全指南”文档。

创建要包含在网络访问和设备安全中的概括性任务列表。该文档应加强并补充基本安全策略中所示的信息。它基于之前的 CCNA Security 实验的内容及课程实验拓扑中所示的网络设备。

注意：“网络设备安全指南”文档不得超过两页，并将作为该实验其余部分中设备配置的基础。

第 3 步：将“网络设备安全指南”提交给你的教师。

开始本实验第 2 节之前，将“网络设备安全指南”文档提供给你的教师进行审查。你可以将文档作为邮件附件发送或将其存储在闪存驱动器等可移动存储介质上。

5.2 配置基本设备设置

第 1 步：建立如拓扑所示的网络。

如拓扑所示连接设备并根据需要进行布线。

第 2 步：为所有路由器配置基本设置，这里以 R1 为例。

a. 如拓扑所示配置主机名。

```
Router(config)#hostname R1
```

b. 如 IP 地址分配表所示，配置接口 IP 地址。

```
R1(config)#int e0/0
R1(config-if)#ip address 209.165.200.225 255.255.255.248
R1(config-if)#no shutdown
R1(config-if)#int s1/0
R1(config-if)#ip address 10.1.1.1 255.255.255.252
R1(config-if)#no shutdown
R1(config-if)#int loopback 1
R1(config-if)#ip address 172.20.1.1 255.255.255.0
R1(config-if)#no shutdown
```

c. 如果使用的路由器并非本实验指定的路由器，则将路由器的串行接口时钟频率配置为 **128000**。

```
R1(config)# interface s1/0
R1(config-if)# clock rate 128000
```

d. 禁用每台路由器的 DNS 查找功能。

```
R1(config)# no ip domain-lookup
```

第 3 步：配置 R1 和 R3 上的静态默认路由。

a. 配置从 R1 到 R2，以及从 R3 到 R2 的静态默认路由。

```
R1(config)#ip route 0.0.0.0 0.0.0.0 10.1.1.2
R3(config)#ip route 0.0.0.0 0.0.0.0 10.2.2.2
```

b. 配置从 R2 到 R1 模拟 LAN（环回 1）、R1 e0/0-to-ASA 子网和 R3 LAN 的静态路由。

```
R2(config)#ip route 172.20.1.0 255.255.255.0 10.1.1.1
R2(config)#ip route 209.165.200.224 255.255.255.248 10.1.1.1
R2(config)#ip route 172.16.3.0 255.255.255.0 10.2.2.1
```

第 4 步：配置每台交换机的基本设置，这里以 S1 为例。

a. 如拓扑所示配置主机名。

```
Switch(config)#hostname S1
```

b. 如 IP 地址分配表所示，在每台交换机上配置 g0/1 管理地址。

```
S1(config)#interface g0/1
S1(config-if)#ip address 192.168.2.11 255.255.255.0
```

```
S1(config-if)#no shutdown
```

c. 分别为三台交换机配置 IP 默认网关。

```
S1(config)#ip route 0.0.0.0 0.0.0.0 192.168.2.1
```

d. 在每台交换机上禁用 DNS 查找功能。

```
S1(config)#no ip domain-lookup
```

第 5 步：配置 PC 主机 IP 设置。

如 IP 地址分配表所示，为每台 PC 配置静态 IP 地址、子网掩码和默认网关。

第 6 步：验证 PC-C 和 R1 e0/0 之间的连接，如图 5-2 所示。

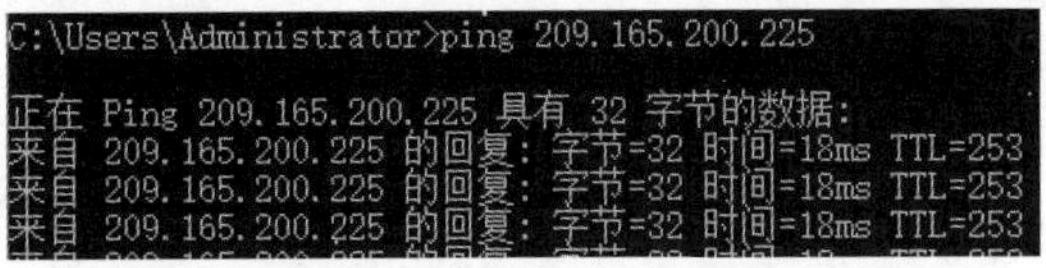

```
C:\Users\Administrator>ping 209.165.200.225

正在 Ping 209.165.200.225 具有 32 字节的数据:
来自 209.165.200.225 的回复: 字节=32 时间=18ms TTL=253
来自 209.165.200.225 的回复: 字节=32 时间=18ms TTL=253
来自 209.165.200.225 的回复: 字节=32 时间=18ms TTL=253
```

图 5-2　验证 PC-C 和 R1 e0/0 之间的连接

第 7 步：保存每台路由器和交换机的基本运行配置，以 R1 为例。

```
R1#copy running-config startup-config
```

5.3　配置安全的路由器管理访问

你将使用 CLI 配置密码和设备访问限制。

任务 1：配置 R1 和 R3 的设置，此处以 R1 为例

第 1 步：将最小密码长度配置为 10 个字符。

```
R1(config)# security passwords min-length 10
```

第 2 步：加密明文密码。

```
R1(config)# service password-encryption
```

第 3 步：配置登录警告横幅。

使用当日消息（MOTD）横幅配置向未经授权的用户显示的警告，内容为：**Unauthorized access strictly prohibited and prosecuted to the full extent of the law!**（严禁未经授权的访问，违者将受到法律的严惩！）。

```
R1(config)# banner motd $Unauthorized access strictly prohibited and prosecuted to th
e full extent of the law!$
```

第4步：配置启用加密密码。

使用 **cisco12345** 作为启用加密密码。使用可用的最强加密类型。

```
R1(config)# enable algorithm-type scrypt secret cisco12345
```

第5步：配置本地用户数据库。

创建一个本地用户账号 **admin01**，密码为 **admin01pass**，权限级别为 **15**。使用可用的最强加密类型。

```
R1(config)# username admin01 privilege 15 algorithm-type scrypt secret admin01pass
```

第6步：启用 AAA 服务。

```
R1(config)# aaa new-model
```

第7步：使用本地数据库实施 AAA 服务。

创建默认登录认证方法列表。使用区分大小写的本地认证作为第一选项，并使用启用密码作为备份选项，以便在发生与本地认证相关的错误时使用。

```
R1(config)#aaa authentication login default local-case enable
```

第8步：配置控制台线路。

配置控制台线路，以在登录时进行权限级别为 15 的访问。设置 **exec-timeout** 值，在非活动状态持续 15 分钟后注销。防止控制台消息中断命令输入。

```
R1(config)#line console 0
R1(config-line)#privilege level 15
R1(config-line)#exec-timeout 15 0
R1(config-line)#loggin synchronous
```

第9步：配置 vty 线路。

配置 vty 线路，以在登录时进行权限级别为 15 的访问。设置 **exec-timeout** 值，在非活动状态持续 **15** 分钟后注销会话。仅允许使用 SSH 进行远程访问。

```
R1(config-line)#line vty 0 4
R1(config-line)#privilege level 15
R1(config-line)#exec-timeout 15 0
R1(config-line)#transport input ssh
```

第10步：配置路由器以记录登录活动。

a. 配置路由器以生成成功和失败登录尝试的系统日志记录消息。配置路由器以记录每次成功的登录。配置路由器以记录所有第二次失败的登录尝试。

```
R1(config)#login on-success log
R1(config)#login on-failure log every 2
```

b. 发出 **show login** 命令。系统显示哪些其他信息？

第 11 步：启用 HTTP 访问。

a. 启用 R1 上的 HTTP 服务器，以模拟互联网目标供稍后进行测试。

```
R1(config)#ip http server
```

b. 配置 HTTP 认证，以使用 R1 上的本地用户数据库。

```
R1(config)#ip http authentication local
```

任务 2：在 R1 和 R3 上配置 SSH 服务器，此处以 R1 为例

第 1 步：配置域名。

配置 **ccnasecurity.com** 的域名。

```
R1(config)#ip domain-name ccnasecurity.com
```

第 2 步：生成 RSA 加密密钥对。

配置 RSA 密钥，使用 **1024** 作为模数位数。

```
R1(config)#crypto key generate rsa general-keys modulus 1024
The name for the keys will be: R1.ccnasecurity.com
% The key modulus size is 1024 bits
% Generating 1024 bit RSA keys, keys will be non-exportable...
[OK] (elapsed time was 1 seconds)
R1(config)#
```

第 3 步：配置 SSH 版本。

指定路由器仅接受 **SSH** 版本 **2** 连接。

```
R1(config)#ip ssh version 2
```

第 4 步：配置 SSH 超时和认证参数。

可以将默认 SSH 超时和认证参数改为更严格的设置。将 SSH 超时值配置为 **90** 秒，将认证尝试次数配置为 **2**。

```
R1(config)# ip ssh time-out 90
R1(config)# ip ssh authentication-retries 2
```

第 5 步：验证从 PC-C 到 R1 的 SSH 连接。

a. 在 PC-C 上启动 SSH 客户端，输入 R1 s1/0 IP 地址（**10.1.1.1**），如图 5-3 所示，然后以 **admin01** 身份，使用密码 **admin01pass** 登录，如图 5-4 所示。如果 SSH 客户端提示有关服务器主机密钥的安全警告，请单击**是（Y）**按钮，如图 5-5 所示。

b. 从 PC-C 上的 SSH 会话发出 **show run** 命令。系统应显示 R1 的配置，如图 5-6 所示，此处仅显示部分输出。

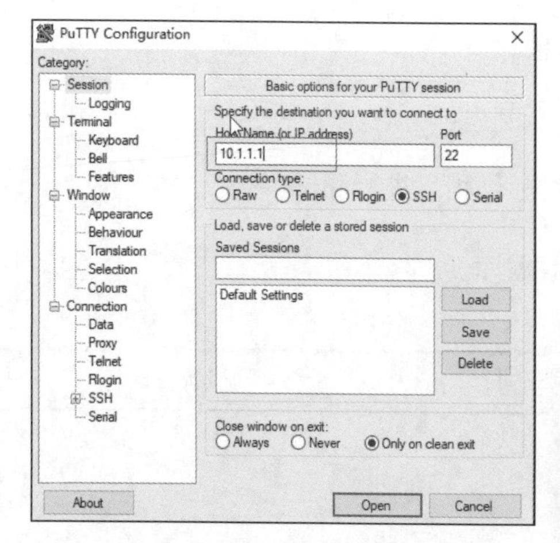

图 5-3 在 SSH 客户端上输入 10.1.1.1

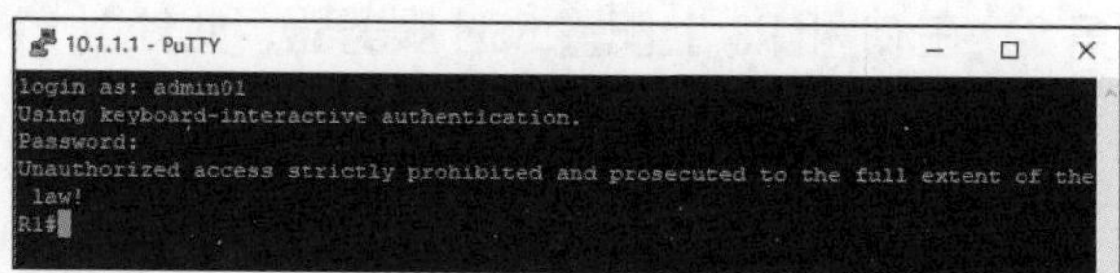

图 5-4 输入用户名和密码

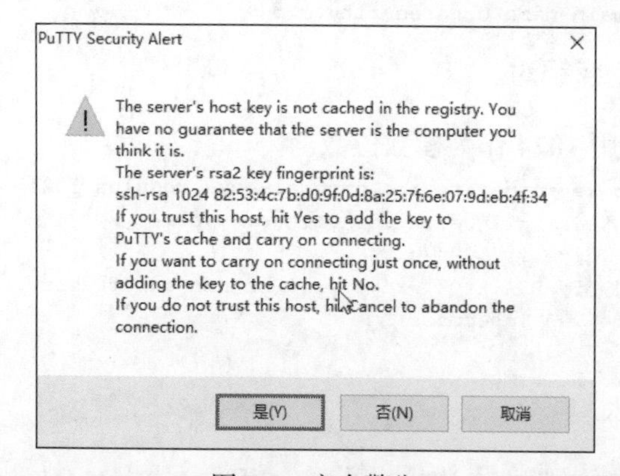

图 5-5 安全警告

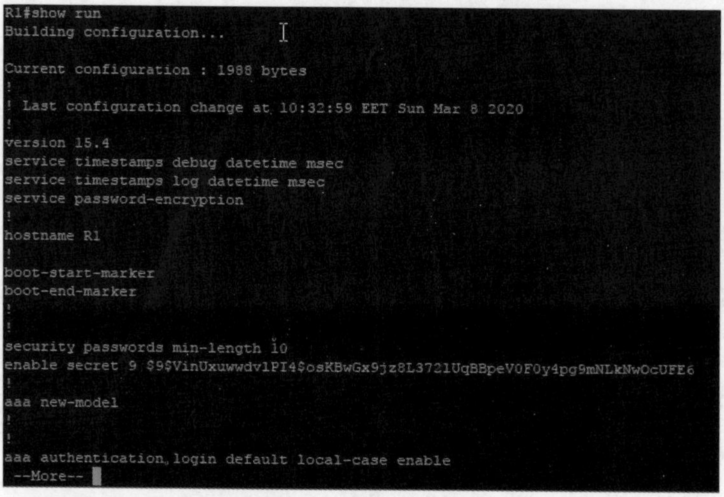

```
R1#show run
Building configuration...

Current configuration : 1988 bytes
!
! Last configuration change at 10:32:59 EET Sun Mar 8 2020
!
version 15.4
service timestamps debug datetime msec
service timestamps log datetime msec
service password-encryption
!
hostname R1
!
boot-start-marker
boot-end-marker
!
!
security passwords min-length 10
enable secret 9 $9$VinUxuwwdv1PI4$osKBwGx9jz8L3721UqBBpeV0F0y4pg9mNLkNwOcUFE6
!
aaa new-model
!
!
aaa authentication login default local-case enable
 --More--
```

图 5-6 R1 的部分配置显示

任务 3：防止登录攻击并保护 R1 上的 IOS 和配置文件

第 1 步：配置增强的登录安全功能。

如果用户在 30 秒的时间范围内两次登录尝试都失败了，请禁用登录 1 分钟。记录所有失败的登录尝试。

```
R1(config)#login block-for 30 attempts 2 within 60
R1(config)#login on-failure log
```

第 2 步：保护思科 IOS 映像并存档运行配置的副本。

a. 使用 **secure boot-image** 命令可启用思科 IOS 映像恢复能力，而使用 **dir** 和 **show** 命令可隐藏该文件。使用 EXEC 模式命令无法查看、复制、修改或删除该文件（可以在 ROMMON 模式下查看该文件）。

```
R1(config)#secure boot-image
.Feb 11 25:42:18.691:%IOS_RESILIENCE-5-IMAGE_RESIL_ACTIVE: Successfully secured running image
```

b. **secure boot-config** 命令将获取路由器运行配置的快照，并将其安全存档在永久存储器（闪存）中。

```
R1(config)# secure boot-config
.Feb 11 25:42:18.691:%IOS_RESILIENCE-5-CONFIG_RESIL_ACTIVE: Successfully secured
config archive [flash: .runcfg-20150211-224218.ar]
```

第 3 步：验证你的映像和配置是否安全。

a. 你只能使用 **show secure bootset** 命令来显示存档的文件名。显示配置恢复能力的状态和主 bootset 文件名。

```
R1# show secure bootset
IOS resilience router id FTX1111W0QF

IOS image resilience version 15.4 activated at 25:40:13 UTC Wed Feb 11 2015 Secure
archive flash: c1900-universalk9-mz.SPA.154-3.M2.bin type is image (elf) []
  file size is 75551300 bytes, run size is 75730352 bytes
  Runnable image, entry point 0x8000F000, run from ram

IOS configuration resilience version 15.4 activated at 25:42:18 UTC Wed Feb 11 2015
Secure archive flash: .runcfg-20150211-224218.ar type is config
 configuration archive size 3293 bytes
```

b. 在特权 EXEC 模式提示符后，将运行配置保存到启动配置中。

```
R1#copy running-config startup-config
```

第 4 步：将 IOS 和配置文件恢复为默认设置。

你已验证安全 IOS 和配置文件设置。现在，使用 **no secure boot-image** 和 **no secure boot-config** 命令来恢复这些文件的默认设置。

```
R1# config t
R1(config)# no secure boot-image
.Feb 11 25:48:23.009:%IOS_RESILIENCE-5-IMAGE_RESIL_INACTIVE: Disabled secure image archival
R1(config)# no secure boot-config
.Feb 11 25:48:47.972: %IOS_RESILIENCE-5-CONFIG_RESIL_INACTIVE: Disabled
secure config archival [removed flash: .runcfg-20150211-224218.ar]
```

任务4：使用NTP配置同步时钟源

R2将成为R1和R3的主NTP时钟源。

第1步：使用思科IOS命令设置NTP主设备。

R2是本实验中的主NTP服务器。所有其他路由器和交换机直接或间接地从R2获知时间。因此，你必须确保R2设置了正确的UTC。

a. 使用**show clock**命令显示路由器上设置的当前时间。

```
R2# show clock
*19:48:38.858 UTC Wed Feb 18 2015
```

b. 使用**clock set** *time*命令设置路由器上的时间。

```
R2# clock set 20:12:00 Dec 17 2014
*Dec 17 20:12:18.000:%SYS-6-CLOCKUPDATE: System clock has been updated from 01:20:26
UTC Mon Dec 15 2014 to 20:12:00 UTC Wed Dec 17 2014, configured from console by admin
 on console.
```

c. 通过定义采用**md5**散列算法的认证密钥编号**1**和密码**NTPpassword**来配置NTP认证。密码区分大小写。

```
R2# config t
R2(config)# ntp authentication-key 1 md5 NTPpassword
```

d. 配置将用于R2上的认证的受信任的密钥。

```
R2(config)# ntp trusted-key 1
```

e. 启用R2上的NTP认证功能。

```
R2(config)# ntp authenticate
```

f. 在全局配置模式下，使用**ntp master** *stratum-number*命令将R2配置为NTP主设备。*stratum number*（层数）表示距原始源的距离。对于本实验，在R2上使用层数**3**。当设备从NTP源获知时间时，其层数将大于其源的层数。

```
R2(config)# ntp master 3
```

第2步：使用CLI将R1和R3配置为NTP客户端。

a. 通过定义采用**md5**散列算法的认证密钥编号**1**和密码**NTPpassword**来配置NTP认证。

```
R1(config)# ntp authentication-key 1 md5 NTPpassword
```

b. 配置将用于认证的受信任的密钥。此命令可防止意外将设备与不受信任的时钟源同步。

```
R1(config)# ntp trusted-key 1
```

c. 启用 NTP 认证功能。

```
R1(config)# ntp authenticate
```

d. R1 和 R3 将成为 R2 的 NTP 客户端。使用 **ntp server** *hostname* 全局配置模式命令。使用 R2 的串行 IP 地址作为主机名。在 R1 和 R3 上发出 **ntp update-calendar** 命令，即可根据 NTP 时间定期更新日历。

```
R1(config)# ntp server 10.1.1.2
R1(config)# ntp update-calendar
```

e. 使用 **show ntp associations** 命令验证 R1 已与 R2 建立关联。还可以通过添加 *detail* 参数来使用命令的更详细版本。可能需要一些时间才能形成 NTP 关联。

```
R1# show ntp associations

Address    ref clock  st  when  poll reach  delay  offset  disp
~10.1.1.2 127.127.1.1 3    14    64      3  0.000  -280073 3939.7
*sys.peer, # selected, +candidate, -outlyer, x falseticker, ~ configured
```

f. 在与 R2 建立 NTP 关联后，验证 R1 和 R3 上的时间。

```
R1# show clock
*20:12:24.859 UTC Wed Dec 17 2014
```

任务 5：在 R3 和 PC-C 上配置系统日志（syslog）支持

第 1 步：在 PC-C 上安装系统日志服务器。

a. 可以免费下载和安装 jounin.net 的 Tftpd64 软件，它包括 TFTP 服务器、TFTP 客户端及系统日志服务器和查看器。

b. 运行 **Tftpd64.exe** 文件，单击 **Settings** 按钮，并确保选中 **Syslog server** 复选框。在 **SYSLOG** 选项卡中，可以配置用于保存系统日志消息的文件。关闭设置，在 Tftpd64 主界面窗口中记录服务器接口 IP 地址，然后选择 **SYSLOG** 选项卡以将其显示在前台，如图 5-7 所示。

第 2 步：配置 R3 以使用 CLI 将消息记录到系统日志服务器中。

a. 通过对 R3 e0/1 接口 IP 地址 **172.16.3.1** 执行 ping 操作，验证 R3 和 PC-C 之间是否建立了连接。如果操作不成功，请根据需要进行故障排除，然后再继续执行其他操作，如图 5-8 所示。

b. 在任务 2 中配置了 NTP 以同步网络上的时间。使用系统日志监控网络时，在系统日志消息中显示正确的时间和日期至关重要。如果不知道消息的正确日期和时间，就很难确定是什么网络事件导致了该消息出现。

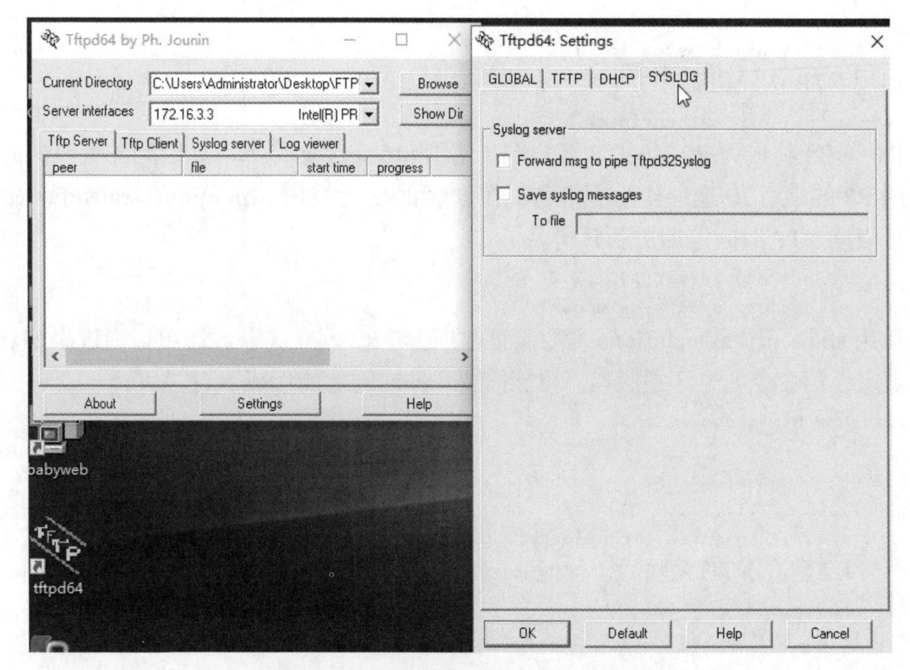

图 5-7 Tftpd64

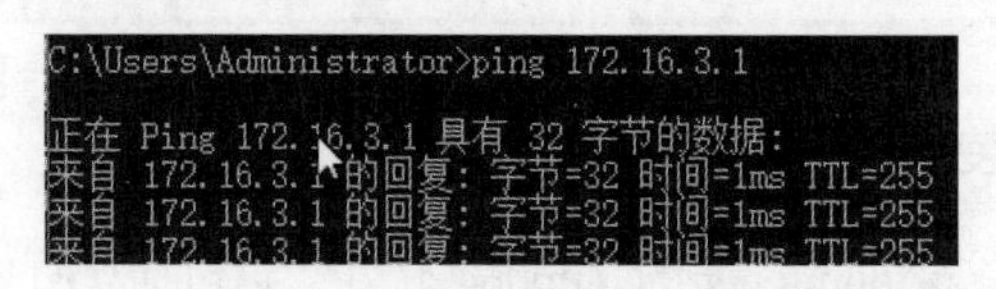

图 5-8 验证 R3 和 PC-C 之间是否建立了连接

使用 **show run** 命令验证在路由器中是否已为日志记录启用时间戳服务。如果未启用时间戳服务，请使用 **service timestamps log datetime msec** 命令。

```
R1(config)# service timestamps log datetime msec
```

c. 在路由器上配置系统日志服务，以发送系统日志消息到系统日志服务器。

```
R1(config)# logging host 192.168.1.3
```

第 3 步：在 R3 上配置日志记录的严重性级别。

可以设置日志记录陷阱以支持日志记录功能。陷阱是触发日志消息的阈值。可以调整日志记录消息的级别，以允许管理员确定将哪种消息发送到系统日志服务器。路由器支持不同级别的日志记录。这些级别从 0（紧急）~7（调试），一共分为 8 个级别。其中 0 级表示系统不稳定，7 级则会发送包含路由器信息的消息。

注意： 系统日志的默认级别为 6（信息性日志记录）。控制台和监控日志记录的默认级别为 7（调试）。

a. 使用 **logging trap** 命令将 R3 的严重性级别设为 **4**（警告）。

```
R3(config)#logging trap 4
```

b. 使用 **show logging** 命令查看已启用日志记录的类型和级别，此处仅显示部分输出。

```
R3#show logging
Syslog logging: enabled (0 messages dropped, 3 messages rate-limited, 0 flushes, 0
overruns, xml disabled, filtering disabled)
No Active Message Discriminator.
No Inactive Message Discriminator.
<output omitted>
```

5.4 配置基于区域的策略防火墙

在本节，你需要使用 CLI 在 R3 上配置 ZPF。

任务：使用 CLI 在 R3 上配置 ZPF

创建安全区域。

a. 创建 **INSIDE** 和 **OUTSIDE** 安全区域。

```
R3(config)#zone security INSIDE
R3(config)#zone security OUTSIDE
```

b. 创建检查类映射，以匹配允许从 **INSIDE** 区域传送到 **OUTSIDE** 区域的流量。由于我们信任 **INSIDE** 区域，因此我们允许所有主要协议。使用 **match-any** 关键字指示路由器以下匹配协议语句都符合成功匹配的条件。这会生成应用的策略。匹配 **TCP**、**UDP** 或 **ICMP** 数据包。

```
R3(config)# class-map type inspect match-any INSIDE_PROTOCOLS
R3(config-cmap)# match protocol tcp
R3(config-cmap)# match protocol udp
R3(config-cmap)# match protocol icmp
```

c. 创建名为 **INSIDE-TO-OUTSIDE** 的检查策略映射。将 **INSIDE-PROTOCOLS** 类映射与策略映射绑定。系统将检查 **INSIDE-PROTOCOLS** 类映射匹配的所有数据包。

```
R3(config)# policy-map type inspect INSIDE_TO_OUTSIDE
R3(config-pmap)# class type inspect INSIDE_PROTOCOLS
R3(config-pmap-c)# inspect
```

d. 创建名为 **INSIDE-TO-OUTSIDE** 的区域对，允许从内部网络向外部网络发起的流量，但不允许来自外部网络的流量到达内部网络。

```
R3(config)# zone-pair security INSIDE_TO_OUTSIDE source INSIDE destination OUTSIDE
```

e. 向该区域对应用策略映射。

```
R3(config)# zone-pair security INSIDE_TO_OUTSIDE
R3(config-sec-zone-pair)# service-policy type inspect INSIDE_TO_OUTSIDE
```

f. 将 R3 的 e0/1 接口分配给 **INSIDE** 安全区域，将 s1/1 接口分配给 **OUTSIDE** 安全区域。

```
R3(config-if)#int e0/1
R3(config-if)#zone-member security iNSIDE
R3(config-if)#int s1/1
R3(config-if)#zone-member security ouTSIDE
```

g. 使用 **show zone-pair security**、**show policy-map type inspect zone-pair** 和 **show zone security** 命令验证你的 ZPF 配置。

```
R3#show zone-pair security
Zone-pair name INSIDE_TO_OUTSIDE
    Source-Zone INSIDE  Destination-Zone OUTSIDE
    service-policy INSIDE_TO_OUTSIDE

R3#show policy-map type inspect zone-pair

policy exists on zp INSIDE_TO_OUTSIDE
  Zone-pair: INSIDE_TO_OUTSIDE

  Service-policy inspect : INSIDE_TO_OUTSIDE

    Class-map: INSIDE_PROTOCOLS (match-any)
<output omitted>

R3#show zone security
zone INSIDE
 Member Interfaces:
 Ethernet0/1

zone OUTSIDE
 Member Interfaces:
 Serial1/1
```

5.5 保护网络交换机的安全

注意：并不是所有交换机都会配置实验这部分中的所有安全功能。但生产网络中会在所有交换机上配置所有安全功能。

第1步：在 S1 上配置基本安全设置。

a. 默认情况下启用对交换机的 HTTP 访问。通过禁用 HTTP 服务器和 HTTP 安全服务器来阻止 HTTP 访问。使用启用加密密码 **cisco12345**。使用可用的最强加密方法。

```
S1(config)# no ip http server
S1(config)# no ip http secure-server
```

b. 加密明文密码。

```
R1(config)# service password-encryption
```

c. 使用 MOTD 横幅配置向未经授权的用户显示的警告，内容为：**"Unauthorized access strictly prohibited!"**（严禁未经授权的访问!）。

```
R1(config)# banner motd $Unauthorized access strictly prohibited! $
```

第 2 步：在 S1 上配置 SSH 服务器设置。

a. 配置域名。

```
R1(config)#ip domain-name ccnasecurity.com
```

b. 在本地数据库中配置用户名 **admin01** 和密码 **admin01pass**。将此用户配置为具有最高的权限级别。应使用可用的最强加密方法作为密码。

```
R1(config)# username admin01 privilege 15 algorithm-type scrypt secret admin01pass
```

c. 使用 1024 位模数配置 RSA 密钥。

```
R1(config)#crypto key generate rsa general-keys modulus 1024
```

d. 启用 SSH 第 2 版。

```
R1(config)#ip ssh version 2
```

e. 将 SSH 超时值设置为 **90** 秒，将认证重试次数配置为 **2**。

```
R1(config)# ip ssh time-out 90
R1(config)# ip ssh authentication-retries 2
```

第 3 步：配置控制台和 vty 线路。

a. 配置控制台以使用本地数据库进行登录。如果用户具有最高权限，则在登录时会自动启用特权 EXEC 模式。设置 **exec-timeout** 值，在非活动状态持续 5 分钟后注销。防止控制台消息中断命令输入。

```
R1(config)#line console 0
R1(config-line)#login local
R1(config-line)#privilege level 15
R1(config-line)#exec-timeout 5 0
R1(config-line)#loggin synchronous
```

b. 将 vty 线路配置为使用本地数据库进行登录。如果用户具有最高权限，则在登录时会自动启用特权 EXEC 模式。设置 **exec-timeout** 值，在非活动状态持续 5 分钟后注销。允许远程 SSH 访问所有 vty 线路。

```
R1(config-line)#line vty 0 4
R1(config-line)#login local
R1(config-line)#privilege level 15
R1(config-line)#exec-timeout 5 0
R1(config-line)#transport input ssh
```

第 4 步：配置端口安全并禁用未使用的端口。

a. 在端口 e0/0 上禁用中继。

```
S1(config)# interface e0/0
S1(config-if)# switchport mode access
```

b. 在端口 e0/0 上启用 PortFast。

```
S1(config)# interface e0/0
S1(config-if)# spanning-tree portfast
```

c. 在端口 e0/0 上启用 BPDU 防护。

```
S1(config)# interface e0/0
S1(config-if)# spanning-tree bpduguard enable
```

d. 在端口 e0/0 上应用基本默认端口安全功能。这会将最大 MAC 地址设置为 1，并将违规操作设置为关闭。使用黏性选项，允许将在端口上动态获知的 MAC 地址粘贴到交换机运行配置中。

```
S1(config-if)# switchport port-security
```

e. 禁用 S1 上未使用的端口。

```
S1(config-if)#int e0/2
S1(config-if)#shutdown
```

第 5 步：将环路防护设置为 S1 上所有非指定端口的默认值。

```
S1(config)# spanning-tree loopguard default
```

第 6 步：将运行配置保存到每台交换机的启动配置中。

```
S1#copy running-config startup-config
```

5.6 配置 ASA 基本设置和防火墙

任务 1：准备用于 ASDM 访问的 ASA

第 1 步：清除之前的 ASA 配置设置。

确保 ASA 之前的配置已经被清除，使用 **write erase** 命令从闪存中删除 **startup-config** 文件。

```
ciscoasa(config)# show startup-config
No Configuration
```

第 2 步：绕过设置模式并使用 CLI 配置 ASDM VLAN 接口。

a. 进入特权模式。此时，密码应为空（无密码）。

```
ciscoasa> en
Password:
ciscoasa#
```

b. 进入全局配置模式。对提示回复 **no**，以启用匿名报告。

```
Would you like to enable anonymous error reporting to help improve
the product? [Y]es, [N]o, [A]sk later: n
```

c. PC-B 将访问 ASA 物理接口 g0/1 上的 ASDM。配置 g0/1 接口并将其命名为 **inside**。安全级别应自动设置为最高级别 **100**。指定 IP 地址 **192.168.1.1** 和子网掩码 **255.255.255.0**。

```
CCNAS-ASA(config)# interface g0/1
CCNAS-ASA(config-if)# nameif inside
CCNAS-ASA(config-if)# ip address 192.168.1.1 255.255.255.0
CCNAS-ASA(config-if)# security-level 100
CCNAS-ASA(config-if)# no shutdown
```

d. 预配置接口 **g0/2**，将其命名为 **outside**，分配 IP 地址 **209.165.200.226** 和子网掩码 **255.255.255.248**。请注意，系统向外部区域自动分配的安全级别为 0。

```
CCNAS-ASA(config)# interface g0/0
CCNAS-ASA(config-if)# nameif outside
INFO: Security level for "outside" set to 0 by default.
CCNAS-ASA(config-if)# ip address 209.165.200.226 255.255.255.248
CCNAS-ASA(config-if)# no shutdown
```

e. 配置 g0/2，这是公共访问 Web 服务器所在的位置。向其分配 IP 地址 **192.168.2.1/24**，将其命名为 **dmz**，并分配安全级别 **70**。

```
CCNAS-ASA(config)# interface g0/2
CCNAS-ASA(config-if)# nameif dmz
CCNAS-ASA(config-if)# ip address 192.168.2.1 255.255.255.0
ciscoasa(config-if)# security-level 70
CCNAS-ASA(config-if)# no shutdown
```

f. 使用 **show interface ip brief** 命令显示所有 ASA 接口的状态。

```
ciscoasa# show interface ip brief
Interface              IP-Address      OK? Method Status                Protocol
GigabitEthernet0/0      209.165.200.226 YES manual up                     up
GigabitEthernet0/1      192.168.1.1     YES manual up                    up
GigabitEthernet0/2      192.168.2.1     YES manual up                    up
```

g. 使用 **show ip address** 命令显示接口信息。

```
ciscoasa# show ip address
System IP Addresses:
Interface             Name                        IP address      Subnet mask     Method
GigabitEthernet0/0     outside                      209.165.200.226 255.255.255.248 manual
GigabitEthernet0/1     inside                       192.168.1.1     255.255.255.0    manual
GigabitEthernet0/2     dmz                          192.168.2.1     255.255.255.0   manual
Current IP Addresses:
Interface             Name                        IP address      Subnet mask     Method
GigabitEthernet0/0     outside                      209.165.200.226 255.255.255.248 manual
GigabitEthernet0/1     inside                       192.168.1.1     255.255.255.0    manual
GigabitEthernet0/2     dmz                          192.168.2.1   255.255.255.0    manual
ciscoasa#
```

第 3 步：配置并验证从内部网络对 ASA 的访问。

a. 在 PC-B 上，对 ASA 的内部接口（192.168.1.1）执行 ping 操作，如图 5-9 所示。ping 操作应当会成功。

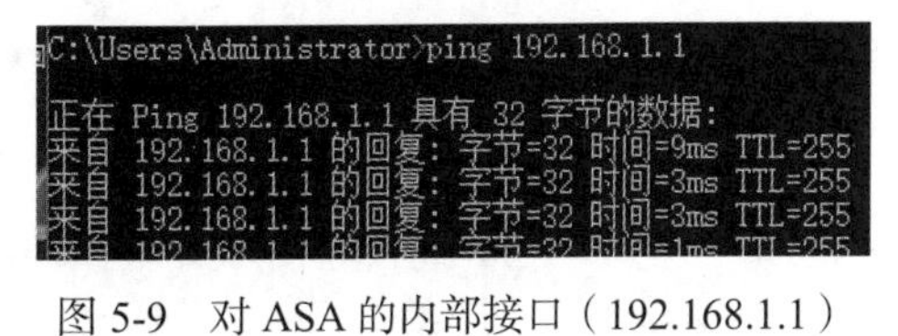

图 5-9 对 ASA 的内部接口（192.168.1.1）执行 ping 操作

b. 使用 **http** 命令将 ASA 配置为接受 HTTPS 连接并允许从内部网络上的任何主机访问 ASDM (192.168.1.0/24)。

```
CCNAS-ASA(config)# http server enable
CCNAS-ASA(config)# http 192.168.1.0 255.255.255.0 inside
```

c. 在 PC-B 上打开浏览器，输入 **https://192.168.1.1** 以测试对 ASA 的 HTTPS 访问，如图 5-10 所示。

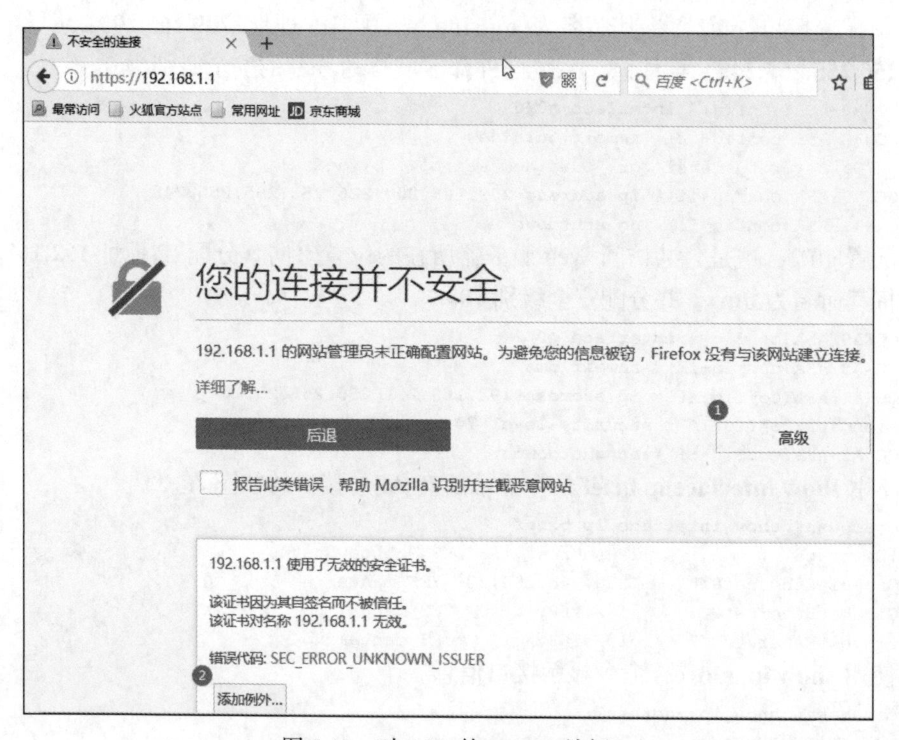

图 5-10 对 ASA 的 HTTPS 访问

d. 在 ASDM 欢迎页面中，单击 **Run ASDM** 按钮。当系统提示输入用户名和密码时，将它们留空，然后单击 **OK** 按钮，如图 5-11 所示。

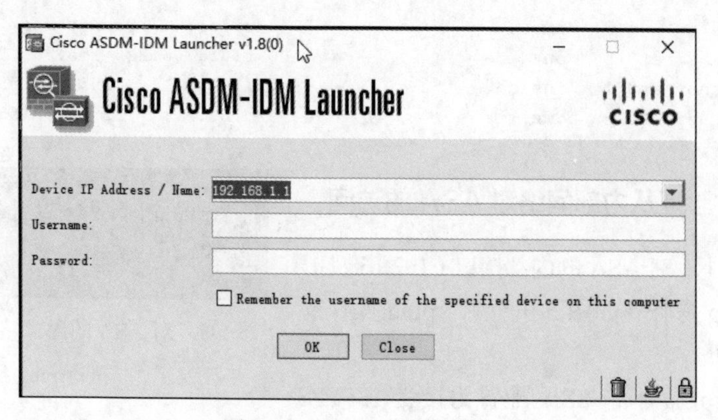

图 5-11 ASDM 启动页面

任务 2：使用 ASDM 启动向导配置基本 ASA 设置

第 1 步：访问 Configuration 菜单并启动 Startup Wizard。

在屏幕中单击 **Configuration > Launch Startup Wizard**，如图 5-12 所示。

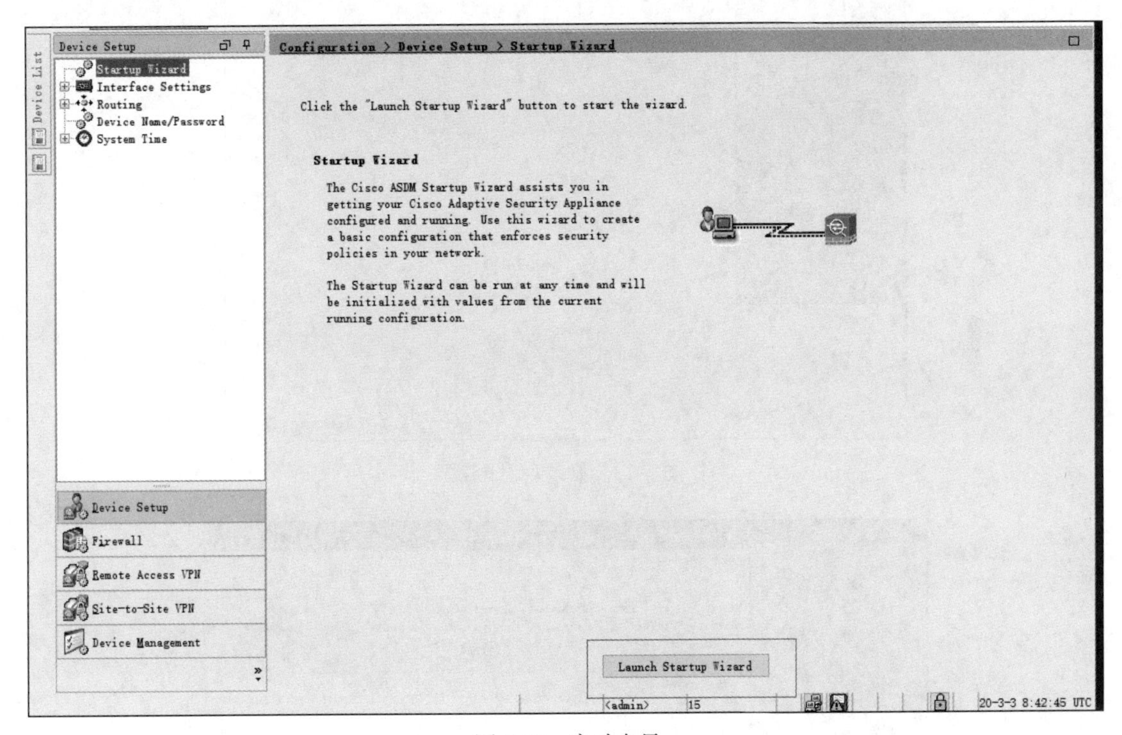

图 5-12　启动向导

第 2 步：设置主机名、域名及启用密码。

a. 在首个启动向导屏幕上，选择 **Modify existing configuration** 单选项，如图 5-13 所示。

b. 在启动向导步骤 2 屏幕上，配置 ASA 主机名 **CCNAS-ASA** 和域名 **ccnasecurity.com**。将启用模式密码从空白（无密码）改为 **cisco12345**，如图 5-14 所示。

第 3 步：配置内部和外部接口。

a. 在启动向导步骤 3 屏幕上，请勿更改当前的设置。这些都是先前使用 CLI 定义的设置，如图 5-15 所示。

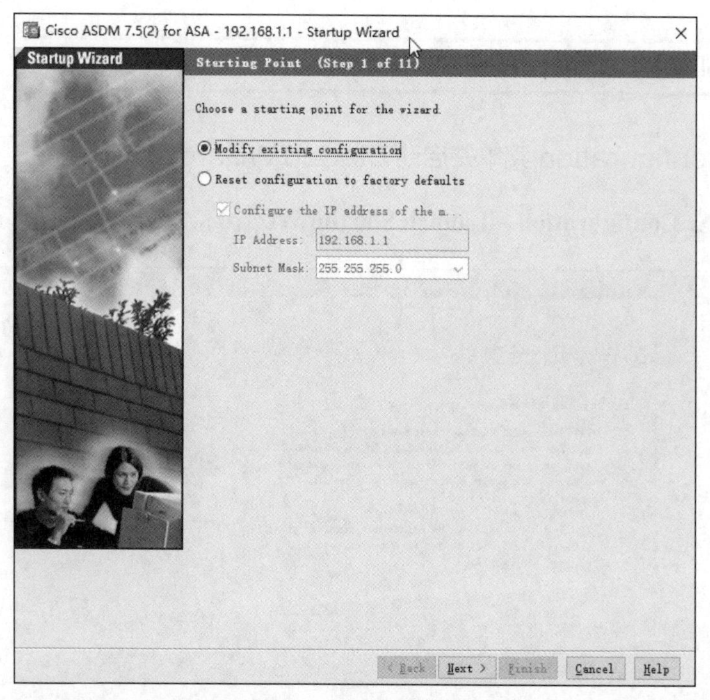

图 5-13　修改现有配置

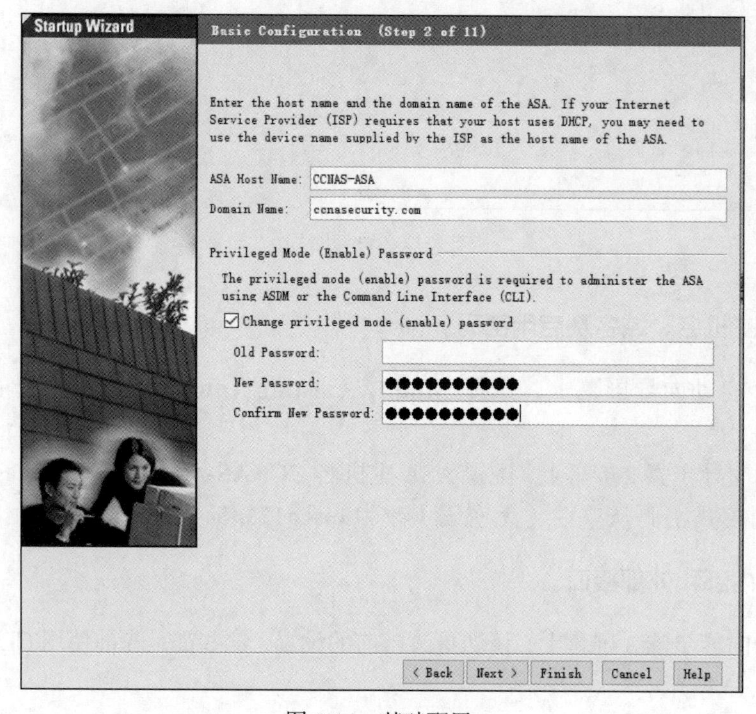

图 5-14　基础配置

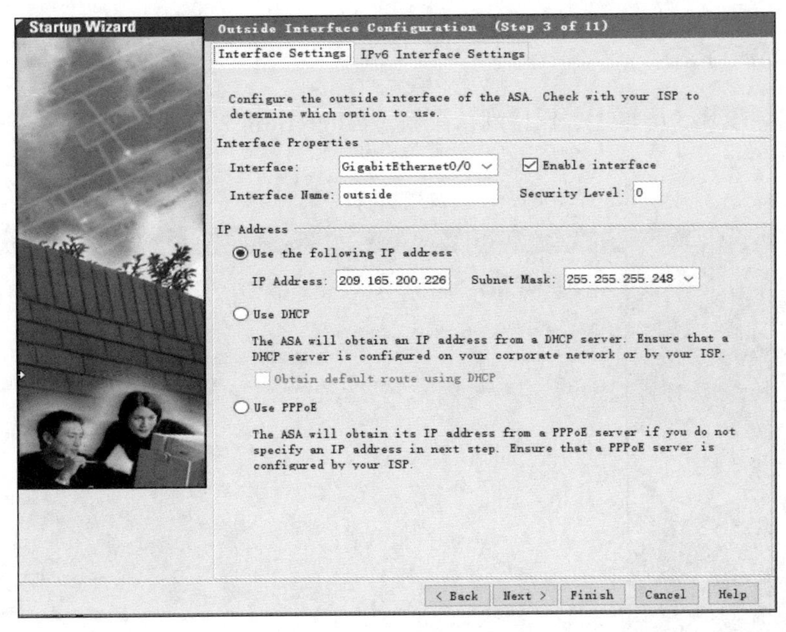

图 5-15　外部接口配置

b. 在启动向导步骤 4 屏幕上，验证内部端口 g0/1 和外部端口 g0/0 是否设置正确。单击 **Next** 按钮继续，如图 5-16 所示。

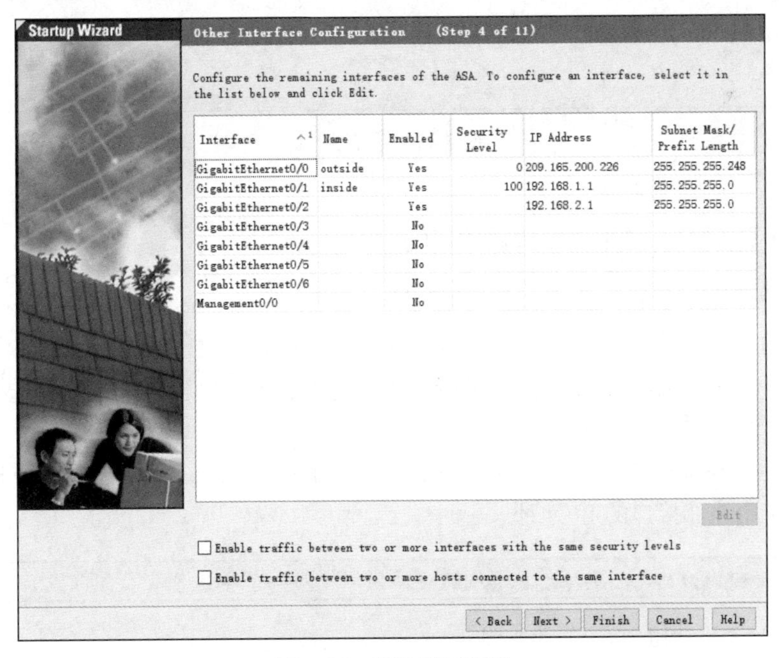

图 5-16　其他接口配置

第 4 步：配置静态路由。

在启动向导步骤 5 屏幕上，保持默认配置（**Filter:Both**）不变。单击 **Next** 按钮继续，如图 5-17 所示。

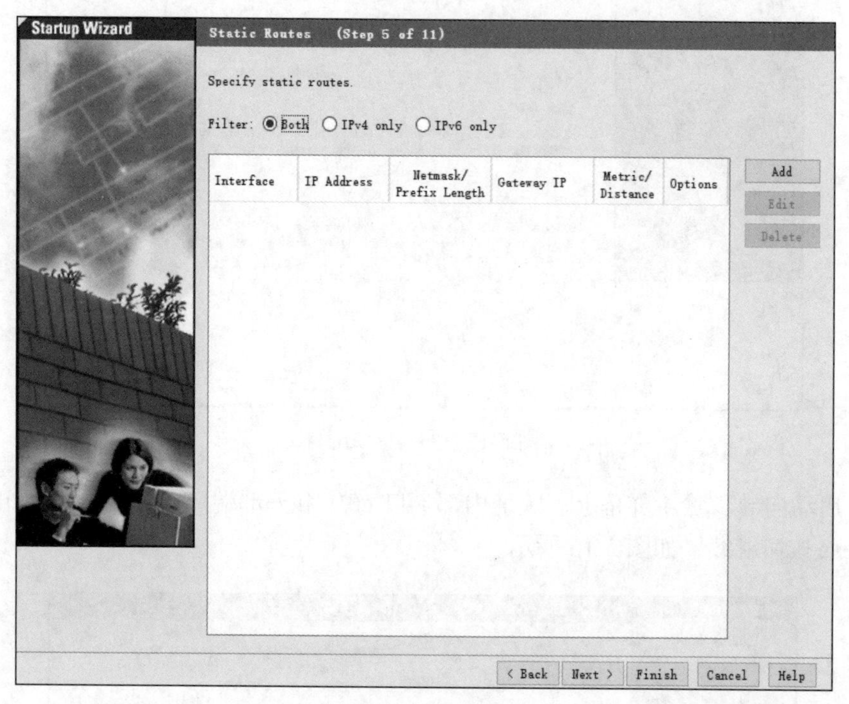

图 5-17　静态路由

第 5 步：配置 DHCP、地址转换和管理访问。

a. 在启动向导步骤 6 屏幕上，单击 **Enable DHCP server on the inside interface** 复选框。输入起始 IP 地址 **192.168.1.31** 和结束 IP 地址 **192.168.1.39**。输入 DNS 服务器 1 地址 **10.20.30.40** 和域名 **ccnasecurity.com**。请勿选中启用接口自动配置的复选框。单击 **Next** 按钮继续。如图 5-18 所示。

b. 在启动向导步骤 7 屏幕上，选择 **Use Port Address Translation (PAT)**单选项。默认设置是使用外部接口的 IP 地址。

注意：你还可以为 PAT 指定特定 IP 地址或使用 NAT 指定一系列地址。

单击 **Next** 按钮继续，如图 5-19 所示。

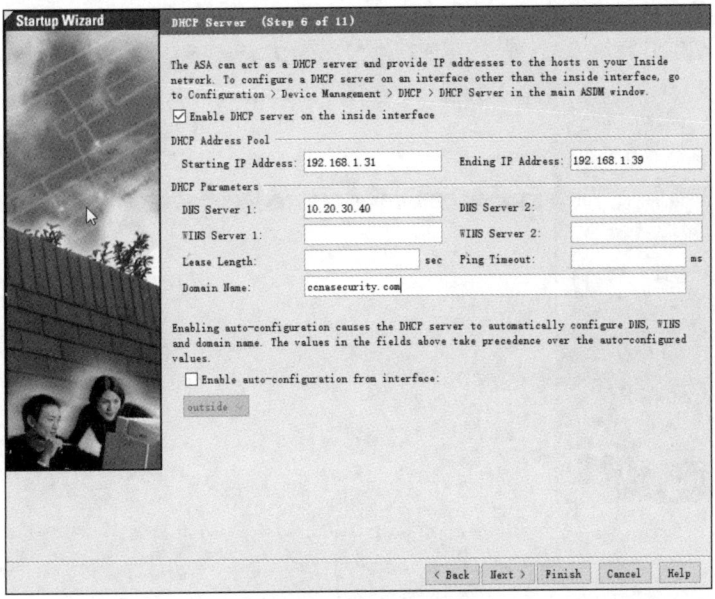

Startup Wizard

DHCP Server (Step 6 of 11)

The ASA can act as a DHCP server and provide IP addresses to the hosts on your Inside network. To configure a DHCP server on an interface other than the inside interface, go to Configuration > Device Management > DHCP > DHCP Server in the main ASDM window.

☑ Enable DHCP server on the inside interface

DHCP Address Pool

Starting IP Address: 192.168.1.31 Ending IP Address: 192.168.1.39

DHCP Parameters

DNS Server 1: 10.20.30.40 DNS Server 2:

WINS Server 1: WINS Server 2:

Lease Length: sec Ping Timeout: ms

Domain Name: ccnasecurity.com

Enabling auto-configuration causes the DHCP server to automatically configure DNS, WINS and domain name. The values in the fields above take precedence over the auto-configured values.

☐ Enable auto-configuration from interface:

outside

< Back Next > Finish Cancel Help

图 5-18 DHCP 服务器

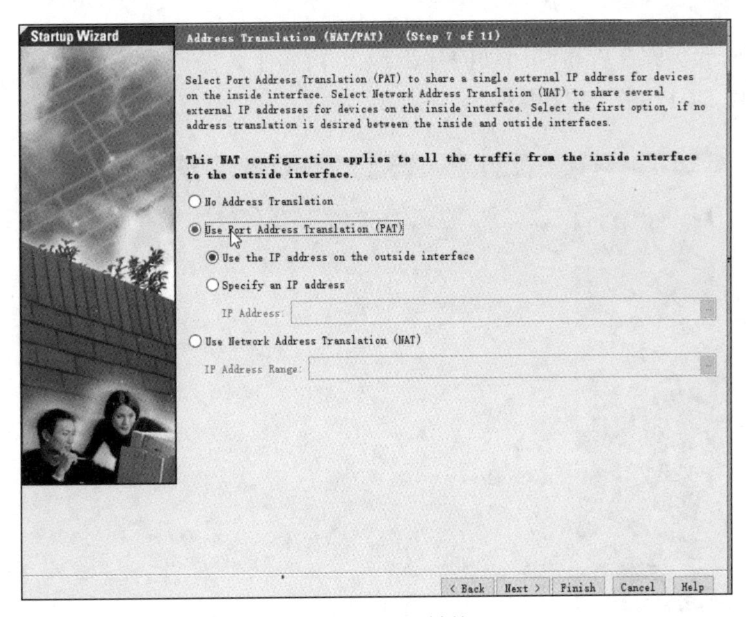

图 5-19 地址转换

c. 在启动向导步骤 8 屏幕上，当前为内部网络 192.168.1.0/24 上的主机配置了 HTTPS/ASDM 访问。为子网掩码为 **255.255.255.0** 的内部网络 192.168.1.0 添加对 ASA 的 **SSH** 访问。从外部网络上的主机 172.16.3.3 添加对 ASA 的 **SSH** 访问。确保选中 **Enable HTTP server for HTTPS/ASDM access** 复选框。单击 **Next** 按钮继续，如图 5-20 所示。

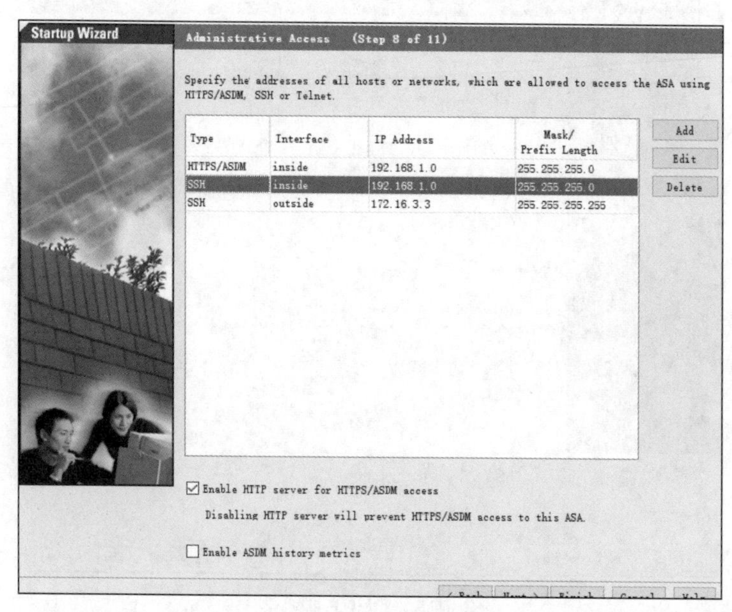

图 5-20　管理访问

d. 在启动向导步骤 9 屏幕和启动向导步骤 10 屏幕上，保持默认配置，单击 **Next** 按钮继续，如图 5-21 和图 5-22 所示。

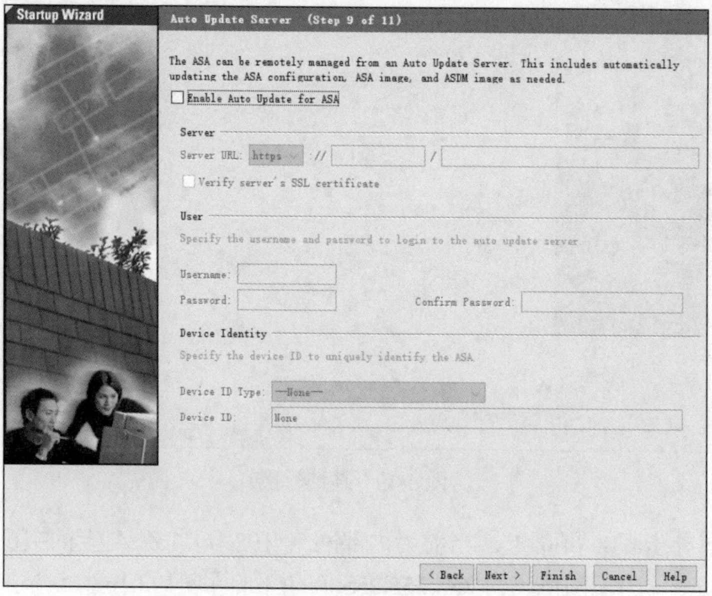

图 5-21　自动更新服务

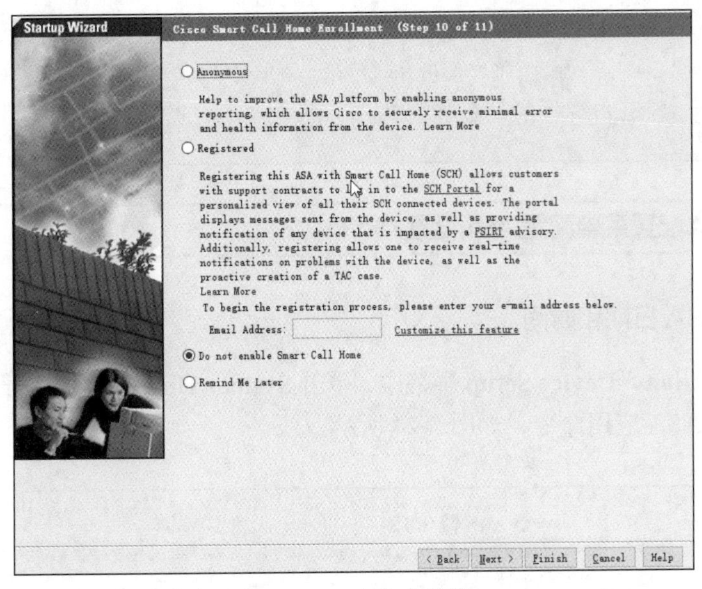

图 5-22　思科智能注册

第 6 步：查看摘要并将命令传递给 ASA。

在启动向导步骤 11 屏幕上，查看 **Configuration Summary**，并单击 **Finish** 按钮，如图 5-23 所示。ASDM 会将命令传递给 ASA 设备，然后重新加载修改后的配置。

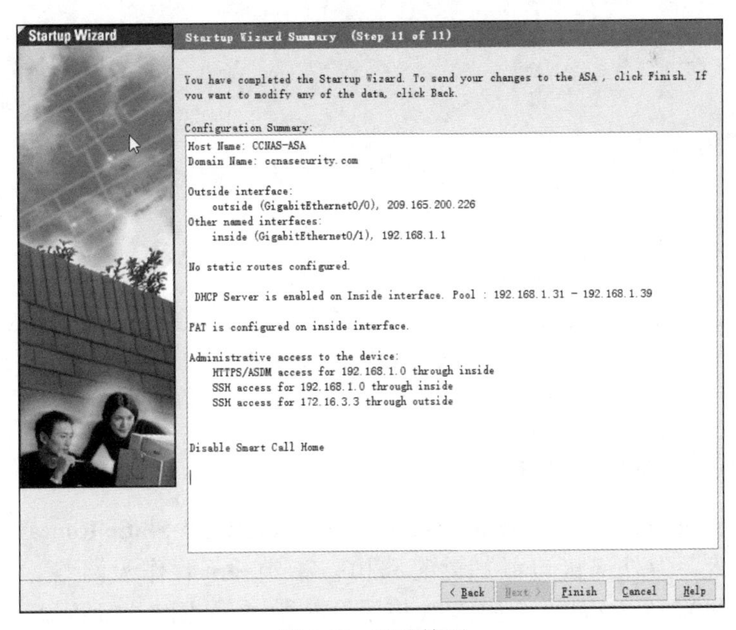

图 5-23　配置摘要

> **注意：** 如果 GUI 对话框在重新加载过程中停止响应，请将其关闭，退出 ASDM，然后重新启动浏览器和 ASDM。如果系统提示将配置保存到闪存，请回复 **Yes**。即使 ASDM 似乎没有重新加载配置，也会传递命令。如果在 ASDM 传递命令时遇到错误，将通知你成功的命令列表和失败的命令列表。

任务 3：从 ASDM 配置菜单配置 ASA 设置

第 1 步：设置 ASA 日期和时间。

在 **Configuration** > **Device Setup** 屏幕中，单击 **System Time** > **Clock**。设置时区、当前日期和时间，并向 ASA 应用命令，如图 5-24 所示。

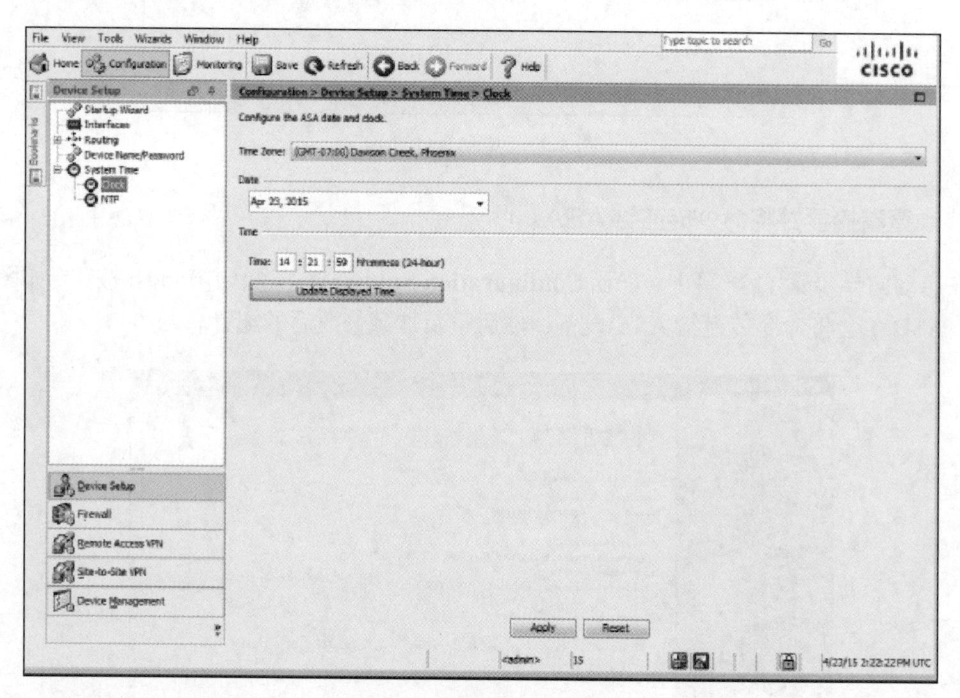

图 5-24 设置 ASA 时间

第 2 步：配置 ASA 的静态默认路由。

a. 在 **Configuration** > **Device Setup** 屏幕中，单击 **Routing** > **Static Routes**。单击 **IPv4 only** 按钮，然后为外部接口添加静态路由。指定 **any4** 作为网络，并指定网关 **IP 209.165.200.225 (R1 e0/0)**。向 ASA 应用静态路由，如图 5-25 所示。

File View Tools Wizards Window Help
Home Configuration Monitoring Save Refresh Back Forward Help
Configuration > Device Setup > Routing > Static Routes
Specify static routes.
Filter: Both IPv4 only IPv6 only
Interface IP Address Netmask/Prefix Length Gateway IP Metric/Distance Options
outside 0.0.0.0 0.0.0.0 209.165.200.225 1 None
Add
Edit
Delete
Apply
Reset
Device Setup
Firewall
Remote Access VPN
Site-to-Site VPN
Device Management

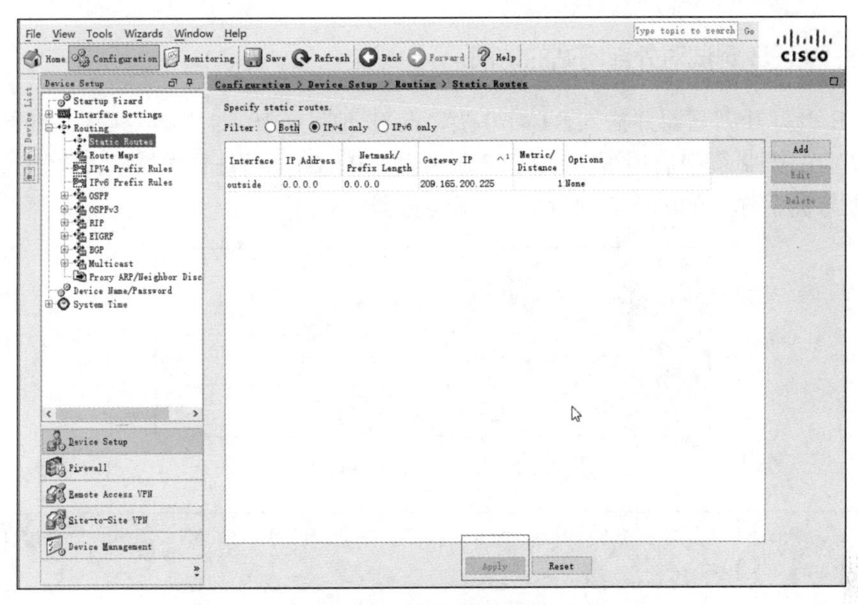

图 5-25 添加静态路由

b. 在 **ASDM Tools** 菜单中，选择 **Ping**，然后输入路由器 R1 s1/0 的 IP 地址（**10.1.1.1**）。ping 操作应该会成功，如图 5-26 所示。

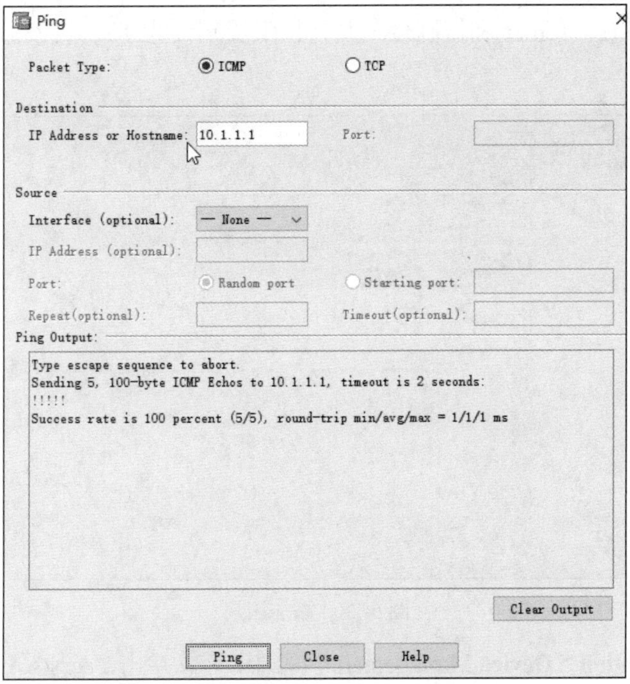

Ping
Packet Type: ICMP TCP
Destination
IP Address or Hostname: 10.1.1.1
Port:
Source
Interface (optional): — None —
IP Address (optional):
Port: Random port Starting port:
Repeat(optional):
Timeout(optional):
Ping Output:
Type escape sequence to abort.
Sending 5, 100-byte ICMP Echos to 10.1.1.1, timeout is 2 seconds:
!!!!!
Success rate is 100 percent (5/5), round-trip min/avg/max = 1/1/1 ms
Clear Output
Ping
Close
Help

图 5-26 对 10.1.1.1 执行 ping 操作

第3步：从PC-B测试对外部网站的访问。

在PC-B上打开浏览器并输入R1 s1/0接口的IP地址（10.1.1.1）以模拟对外部网站的访问。在本实验的第2节中启用了R1 HTTP服务器。R1 GUI设备管理器应该会通过用户认证登录对话框来提示你，如图5-27所示。退出浏览器。

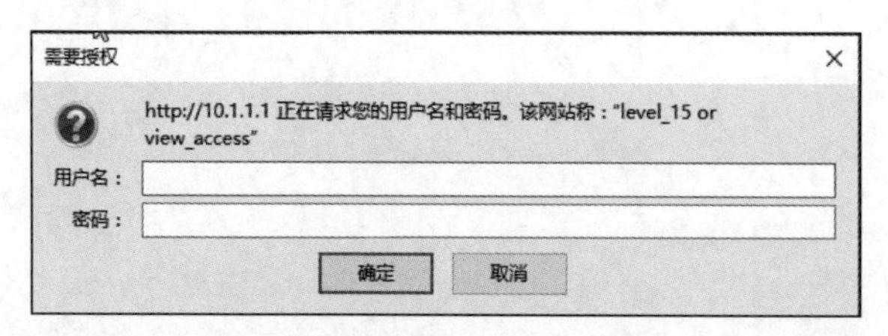

图5-27 用户认证登录对话框

> **注意：** 你将无法从PC-B对R1 s1/0执行ping操作，这是因为默认的ASA应用检查策略不允许来自内部网络的ICMP。

第4步：为SSH客户端访问配置AAA。

a. 在 **Configuration > Device Management** 屏幕中，依次单击 **Users/AAA > User Accounts > Add**。创建一个名为 **admin01** 的新用户，密码为 **admin01pass**。允许此用户完全访问（ASDM、SSH、Telnet和控制台）并将权限级别设为 **15**。将该命令应用于ASA，如图5-28所示。

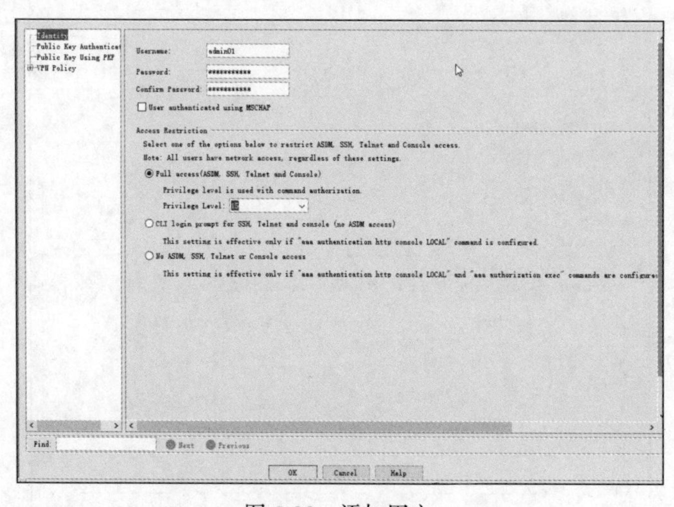

图5-28 添加用户

b. 在 **Configuration > Device Management** 屏幕中，依次单击 **Users/AAA > AAA Access**。在 **Authentication** 选项卡中，要求对 **HTTP/ASDM** 和 **SSH** 连接进行认证，并为每种连接

类型指定 **LOCAL** 服务器组。单击 **Apply** 按钮以将命令发送至 ASA，如图 5-29 所示。

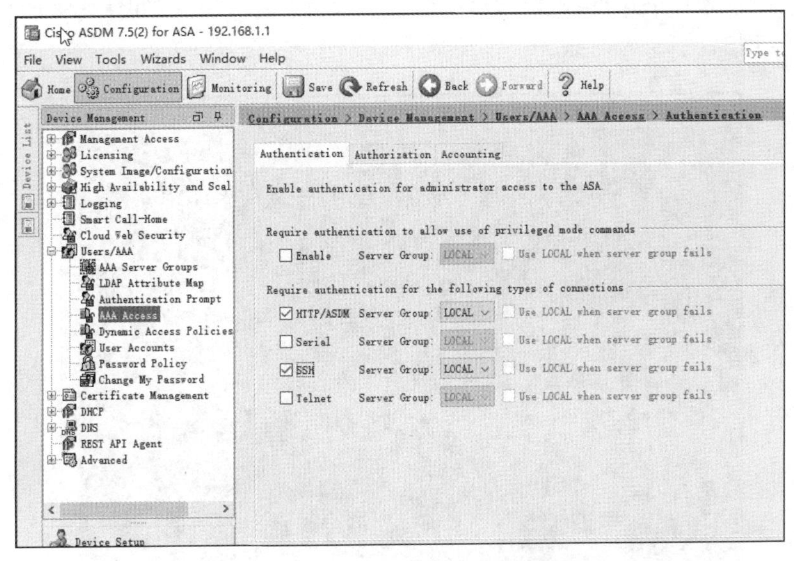

图 5-29　为连接指定 LOCAL 服务器组

注意： 你在 ASDM 中尝试的下一项操作将要求你以 **admin01** 身份、使用密码 **admin01pass** 登录。

c. 在 PC-B 中，打开 SSH 客户端，并尝试访问地址为 **192.168.1.1** 的 ASA 内部接口。你应能够建立连接。当系统提示你登录时，请输入用户名 **admin01** 和密码 **admin01pass**，如图 5-30 和图 5-31 所示。

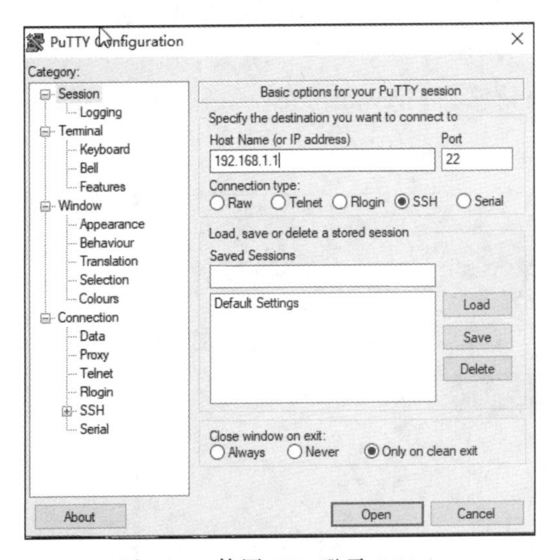

图 5-30　使用 SSH 登录 ASA

图 5-31　输入用户名和密码

d. 使用 SSH 登录 ASA 后，输入 **enable** 命令并输入密码 **cisco12345**。发出 **show run** 命令以显示你使用 ASDM 创建的当前配置。关闭 SSH 会话。如图 5-32 所示，此处仅显示部分输出。

```
192.168.1.1 - PuTTY
CCNAS-ASA# show run
: Saved
:
: Serial Number: 9A3M9RBBBSC
: Hardware:   ASAv, 2048 MB RAM, CPU Pentium II 2000 MHz
:
ASA Version 9.5(3)9
!
hostname CCNAS-ASA
domain-name ccnasecurity.com
enable password 9D8jmmmgkfNZLETh encrypted
xlate per-session deny tcp any4 any4
xlate per-session deny tcp any4 any6
xlate per-session deny tcp any6 any4
xlate per-session deny tcp any6 any6
xlate per-session deny udp any4 any4 eq domain
xlate per-session deny udp any4 any6 eq domain
xlate per-session deny udp any6 any4 eq domain
xlate per-session deny udp any6 any6 eq domain
names
!
interface GigabitEthernet0/0
 nameif outside
 security-level 0
<--- More --->
```

图 5-32　查看 R1 部分配置

任务 4：使用 ASDM 修改默认模块化策略框架

第 1 步：修改 MPF 应用检查策略。

默认全局检查策略不检查 ICMP。要使内部网络上的主机能够对外部主机执行 ping 操作并接收回复，必须检查 ICMP 流量。

a. 在 PC-B 中，依次选择 ASDM **Configuration** 屏幕和 **Firewall** 菜单。单击 **Service Policy Rules**，如图 5-33 所示。

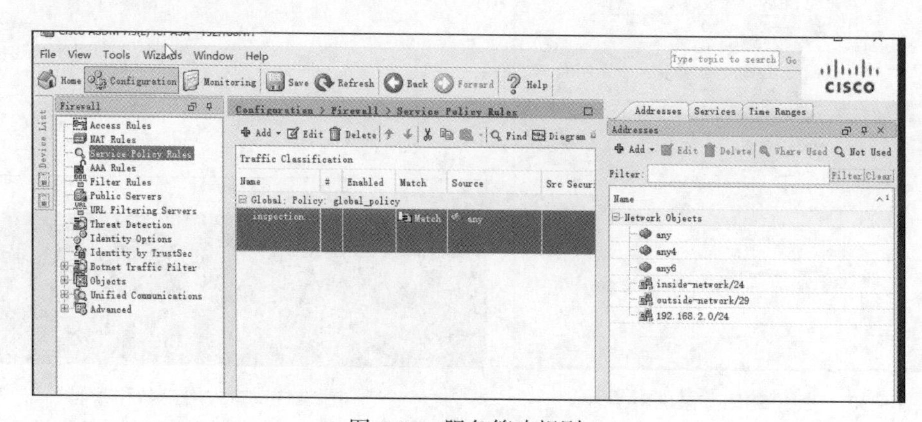

图 5-33　服务策略规则

b. 选择 **inspection_default** 策略，然后单击 **Edit** 以修改默认检查规则。在 **Edit Service Policy Rule** 窗口中，单击 **Rule Actions** 选项卡并选中 **ICMP** 复选框，如图 5-34 所示。请勿更改已检查的其他默认协议。依次单击 **OK** > **Apply**，以将命令发送至 ASA。

> **注意：**系统提示时，请以 **admin01** 身份使用密码 **admin01pass** 登录。

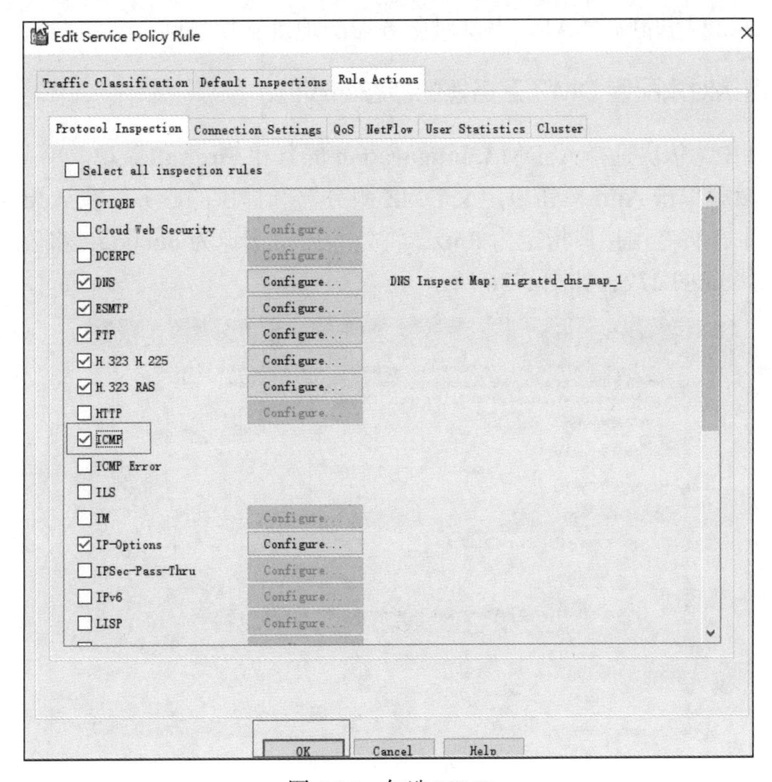

图 5-34　勾选 ICMP

第 2 步：验证是否允许返回 ICMP 流量。

尝试从 PC-B 对 IP 地址为 **209.165.200.225** 的 R1 e0/0 接口执行 ping 操作。ping 操作应当会成功，因为现在正在检查 ICMP 流量，如图 5-35 所示。

图 5-35　对 R1 e0/0 接口执行 ping 操作

5.7 配置 DMZ、静态 NAT 和 ACL

在上一节，你使用 ASDM 为内部网络配置了使用 PAT 的地址转换。在本节中，你将使用 ASDM 在 ASA 上配置 DMZ、静态 NAT 和 ACL。

为了容纳添加的 DMZ 和 Web 服务器，你需要使用分配的 ISP 范围（209.165.200.224/29）中的另一个地址。R1 e0/0 和 ASA 外部接口已使用 209.165.200.225 和.226。你需要使用公共地址 209.165.200.227 和静态 NAT，提供对服务器的地址转换访问。

第 1 步：使用网络对象配置 DMZ 服务器的静态 NAT。

a. 在 PC-B 中，依次选择 ASDM **Configuration** 屏幕和 **Firewall** 菜单。单击 **Public Servers** 选项，然后单击 **Add** 按钮以定义 DMZ 服务器和提供的服务。在 **Add Public Server** 对话框中，将专用接口指定为 **dmz**，将公共接口指定为 **outside**，将公共 IP 地址指定为 **209.165.200.227**，如图 5-36 所示。

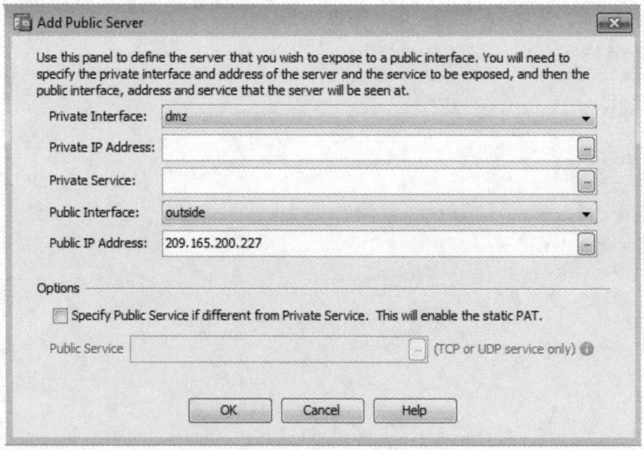

Add Public Server

Use this panel to define the server that you wish to expose to a public interface. You will need to specify the private interface and address of the server and the service to be exposed, and then the public interface, address and service that the server will be seen at.

Private Interface: dmz
Private IP Address:
Private Service:
Public Interface: outside
Public IP Address: 209.165.200.227

Options
Specify Public Service if different from Private Service. This will enable the static PAT.
Public Service　(TCP or UDP service only)

OK　Cancel　Help

图 5-36　添加公共服务

b. 单击 **Private IP Address** 右侧的省略号按钮。在 **Browse Private IP Address** 窗口中，单击 **Add** 按钮以将该服务器定义为**网络对象**。输入名称 **DMZ-SERVER**，选择 **Host** 作为类型，输入专用 IP 地址 **192.168.2.3** 及对 **PC-A** 的说明，如图 5-37 所示。

c. 在 **Browse Private IP Address** 窗口中，验证 DMZ-Server 是否出现在 **Selected Private IP Address** 字段中，然后单击 **OK** 按钮，如图 5-38 所示。你将返回到 **Add Public Server** 对话框。

d. 在 **Add Public Server** 对话框中，单击 **Private Service** 右侧的省略号按钮。在 **Browse Private Service** 窗口中，双击以选择以下服务：**tcp/ftp**、**tcp/http** 和 **icmp/echo**（向下滚动可查看所有服务），如图 5-39 所示。单击 **OK** 按钮继续并返回到 **Add Public Server** 对话框。

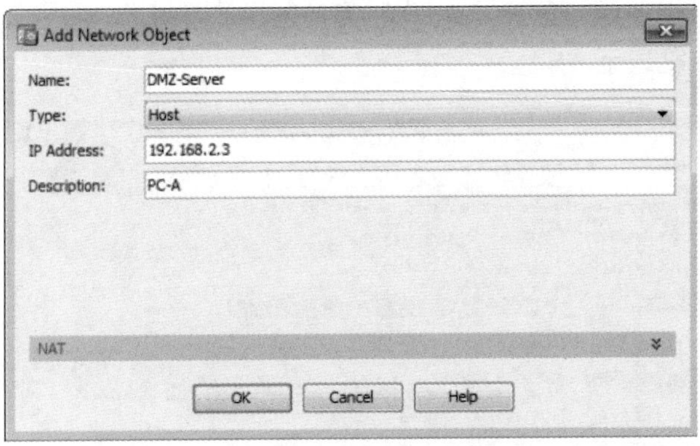

Add Network Object

Name: DMZ-Server
Type: Host
IP Address: 192.168.2.3
Description: PC-A

NAT

OK　Cancel　Help

图 5-37　添加网络对象

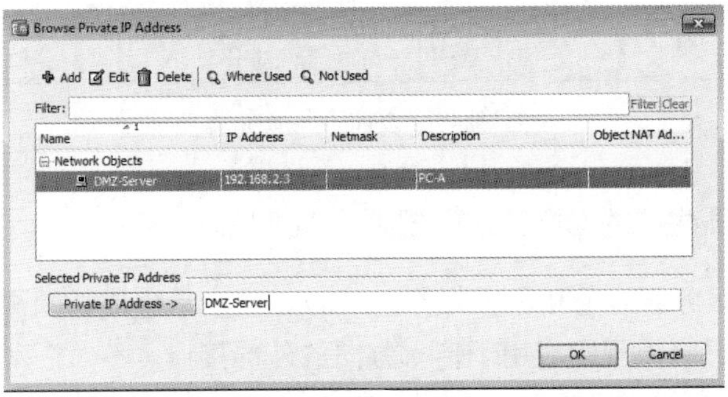

Browse Private IP Address

Add　Edit　Delete　Where Used　Not Used

Filter:　Filter　Clear

Name	IP Address	Netmask	Description	Object NAT Ad...
Network Objects				
DMZ-Server	192.168.2.3		PC-A	

Selected Private IP Address

Private IP Address -> DMZ-Server

OK　Cancel

图 5-38　浏览器专用 IP 地址

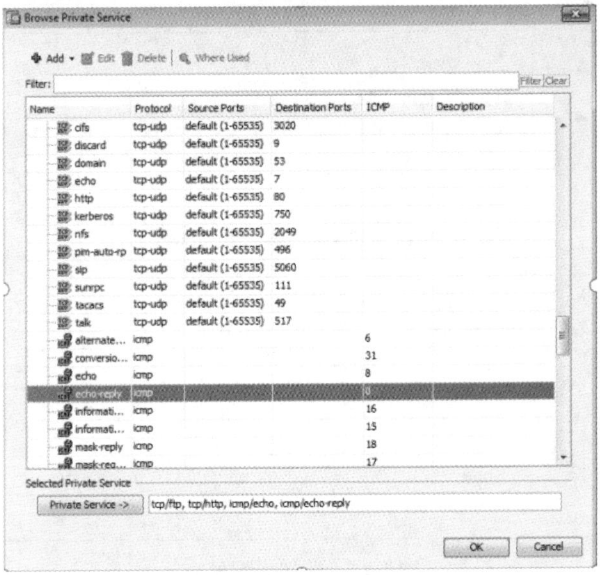

Browse Private Service

Add　Edit　Delete　Where Used

Filter:　Filter　Clear

Name	Protocol	Source Ports	Destination Ports	ICMP	Description
cifs	tcp-udp	default (1-65535)	3020		
discard	tcp-udp	default (1-65535)	9		
domain	tcp-udp	default (1-65535)	53		
echo	tcp-udp	default (1-65535)	7		
http	tcp-udp	default (1-65535)	80		
kerberos	tcp-udp	default (1-65535)	750		
nfs	tcp-udp	default (1-65535)	2049		
pim-auto-rp	tcp-udp	default (1-65535)	496		
sip	tcp-udp	default (1-65535)	5060		
sunrpc	tcp-udp	default (1-65535)	111		
tacacs	tcp-udp	default (1-65535)	49		
talk	tcp-udp	default (1-65535)	517		
alternate...	icmp			6	
conversio...	icmp			31	
echo	icmp			8	
echo-reply	icmp			0	
informati...	icmp			16	
informati...	icmp			15	
mask-reply	icmp			18	
mask-req...	icmp			17	

Selected Private Service

Private Service -> tcp/ftp, tcp/http, icmp/echo, icmp/echo-reply

OK　Cancel

图 5-39　浏览专用服务

e. 单击 **OK** 按钮添加该服务器，如图 5-40 所示。在 **Public Servers** 屏幕中，单击 **Apply** 按钮以将命令发送至 ASA。

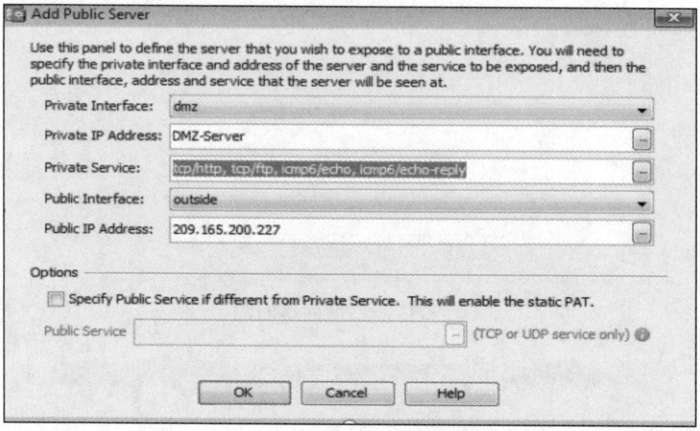

Add Public Server
Use this panel to define the server that you wish to expose to a public interface. You will need to specify the private interface and address of the server and the service to be exposed, and then the public interface, address and service that the server will be seen at.
Private Interface: dmz
Private IP Address: DMZ-Server
Private Service: tcp/http, tcp/ftp, icmp6/echo, icmp6/echo-reply
Public Interface: outside
Public IP Address: 209.165.200.227
Options
Specify Public Service if different from Private Service. This will enable the static PAT.
Public Service
(TCP or UDP service only)
OK
Cancel
Help

图 5-40 添加公共服务器

第 2 步：查看 ASDM 生成的 DMZ 访问规则（ACL）。

通过创建 DMZ 服务器对象和选择服务，ASDM 会自动生成访问规则（ACL）以允许对服务器的适当访问，并将该规则应用于传入方向的外部接口。

要在 ASDM 中查看此访问规则，请依次单击 **Configuration** > **Firewall** > **Access Rules**。它显示为外部传入规则。你可以选择此规则并使用水平滚动条查看所有组件，如图 5-41 所示。

Cisco ASDM 7.5(2) for ASA - 192.168.1.1
File View Tools Wizards Window Help
Home Configuration Monitoring Save Refresh Back Forward Help
Firewall
Access Rules
NAT Rules
Service Policy Rules
AAA Rules
Filter Rules
Public Servers
URL Filtering Servers
Threat Detection
Identity Options
Identity by TrustSec
Botnet Traffic Filter
Objects
Unified Communications
Advanced
Configuration > Firewall > Access Rules
Add Edit Delete Find Diagram
Enabled Source Criteria: Source User Securit
dmz (1 implicit incoming rule)
inside (1 implicit incoming rule)
outside (1 incoming rule)
Global (1 implicit rule)
any
any4
Addresses Services Time Ranges
Filter:
Network Objects
any
any4
any6
dmz-network/24
DMZ.Server
inside-network/24
outside-network/29
209.165.200.227

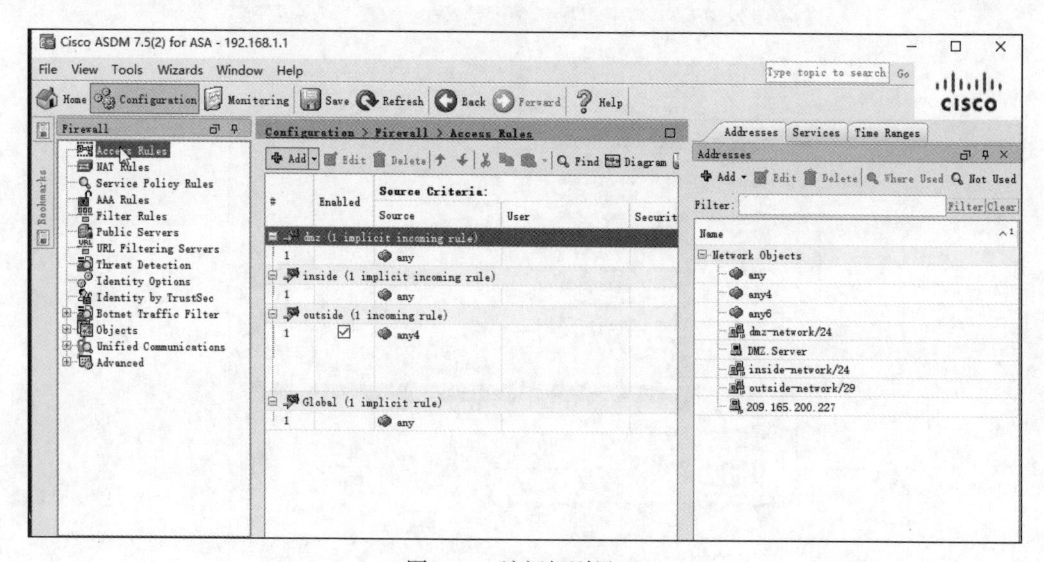

图 5-41 访问规则界面

第 3 步：从外部网络对 DMZ 服务器的访问进行测试。

a. 从 PC-C 对静态 NAT 公共服务器地址（**209.165.200.227**）的 IP 地址执行 ping 操作。ping 应当能成功，如图 5-42 所示。

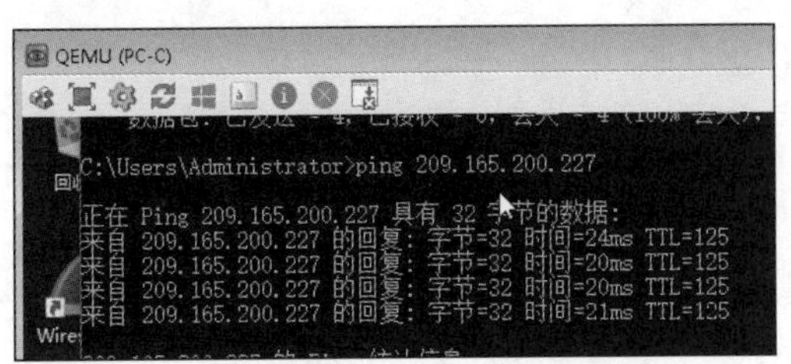

图 5-42　对 NAT 公共服务器地址执行 ping 操作

b. 你还可以从内部网络上的主机访问 DMZ 服务器，这是因为 ASA 内部接口（g0/1）的安全级别设置为 100（最高），DMZ 接口（g0/0）的安全级别设置为 70。ASA 的作用类似于两个网络之间的路由器。从 PC-B 对 DMZ 服务器（PC-A）内部地址（**192.168.2.3**）执行 ping 操作。由于接口安全级别的设置并且已按照全局检查策略检查了内部接口上的 ICMP，因此 ping 操作应当会成功，如图 5-43 所示。

c. 由于 DMZ 接口 g0/0 的安全级别较低并且在创建 g0/0 接口时有必要指定 **no forward** 命令，因此 DMZ 服务器无法 ping 通 PC-B。尝试从 DMZ 服务器 PC-A 对 PC-B 执行 ping 操作。ping 操作应当不会成功，如图 5-44 所示。

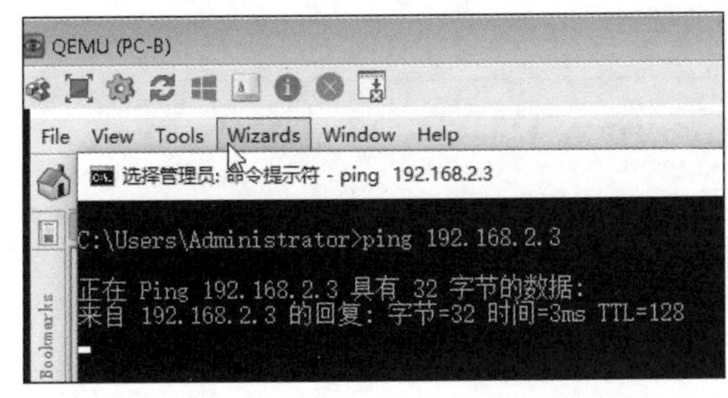

图 5-43　对 192.168.2.3 执行 ping 操作

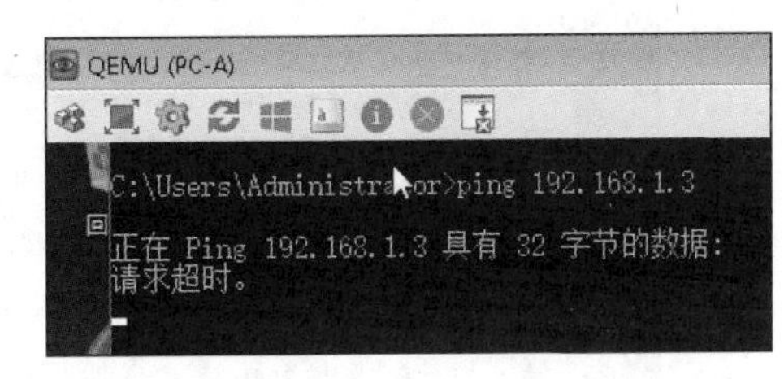

图 5-44　从 DMZ 服务器 PC-A 对 PC-B 执行 ping 操作

5.8　配置 ASA 无客户端 SSL VPN 远程访问

在本节，你需要使用 ASDM 的无客户端 SSL VPN 向导配置 ASA，以支持无客户端 SSL VPN 远程访问。你将使用 PC-C 上的浏览器验证你的配置。

第 1 步：启动 VPN 向导。

使用 PC-B 上的 ASDM，依次单击 **Wizards** > **VPN Wizards** > **Clientless SSL VPN Wizard**。

系统将显示 SSL VPN 向导 **Clientless SSL VPN Connection** 屏幕，如图 5-45 所示。

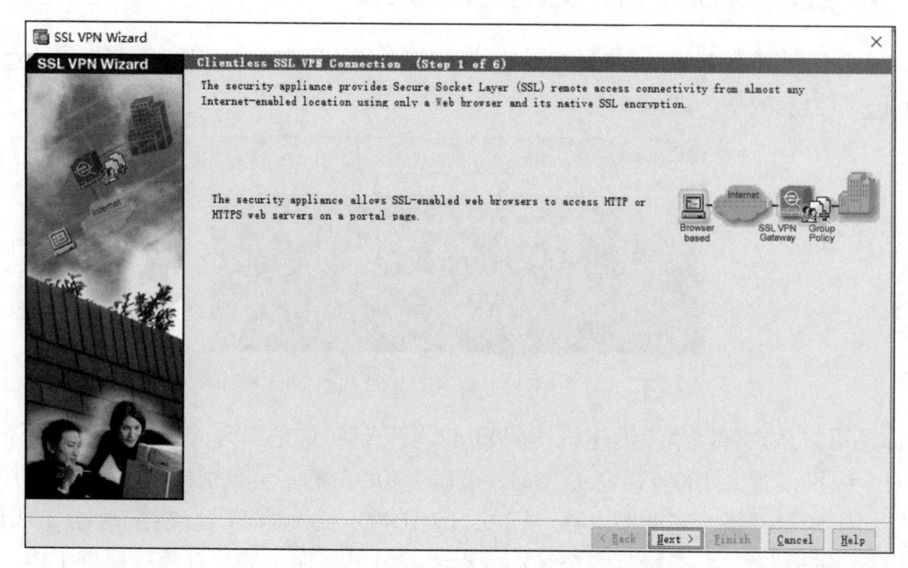

图 5-45　无客户端 SSL VPN 连接

第 2 步：配置 SSL VPN 用户界面。

在 **SSL VPN Interface** 屏幕上，配置 **VPN_PROFILE** 作为连接配置文件名称，并指定 **outside** 作为外部用户将连接的接口，如图 5-46 所示。

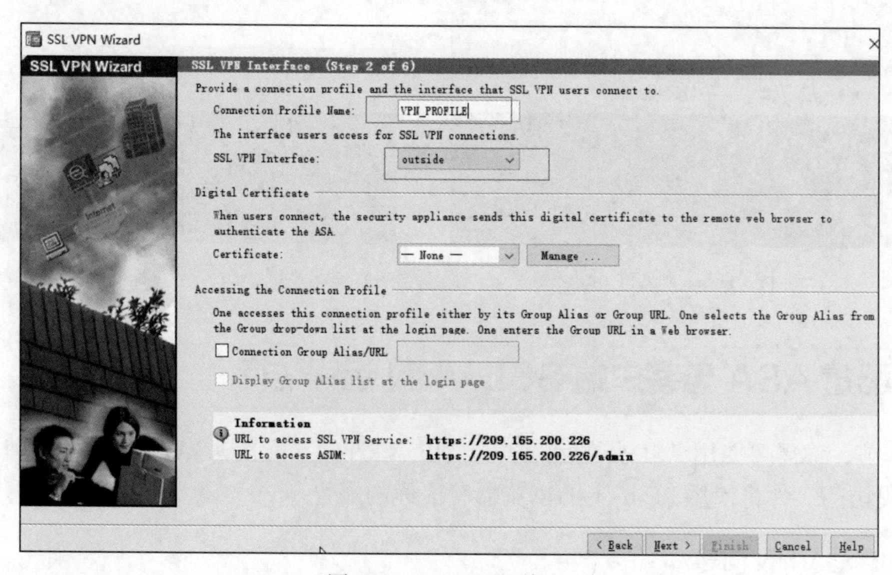

图 5-46　SSL VPN 接口

第 3 步：配置 AAA 用户认证。

在 **User Authentication** 屏幕上，单击 **Authenticate using the local user database** 单选按钮，并输入用户名 **VPNuser** 和密码 **Remotepa55**。单击 **Add** 按钮以创建新用户，如图 5-47 所示。

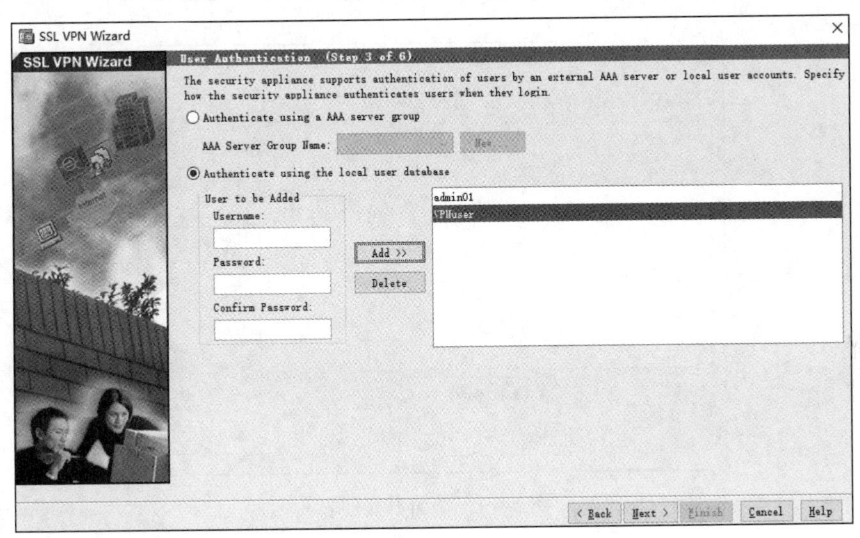

图 5-47 用户认证

第 4 步：配置 VPN 组策略。

在 **Group Policy** 屏幕中，创建名为 **VPN_GROUP** 的新的组策略，如图 5-48 所示。

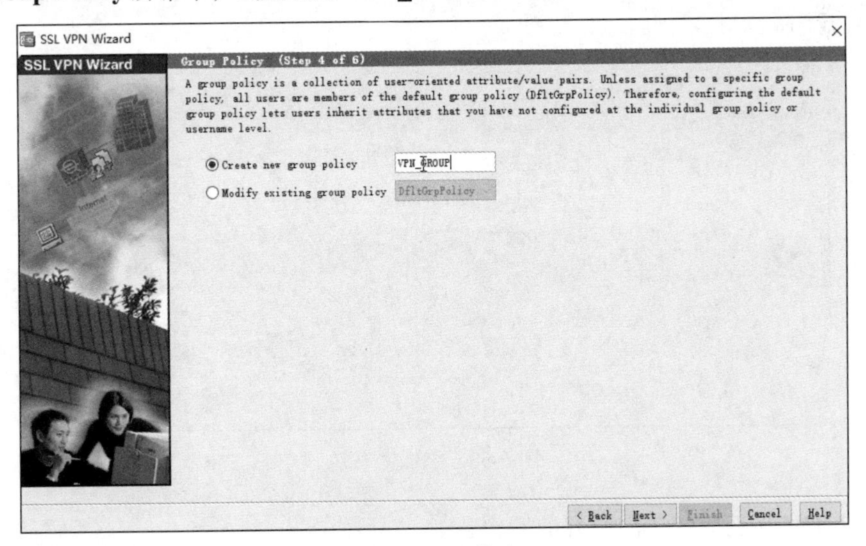

图 5-48 组策略

第5步：配置书签列表。

a. 在 **Clientless Connections Only – Bookmark List** 屏幕中，单击 **Manage** 按钮以在书签列表中创建 HTTP 服务器书签。在 **Configure GUI Customization Objects** 窗口中，单击 **Add** 按钮以打开 **Add Bookmark List** 窗口。将该列表命名为 **WebServer**，如图 5-49 所示。

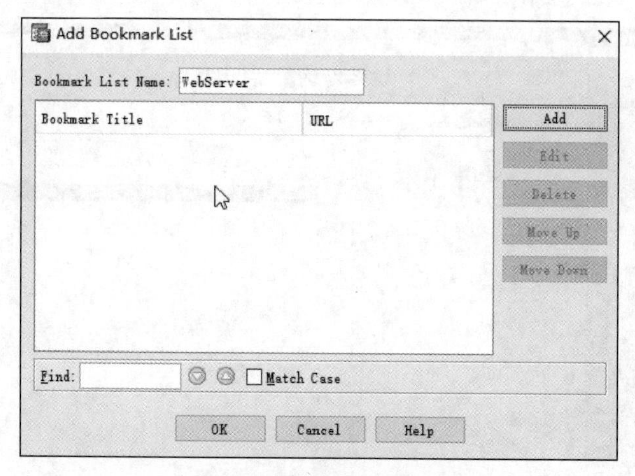

图 5-49 添加书签列表

b. 添加新书签，使用 **Web Mail** 作为书签标题。输入服务器目的 IP 地址 **192.168.1.3**（PC-B 模拟内部 Web 服务器）作为 URL，如图 5-50 所示。

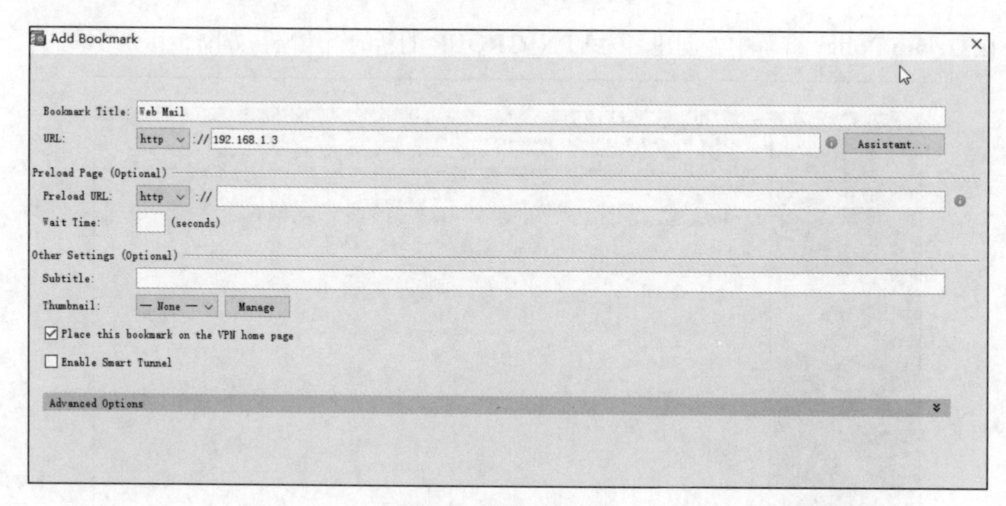

图 5-50 添加新书签

c. 单击 **OK** 按钮完成该向导并应用到 ASA。

第 6 步：验证远程主机的 VPN 访问。

a. 打开 PC-C 上的浏览器，并在地址字段中输入 SSL VPN 的登录 URL (**https://209.165.200.226**)。由于连接 ASA 需要用到 SSL，因此请使用安全 HTTP (HTTPS)。

> 注意：接受安全通知警告。

b. 系统应显示 **Login** 窗口。输入之前配置的用户名 **VPNuser** 和密码 **Remotepa55**，然后单击 **Login** 按钮以继续，如图 5-51 所示。

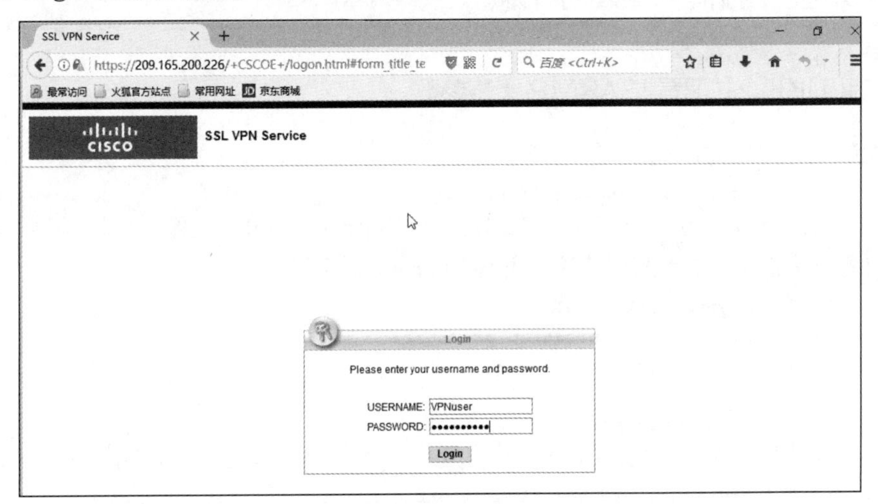

图 5-51 验证远程主机的 VPN 访问

第 7 步：访问 Web 门户窗口。

用户通过认证后，系统将显示 ASA SSL Web 门户网页。此网页列出了之前分配给该配置文件的书签。如果书签指向安装了 HTTP Web 服务且可正常运行的有效服务器 IP 地址或主机名，则外部用户可以从 ASA 门户访问服务器，如图 5-52 所示。

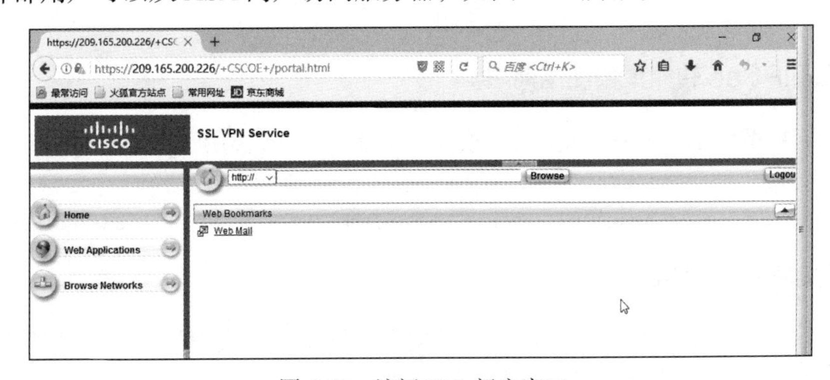

图 5-52 访问 Web 门户窗口

注意：在本实验中，PC-B 上未安装 Web 邮件服务器。

5.9 配置 R3 与 ASA 之间的站点间 IPSec VPN

在本节，你需要使用 CLI 在 R3 上配置 IPSec VPN 隧道，并使用 ASDM 的站点间向导在 ASA 上配置 IPSec 隧道的另一端。

任务 1：在 R3 上配置站点间 IPSec VPN 隧道

第 1 步：启用 IKE，并配置 ISAKMP 策略参数。

a. 验证是否支持并启用 IKE。

```
R3(config)# crypto isakmp enable
```

b. 创建优先级编号为 **1** 的 ISAKMP 策略。使用 **pre-shared key** 作为认证类型，**3des** 作为加密算法，**sha** 作为散列算法，并使用 **group 2** 密钥交换。

```
R3(config)# crypto isakmp policy 1
R3(config-isakmp)# authentication pre-share
R3(config-isakmp)# encryption 3des
R3(config-isakmp)# hash sha
R3(config-isakmp)# group 2
```

c. 配置预共享密钥 **Site2SiteKEY1** 并将其指向 ASA 的外部接口 IP 地址。

```
R3(config)# crypto isakmp key Site2SiteKEY1 address 209.165.200.226
```

d. 使用 **show crypto isakmp policy** 命令验证 IKE 策略。

```
R3# show crypto isakmp policy
 Global IKE policy
Protection suite of priority 1
    encryption algorithm:  Three key triple DES
    hash algorithm:        Secure Hash Standard
    authentication method: Pre-Shared Key
    Diffie-Hellman group:  #2 (1024 bit)
    lifetime:              86400 seconds, no volume limit
```

第 2 步：配置 IPSec 转换集和使用期限。

创建具有 **TRNSFRM-SET** 标记的转换集，并将 ESP 转换用于包含 ESP 和 SHA 散列函数的 AES 256 密码。

```
R3(config)# crypto ipsec transform-set TRNSFRM-SET esp-aes  esp-sha256-hmac
```

第 3 步：定义需要关注的流量。

配置 IPSec VPN 需要关注的流量 ACL。使用扩展访问列表编号 101。源网络应为 R3 的 LAN (**172.16.3.0/24**)，目的网络应为 ASA 的 LAN (**192.168.1.0/24**)。

```
R3(config)# ip access-list extended 101
R3(config-ext-nacl)# remark Link to the CCNAS-ASA
R3(config-ext-nacl)# permit ip 172.16.3.0 0.0.0.255 192.168.1.0 0.0.0.255
```

第 4 步：创建并应用加密映射。

a. 在 R3 上创建加密映射，将其命名为 **CMAP** 并使用 **1** 作为序列号。

```
R3(config)#crypto map CMAP 1 ipsec-isakmp
```

b. 使用 **match address** <*access-list*>命令指定由哪个访问列表定义要加密的流量。

```
R3(config-crypto-map)# match address 101
```

c. 将对等体地址设置为 ASA 的远程 VPN 终端接口 IP 地址（**209.165.200.226**）。

```
R3(config-crypto-map)# set peer 209.165.200.226
```

d. 将转换集设置为 **TRNSFRM-SET**。

```
R3(config-crypto-map)# set transform-set TRNSFRM-SET
```

e. 将加密映射应用于 R3 的 s1/1 接口。

```
R3(config)# interface Serial 1/1
R3(config-if)# crypto map CMAP
```

第 5 步：验证 R3 上的 IPSec 配置。

使用 **show crypto map** 和 **show crypto ipsec sa** 命令验证 R3 的 IPSec VPN 配置。

```
R3#show crypto map
Crypto Map IPv4 "CMAP" 1 ipsec-isakmp
        Peer = 209.165.200.226
        Extended IP access list 101
           access-list 101 permit ip 172.16.3.0 0.0.0.255 192.168.1.0 0.0.0.255
        Current peer: 209.165.200.226
        Security association lifetime: 4608000 kilobytes/3600 seconds
        Responder-Only (Y/N): N
        PFS (Y/N): N
        Mixed-mode : Disabled
        Transform sets={
                TRNSFRM-SET:  { esp-aes esp-sha256-hmac  } ,
        }
        Interfaces using crypto map CMAP:
                Serial1/1

        Interfaces using crypto map NiStTeSt1:
R3# show crypto ipsec sa

interface: Serial1/1
    Crypto map tag: CMAP, local addr 10.2.2.1

   protected vrf: (none)
   local  ident (addr/mask/prot/port): (172.16.3.0/255.255.255.0/0/0)
   remote ident (addr/mask/prot/port): (192.168.1.0/255.255.255.0/0/0)
   current_peer 209.165.200.226 port 500
     PERMIT, flags={origin_is_acl,}
```

```
    #pkts encaps: 0, #pkts encrypt: 0, #pkts digest: 0
    #pkts decaps: 0, #pkts decrypt: 0, #pkts verify: 0
    #pkts compressed: 0, #pkts decompressed: 0
    #pkts not compressed: 0, #pkts compr. failed: 0
    #pkts not decompressed: 0, #pkts decompress failed: 0
    #send errors 0, #recv errors 0

     local crypto endpt.: 10.2.2.1, remote crypto endpt.: 209.165.200.226
     plaintext mtu 1500, path mtu 1500, ip mtu 1500, ip mtu idb Serial1/1
     current outbound spi: 0x0(0)
     PFS (Y/N): N, DH group: none

     inbound esp sas:

--More--
```

任务2：使用ASDM在ASA上配置站点间VPN

第1步：在PC-B上使用浏览器与ASA建立ASDM会话。

a. 建立ASDM后，使用 **Site-to-site VPN Connection Setup Wizard** 为IPSec站点间VPN配置ASA，如图5-53所示。

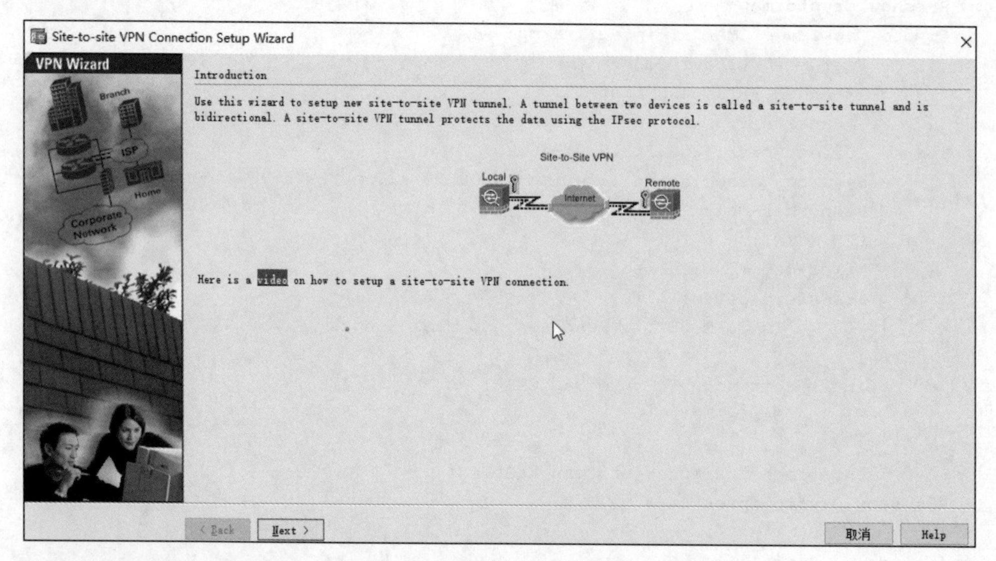

图5-53 站点间VPN向导

b. 将对等体IP地址设置为R3的s1/1 IP地址（**10.2.2.1**）。确认是否为该VPN访问接口选择了 **outside**，如图5-54所示。

c. 识别要保护的流量。将本地网络设置为 **inside-network/24**，将远程网络设置为 **172.16.3.0/24**，如图5-55所示。

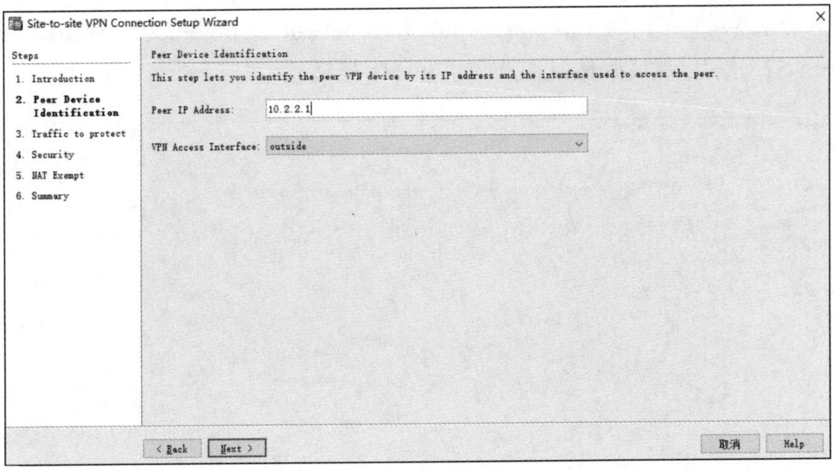

图 5-54 邻居设备 ID

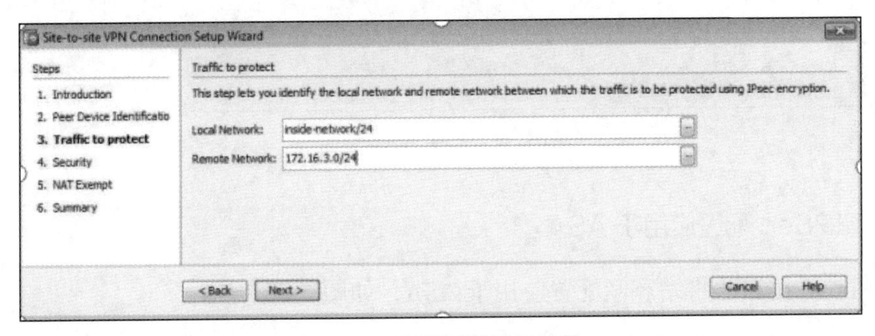

图 5-55 识别要保护的流量

d. 配置预共享密钥。输入预共享密钥 **Site2SiteKEY1**，如图 5-56 所示。

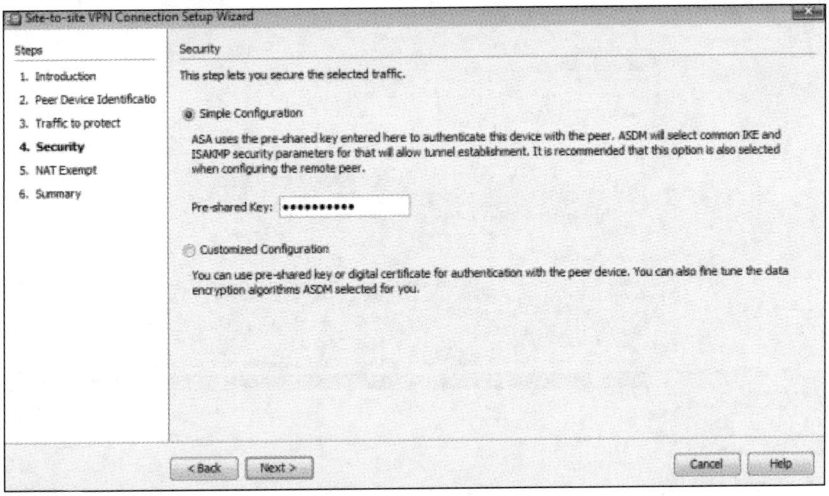

图 5-56 配置预共享密钥

e. 启用 NAT 免除。选中 **Exempt ASA side host/network from address translation** 复选框，如图 5-57 所示，然后确认是否选中了 **inside** 接口。

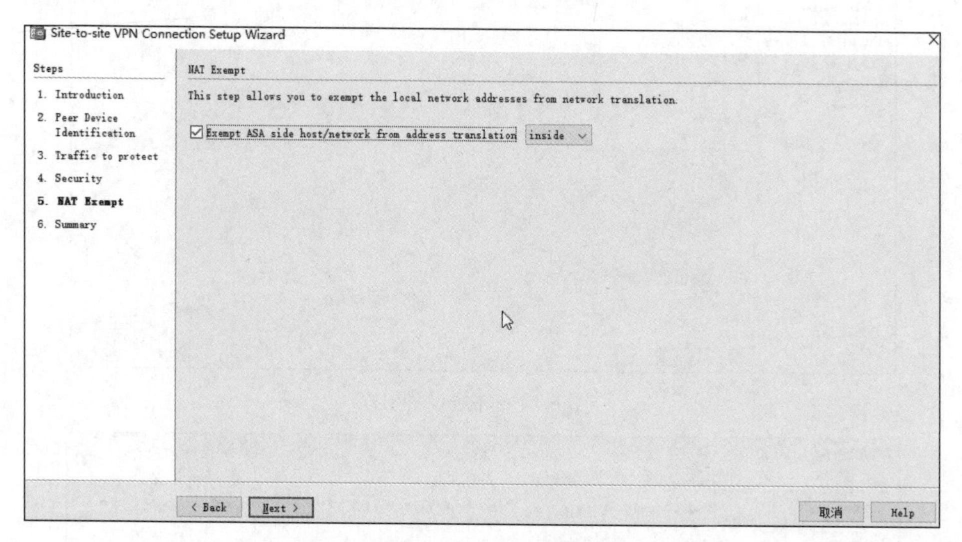

图 5-57　启用 NAT 免除

第 2 步：将 IPSec 配置应用于 ASA。

单击 **Finish** 按钮，将站点间配置应用于 ASA，如图 5-58 所示。

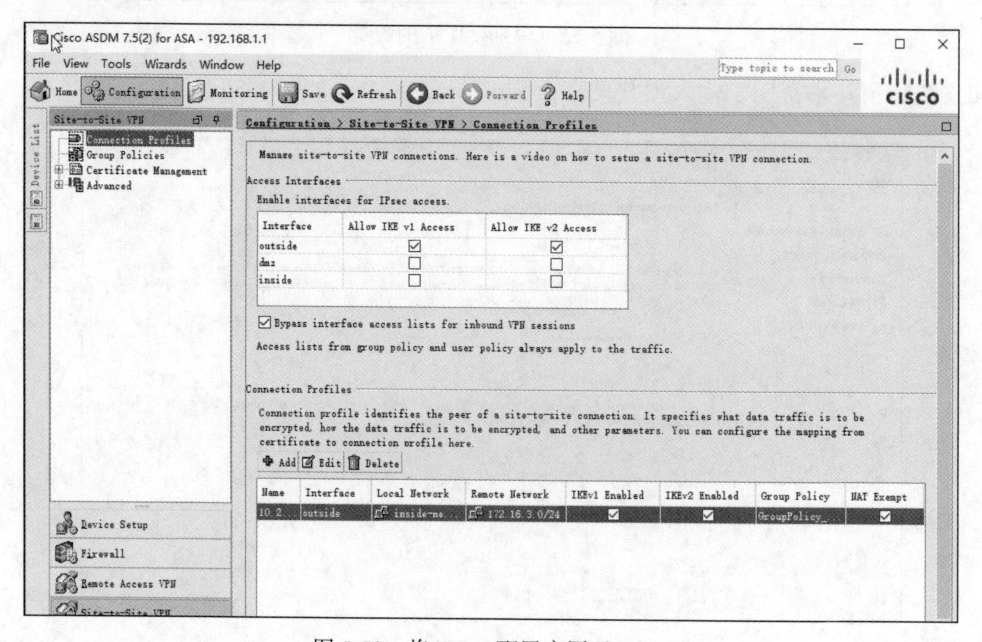

图 5-58　将 IPSec 配置应用于 ASA

任务 3：测试 ASA 与 R3 之间的站点间 IPSec VPN 连接

第 1 步：从 PC-B 对 R3 的 LAN 接口执行 ping 操作。

此时应访问 ASA 和 R3 之间的 IPSec 站点间 VPN 连接，如图 5-59 所示。

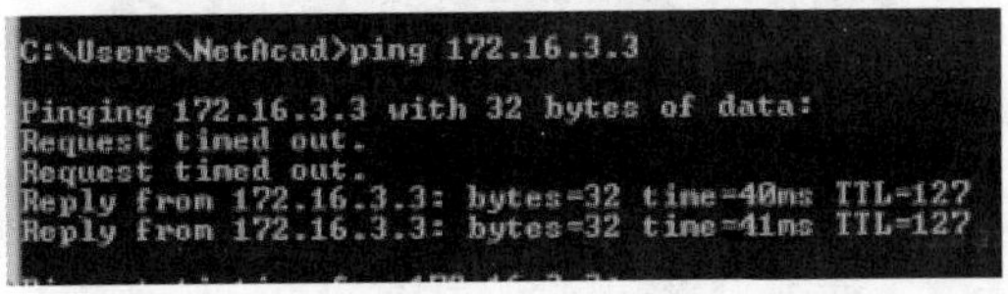

C:\Users\NetAcad>ping 172.16.3.3
Pinging 172.16.3.3 with 32 bytes of data:
Request timed out.
Request timed out.
Reply from 172.16.3.3: bytes=32 time=40ms TTL=127
Reply from 172.16.3.3: bytes=32 time=41ms TTL=127

图 5-59 从 PC-B 对 R3 的 LAN 接口执行 ping 操作

第 2 步：验证 IPSec 站点间 VPN 会话是否处于活动状态。

a. 此时，VPN 信息显示在 ASDM **Monitoring** > **VPN** > **VPN Statistics** > **Sessions** 页面上，如图 5-60 所示。

File View Tools Wizards Window Help
cisco
Monitoring > VPN > VPN Statistics > Sessions
Type
Active
Cumulative
Peak Concurrent
Inactive
Site-to-Site VPN
Filter
Details
Logout
Ping
Logout Sessions
Refresh

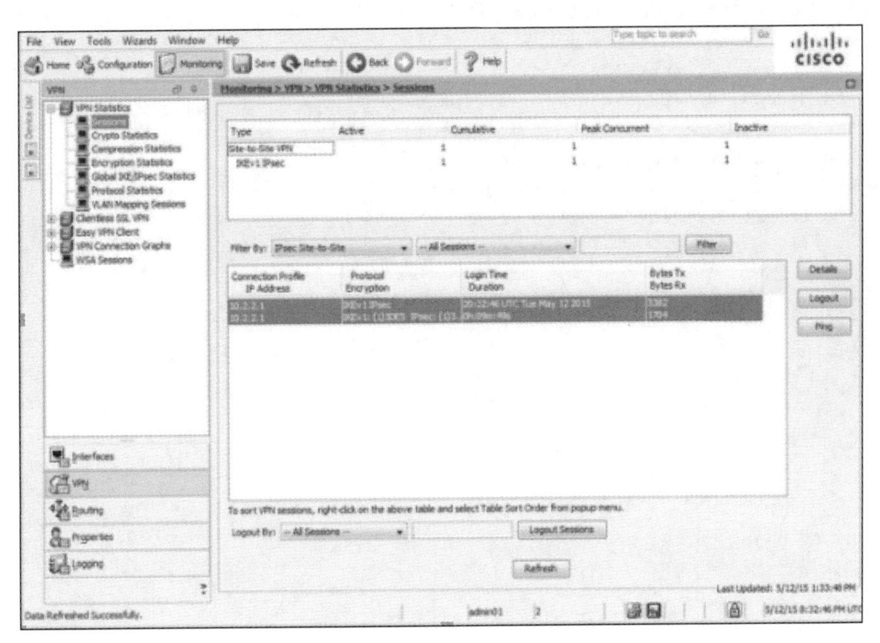

图 5-60 VPN 统计信息会话

b. 发出 **show crypto isakmp sa** 命令以验证 IKE 安全关联（SA）是否处于活动状态。

```
R3#show crypto isakmp sa
IPv4 Crypto ISAKMP SA
dst             src             state          conn-id status
10.2.2.1        209.165.200.226 QM_IDLE           1047 ACTIVE
```

c. 从 PC-C 发出命令 **tracert 192.168.1.3**。如果站点间 VPN 隧道正常运行，你将无法看到通过 R2（10.2.2.2）路由的流量，如图 5-61 所示。

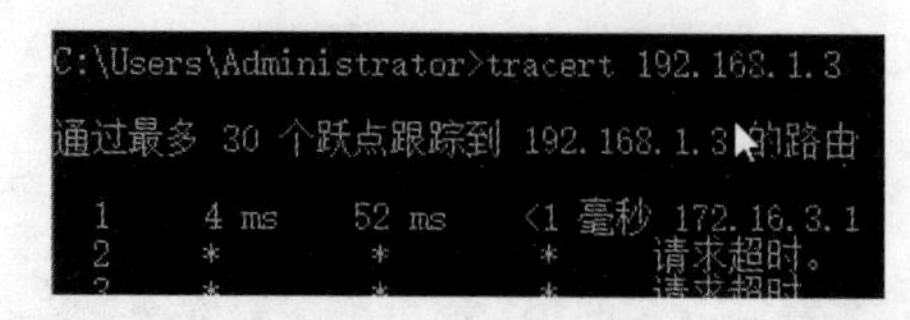

图 5-61 从 PC-C 发出命令 tracert 192.168.1.3

d. 在 R3 上发出 **show crypto ipsec sa** 命令，以查看已封装和解封的数据包数量。确定没有失败的数据包尝试，或者发送和接收错误。

```
 R3# show crypto ipsec sa
 interface: Serial1/1
 Crypto map tag: CMAP, local addr 10.2.2.1

protected vrf: (none)
local  ident (addr/mask/prot/port): (172.16.3.0/255.255.255.0/0/0)
remote ident (addr/mask/prot/port): (192.168.1.0/255.255.255.0/0/0)
current_peer 209.165.200.226 port 500
  PERMIT, flags={origin_is_acl,}
 #pkts encaps: 4, #pkts encrypt: 4, #pkts digest: 4
 #pkts decaps: 4, #pkts decrypt: 4, #pkts verify: 4
 #pkts compressed: 0, #pkts decompressed: 0
 #pkts not compressed: 0, #pkts compr. failed: 0
 #pkts not decompressed: 0, #pkts decompress failed: 0
 #send errors 0, #recv errors 0
```